高等院校计算机专业精品教材

# Linux 操作系统与应用技术

主　审◎李春平
主　编◎陈小文　韦立梅　陈卓恒
副主编◎冯玮雯　杨丰瑞　张湘敏　彭　林

电子工业出版社
Publishing House of Electronics Industry
北京·BEIJING

## 内 容 简 介

本书包括 Linux 技术基础概述、Linux 基本操作命令、Linux vi 和 vim 操作、Linux 用户与文件管理、Linux 系统管理、Linux Shell 编程、Linux Web 服务器与数据库服务器应用、Linux 时间服务器应用、Linux 服务器安装与配置、分布式集群搭建与应用共 10 章内容。除第 2 章外，每章均配有对应的项目拓展及本章练习。项目拓展均已经过验证，简明易学，逻辑清晰，应用性强。

本书既可以作为高等院校计算机类专业相关课程的教材，又可以作为云计算工程师、系统架构工程师、Linux 爱好者的参考书。

未经许可，不得以任何方式复制或抄袭本书之部分或全部内容。
版权所有，侵权必究。

图书在版编目（CIP）数据

Linux 操作系统与应用技术 / 陈小文，韦立梅，陈卓恒主编. -- 北京：电子工业出版社，2025. 2. -- ISBN 978-7-121-49864-0

Ⅰ. TP316.85

中国国家版本馆 CIP 数据核字第 2025WE4820 号

责任编辑：孟　宇
印　　刷：涿州市京南印刷厂
装　　订：涿州市京南印刷厂
出版发行：电子工业出版社
　　　　　北京市海淀区万寿路 173 信箱　　邮编：100036
开　　本：787×1092　1/16　　印张：17　　字数：425 千字
版　　次：2025 年 2 月第 1 版
印　　次：2025 年 2 月第 1 次印刷
定　　价：69.80 元

凡所购买电子工业出版社图书有缺损问题，请向购买书店调换。若书店售缺，请与本社发行部联系，联系及邮购电话：（010）88254888，88258888。
质量投诉请发邮件至 zlts@phei.com.cn，盗版侵权举报请发邮件至 dbqq@phei.com.cn。
本书咨询联系方式：mengyu@phei.com.cn。

# 前　言

随着信息技术的飞速发展，Linux 凭借开源、稳定、安全的特性，已经成为全球范围内广泛使用的服务器操作系统之一。从小型个人服务器到大型数据中心，Linux 的应用无处不在，它在云计算、大数据处理、嵌入式系统等领域发挥着至关重要的作用。为了满足日益增长的技术需求和赶上市场变化，掌握 Linux 及其应用技术已成为信息技术专业人士和计算机科学相关专业学生的必备技能。

本书旨在为读者提供一个全面、深入的学习平台，无论是初学者还是有经验的专业人士，都能从中获得宝贵的知识和技能。本书由广东白云学院大数据与计算机学院联合白云宏产业学院资深 Linux 专家和教育工作者共同编写，涵盖了从 Linux 的基础理论到高级应用的内容，确保理论与实践相结合，全面提升读者的实战能力。

全书共 10 章，内容包括 Linux 技术基础概述、Linux 基本操作命令、Linux vi 和 vim 操作、Linux 用户与文件管理、Linux 系统管理、Linux Shell 编程、Linux Web 服务器与数据库服务器应用、Linux 时间服务器应用、Linux 服务器安装与配置、分布式集群搭建与应用，具体如下。

第 1 章介绍 Linux 的前世今生、体系结构、特点、应用领域、内核版本与发行版本及 CentOS，以及硬件与存储设备、硬盘分区、常用的 Linux 分区方案、安装 CentOS 等内容帮助读者建立对 Linux 的初步认识。

第 2 章介绍 Linux 基本操作命令，为读者后续的深入学习打下坚实的基础。

第 3 章介绍 vi 和 vim 操作，使读者了解 vi 和 vim 的使用方法和技巧。

第 4 章介绍用户切换与身份、用户与重要文件、用户操作、用户组操作、用户与用户组管理、文件与文件夹权限等内容。

第 5 章介绍常用的操作技巧、软件安装与卸载、systemctl 操作、网络操作与管理，以及进程操作与管理等内容。

第 6 章介绍 Shell 的概念、使用方式，Shell 脚本的基本语法及创建过程，以及 Shell 变量、Shell 数组、Shell 运算符、Shell 条件判断语句、Shell 循环控制语句、Shell 函数等内容。

第 7 章介绍如何在 Linux 中搭建和维护 Web 服务器与数据库服务器。

第 8 章介绍如何实现计划任务，以及如何应用 NTP 服务器和 Chrony 服务器。

应用服务器是企业应用的核心，第 9 章讲解如何在 Linux 中安装与配置 DNS 服务器、DHCP 服务器、FTP 服务器。

第 10 章介绍 Linux 在构建高性能、高可用性的分布式集群中的应用。

本书理论与实践并重。在讲述理论时，力求简明扼要，层层推进，同时配备相应的示例，有详细的操作步骤并配有截图，以便读者实验操作，培养读者的动手实践能力。本书在编写过程中，力求内容的准确性和实用性，每章都配有丰富的示例，以确保读者能够通过实践加深理解。

本书既可以作为高等院校计算机类专业相关课程的教材，又可以作为云计算工程师、系统架构工程师、Linux 爱好者的参考书。

本书由陈小文负责统稿，由李春平担任主审，由陈小文、韦立梅、陈卓恒担任主编，由冯玮雯、杨丰瑞、张湘敏、彭林担任副主编。本书在编写过程中得到了诸多同行的指导，在此对他们表示衷心的感谢。由于编者水平有限，书中难免存在一些疏漏和不足之处，敬请广大读者批评指正。

编 者

2024 年 9 月

# 目　　录

## 第 1 章　Linux 技术基础概述 .................................................................. 1

### 1.1　认识 Linux .................................................................................. 1
#### 1.1.1　Linux 的前世今生 .................................................................. 1
#### 1.1.2　Linux 体系结构 ...................................................................... 4
#### 1.1.3　Linux 的特点 .......................................................................... 5
#### 1.1.4　Linux 的应用领域 .................................................................. 6
#### 1.1.5　Linux 内核版本与发行版本 .................................................. 7
#### 1.1.6　初识 CentOS .......................................................................... 9

### 1.2　硬件与存储设备 ...................................................................... 10
#### 1.2.1　硬件 ...................................................................................... 10
#### 1.2.2　Linux 中的硬件设备管理 .................................................... 12
#### 1.2.3　设备文件名的组成和设备文件的命名规则 ...................... 13
#### 1.2.4　设备文件名的使用 .............................................................. 13

### 1.3　硬盘分区 .................................................................................. 14
#### 1.3.1　Linux 中硬盘分区方式概述 ................................................ 14
#### 1.3.2　fdisk 分区方式 ..................................................................... 16
#### 1.3.3　GPT 分区方式 ..................................................................... 19
#### 1.3.4　parted 分区方式 ................................................................... 19
#### 1.3.5　常用的分区方式及选用原因 .............................................. 21

### 1.4　常用的 Linux 分区方案 .......................................................... 22
#### 1.4.1　Linux 分区方案概述 ............................................................ 22
#### 1.4.2　最基本的分区方案和合理的分区方案 .............................. 23

### 1.5　安装 CentOS ............................................................................ 23
#### 1.5.1　准备工作 .............................................................................. 23
#### 1.5.2　安装过程 .............................................................................. 24
#### 1.5.3　基本管理和使用 .................................................................. 34

### 1.6　项目拓展 .................................................................................. 39
### 1.7　本章练习 .................................................................................. 39

# 第 2 章  Linux 基本操作命令

## 2.1 文件系统结构及绝对路径和相对路径
### 2.1.1 文件系统结构
### 2.1.2 绝对路径和相对路径

## 2.2 命令格式及关机命令和重启命令
### 2.2.1 命令格式
### 2.2.2 关机命令和重启命令

## 2.3 目录操作命令
### 2.3.1 ls 命令
### 2.3.2 pwd 命令
### 2.3.3 whoami 命令
### 2.3.4 cd 命令
### 2.3.5 which 命令
### 2.3.6 whereis 命令

## 2.4 文件夹与文件操作命令
### 2.4.1 mkdir 命令
### 2.4.2 touch 命令
### 2.4.3 cp 命令
### 2.4.4 mv 命令
### 2.4.5 rm 命令
### 2.4.6 ln 命令

## 2.5 文件查看与搜索命令
### 2.5.1 cat 命令
### 2.5.2 head 命令
### 2.5.3 tail 命令
### 2.5.4 grep 命令
### 2.5.5 wc 命令
### 2.5.6 more 命令
### 2.5.7 less 命令
### 2.5.8 echo 命令
### 2.5.9 find 命令
### 2.5.10 locate 命令

## 2.6 通配符与管道符
### 2.6.1 通配符
### 2.6.2 管道符

## 2.7 本章练习

## 第 3 章 Linux vi 和 vim 操作 .................................................. 65

### 3.1 vi 和 vim 操作基础 .................................................. 65
- 3.1.1 vi 和 vim 的概念 .................................................. 65
- 3.1.2 vi 的工作模式 .................................................. 65
- 3.1.3 插入模式基本命令 .................................................. 66
- 3.1.4 移动光标 .................................................. 67
- 3.1.5 末行模式基本命令 .................................................. 68

### 3.2 vi 和 vim 进阶操作 .................................................. 68
- 3.2.1 可视模式 .................................................. 68
- 3.2.2 移动命令进阶操作 .................................................. 70
- 3.2.3 命令模式进阶操作 .................................................. 71
- 3.2.4 末行模式进阶操作 .................................................. 73

### 3.3 vi 和 vim 高阶操作 .................................................. 75
- 3.3.1 文件操作 .................................................. 75
- 3.3.2 视窗操作 .................................................. 77
- 3.3.3 在 vim 中执行 Shell 命令 .................................................. 78
- 3.3.4 其他高级功能 .................................................. 79

### 3.4 项目拓展 .................................................. 80
- 3.4.1 项目拓展 1 .................................................. 80
- 3.4.2 项目拓展 2 .................................................. 81
- 3.4.3 项目拓展 3 .................................................. 83
- 3.4.4 项目拓展 4 .................................................. 84
- 3.4.5 项目拓展 5 .................................................. 85

### 3.5 本章练习 .................................................. 87

## 第 4 章 Linux 用户与文件管理 .................................................. 89

### 4.1 用户切换与身份 .................................................. 89
- 4.1.1 id 命令 .................................................. 89
- 4.1.2 su 命令和 sudo 命令 .................................................. 90
- 4.1.3 who 命令 .................................................. 91

### 4.2 用户与重要文件 .................................................. 92
- 4.2.1 用户配置文件 .................................................. 92
- 4.2.2 组配置文件 .................................................. 94
- 4.2.3 /etc/sudoers 文件和 visudo 命令 .................................................. 96

### 4.3 用户操作 .................................................. 96
- 4.3.1 添加用户 useradd .................................................. 96
- 4.3.2 修改用户属性 usermod .................................................. 97
- 4.3.3 删除用户 userdel .................................................. 98

  4.3.4 密码管理 passwd ................................................. 98
4.4 用户组操作 ................................................................. 99
  4.4.1 创建用户组 groupadd ............................................ 99
  4.4.2 修改用户组属性 groupmod ..................................... 100
  4.4.3 删除用户组 groupdel ............................................ 101
  4.4.4 管理组文件 gpasswd ............................................. 101
  4.4.5 切换基本组 newgrp ............................................... 101
4.5 用户与用户组管理 ........................................................ 102
  4.5.1 getent 命令 ........................................................ 102
  4.5.2 chmod 命令 ........................................................ 103
  4.5.3 chown 命令 ........................................................ 105
  4.5.4 chgrp 命令 ......................................................... 106
4.6 文件与文件夹权限 ........................................................ 107
  4.6.1 inode ................................................................ 107
  4.6.2 ugo 和 a ............................................................ 108
  4.6.3 rwx 权限 ............................................................ 108
4.7 项目拓展 ..................................................................... 110
  4.7.1 项目拓展 1 ......................................................... 110
  4.7.2 项目拓展 2 ......................................................... 111
4.8 本章练习 ..................................................................... 112

# 第 5 章 Linux 系统管理 .................................................. 114

5.1 常用的操作技巧 ........................................................... 114
5.2 软件安装与卸载 ........................................................... 115
  5.2.1 tar 打包与解压缩及安装与配置 ............................... 115
  5.2.2 rpm 安装与配置 .................................................. 116
  5.2.3 yum 安装与配置 .................................................. 118
  5.2.4 wget 安装与配置 ................................................. 120
5.3 systemctl 操作 .............................................................. 121
5.4 网络操作与管理 ........................................................... 122
  5.4.1 IP 地址配置 ........................................................ 122
  5.4.2 主机名配置 ........................................................ 123
  5.4.3 文件上传与下载 .................................................. 124
5.5 进程操作与管理 ........................................................... 125
  5.5.1 ps 命令 .............................................................. 125
  5.5.2 kill 命令与 killall 命令 ........................................... 126
5.6 项目拓展 ..................................................................... 127
5.7 本章练习 ..................................................................... 128

# 第6章 Linux Shell 编程 ..... 130
## 6.1 Shell 入门 ..... 130
### 6.1.1 Shell 概述 ..... 130
### 6.1.2 Shell 的使用方式 ..... 132
## 6.2 Shell 脚本的创建 ..... 132
### 6.2.1 基本语法介绍 ..... 132
### 6.2.2 Shell 脚本的创建过程 ..... 133
## 6.3 Shell 变量 ..... 134
### 6.3.1 用户变量 ..... 135
### 6.3.2 环境变量 ..... 137
### 6.3.3 位置变量 ..... 139
### 6.3.4 特殊变量 ..... 140
## 6.4 Shell 数组 ..... 141
### 6.4.1 数组的定义及赋值 ..... 141
### 6.4.2 数组的引用 ..... 142
### 6.4.3 长度的获取 ..... 143
## 6.5 Shell 运算符 ..... 143
### 6.5.1 算术运算符 ..... 144
### 6.5.2 字符串运算符 ..... 145
### 6.5.3 关系运算符 ..... 146
### 6.5.4 布尔运算符 ..... 147
### 6.5.5 逻辑运算符 ..... 147
### 6.5.6 文件操作测试符 ..... 148
## 6.6 Shell 条件判断语句 ..... 149
### 6.6.1 if 条件语句 ..... 149
### 6.6.2 case 条件语句 ..... 152
## 6.7 Shell 循环控制语句 ..... 154
### 6.7.1 for 循环语句 ..... 154
### 6.7.2 while 循环语句 ..... 157
### 6.7.3 until 循环语句 ..... 159
### 6.7.4 嵌套循环语句 ..... 160
## 6.8 Shell 函数 ..... 161
## 6.9 项目拓展 ..... 164
### 6.9.1 项目拓展1 ..... 164
### 6.9.2 项目拓展2 ..... 165
### 6.9.3 项目拓展3 ..... 166
## 6.10 本章练习 ..... 169

# 第 7 章 Linux Web 服务器与数据库服务器应用 ........................................ 171

## 7.1 Java 环境 ........................................ 171
### 7.1.1 查看 Linux 服务器版本 ........................................ 171
### 7.1.2 下载 JDK ........................................ 172
### 7.1.3 上传并解压缩 JDK ........................................ 173
### 7.1.4 配置环境变量 ........................................ 174

## 7.2 Web 服务器 ........................................ 175
### 7.2.1 Tomcat ........................................ 176
### 7.2.2 Nginx ........................................ 179

## 7.3 数据库服务器 ........................................ 183
### 7.3.1 检测是否为首次安装 ........................................ 184
### 7.3.2 下载 MySQL ........................................ 184
### 7.3.3 上传并解压缩 MySQL ........................................ 186
### 7.3.4 安装 MySQL ........................................ 186
### 7.3.5 启动 MySQL 服务并登录 MySQL ........................................ 187
### 7.3.6 修改密码展示默认数据库 ........................................ 188
### 7.3.7 远程连接 ........................................ 189
### 7.3.8 停止 MySQL 服务 ........................................ 191

## 7.4 项目拓展 ........................................ 191
## 7.5 本章练习 ........................................ 191

# 第 8 章 Linux 时间服务器应用 ........................................ 193

## 8.1 Linux 计划任务实现 ........................................ 193
### 8.1.1 编辑/etc/crontab 文件和在/etc/crontab 目录中创建文件实现计划任务 ...... 193
### 8.1.2 使用 crontab 命令实现计划任务 ........................................ 196

## 8.2 NTP 服务器应用 ........................................ 199
### 8.2.1 安装 NTP 软件包 ........................................ 199
### 8.2.2 /etc/ntp.conf 文件 ........................................ 200
### 8.2.3 使用 NTP 同步互联网中的 NTP 服务器 ........................................ 202
### 8.2.4 内网中 NTP 服务器时间同步部署 ........................................ 203

## 8.3 Chrony 服务器应用 ........................................ 206
### 8.3.1 安装 Chrony 软件包 ........................................ 206
### 8.3.2 /etc/chrony.conf 文件 ........................................ 207
### 8.3.3 内网中 Chrony 服务器时间同步部署 ........................................ 208

## 8.4 项目拓展 ........................................ 211
## 8.5 本章练习 ........................................ 212

## 第 9 章  Linux 服务器安装与配置 .................................................. 213

### 9.1  DNS 服务器安装与配置 .................................................. 213
#### 9.1.1  DNS 概述 .................................................. 213
#### 9.1.2  DNS 服务器的安装与正向解析配置过程 .................................................. 216
#### 9.1.3  反向解析配置过程 .................................................. 221

### 9.2  DHCP 服务器安装与配置 .................................................. 223
#### 9.2.1  DHCP 概述 .................................................. 223
#### 9.2.2  DHCP 服务器的安装与配置过程 .................................................. 225

### 9.3  FTP 服务器安装与配置 .................................................. 230
#### 9.3.1  FTP 概述 .................................................. 230
#### 9.3.2  vsftpd 的安装与配置过程 .................................................. 231

### 9.4  项目拓展 .................................................. 238
### 9.5  本章练习 .................................................. 239

## 第 10 章  分布式集群搭建与应用 .................................................. 241

### 10.1  Java 环境与 SSH 免密认证 .................................................. 242
#### 10.1.1  Java 环境安装与配置 .................................................. 242
#### 10.1.2  SSH 免密认证配置 .................................................. 243

### 10.2  Hadoop 分布式集群搭建 .................................................. 246
#### 10.2.1  ZooKeeper 安装与配置 .................................................. 246
#### 10.2.2  Hadoop 分布式集群安装与配置 .................................................. 249
#### 10.2.3  分布式存储与计算运行实例 .................................................. 255

### 10.3  项目拓展 .................................................. 257
### 10.4  本章练习 .................................................. 257

# 第 1 章

# Linux 技术基础概述

在信息技术高速发展的今天，操作系统（Operating System，OS）作为计算机系统的核心，发挥着至关重要的作用。无论是在个人计算机、服务器还是在嵌入式设备中，操作系统都承担着管理硬件资源和提供用户接口的责任。而在众多操作系统中，Linux 以开放性、灵活性和强大的性能逐渐成为全球开发者与企业的首选。

Linux 不仅是一种操作系统，更代表了一种开放共享的精神。从诞生之初，Linux 就以源代码公开、社区驱动的发展模式，吸引了无数志同道合的开发者和用户。在这种协作和创新的氛围中，Linux 不断发展壮大，逐步渗入各个技术领域，从服务器、超级计算机到移动设备和物联网设备，它的身影无处不在。

本章将带领大家初步了解 Linux 的基本概念、发展历程和特点。本章将从 Linux 的起源和发展开始介绍，讲解 Linux 中硬件的描述方式，探讨其在硬盘分区方面的设计，并通过 CentOS 的安装，帮助读者动手实践，亲身体验 Linux。通过学习本章，读者将基本认识 Linux，能够搭建 Linux 实践环境，为后续深入学习和使用 Linux 打下坚实的基础。

## 1.1 认识 Linux

### 1.1.1 Linux 的前世今生

#### 1. 什么是 Linux

Linux 是一种开源的类 UNIX 的操作系统，由芬兰人林纳斯·托瓦兹（Linus Torvalds）于 1991 年首次发布。Linux 以开发、稳定、安全和高效而闻名于世，被广泛应用于个人计算机、服务器和嵌入式设备中。

在深入了解 Linux 之前，首先需要了解什么是操作系统。操作系统是计算机系统中十分重要的软件。

如图 1-1 所示，计算机系统由硬件、系统内核、系统调用和应用程序组成，系统内核和系统调用共同构成了操作系统的主体。

当我们拿到一台计算机时，能触摸到的部分就是硬件，硬件指的是 CPU（中央处理器）、内存、硬盘和输入/输出设备等物理部件。

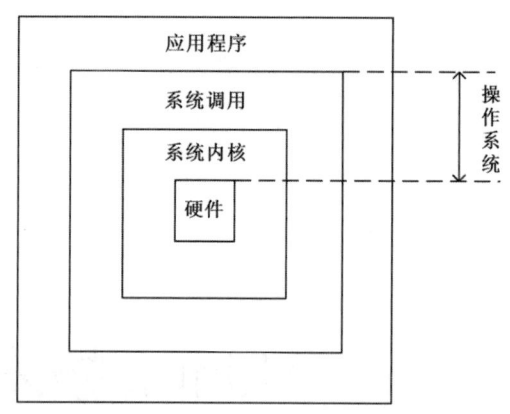

图 1-1　操作系统在计算机系统中的位置

硬件只能算是计算机的"皮囊"，没有"灵魂"和"思想"，什么都做不了。因此，还需要为计算机系统安装软件，也就是应用程序。有些应用程序负责驱动硬件，如调度 CPU 进行工作，调用内存或硬盘进行数据存取；还有些应用程序负责与用户交互，获取用户输入和显示计算结果。

紧邻硬件的软件被称为系统内核。系统内核在计算机系统中扮演着至关重要的角色，负责对硬件进行管理，并高效地分配计算机系统的资源（包括但不限于 CPU、内存等）。系统内核中的程序是直接与硬件打交道的，如果两台计算机的硬件架构不同，那么系统内核中的程序就需要根据差异进行相应的修改和编译。

为了确保系统内核的稳定并简化软件开发过程，操作系统通常会为应用程序开发者提供一套完整的功能接口，也就是我们所说的系统调用。在系统调用之上，软件开发者只需遵循既定的系统调用规范来编写应用程序，即可确保软件能在系统内核中的程序上正常运行。这种设计既确保了软件与系统内核中的程序之间的相互协作，又降低了软件与底层硬件的直接依赖性。

在系统调用之外，就是常用的各种应用程序，如浏览器、办公软件等。系统内核和系统调用一起构成了计算机操作系统的主体。Linux 就是这样的一种操作系统，但它与微软的 Windows、苹果的 macOS 等面向大众的操作系统不同，它更多是为计算机专业人士、学术界和工业界专业人员设计的。要想更深了解 Linux 与众不同的原因，就需要从 Linux 的起源开始了解。

### 2. Linux 的土壤

Linux 的出现并非一朝一夕之功，而是计算机操作系统发展史上众多重要项目和思想的积累与融合。从早期的 Multics，到 UNIX 的诞生和 BSD 的发展，再到 GNU 计划，这些历史上的里程碑都为 Linux 的诞生奠定了基础。下面介绍一些相关的概念，这对后续深入学习 Linux 大有裨益。

1）兼容分时系统

早期的计算机非常昂贵，无法像今天这样普及。即便是高校和科研机构，同一台计算机都需要被许多科研人员共同使用，由此诞生了兼容分时系统（Compatible Time-Sharing System），即多个用户通过各自的终端设备分享同一台计算机，多个应用程序分时共享硬件资源和软件资源。

2）Multics

兼容分时系统出现后，为了强化主机的功能，让计算机资源可以同时给更多用户使用，20 世纪 60 年代，麻省理工学院、贝尔实验室和通用电气公司合作启动了一个大型的操作系统项目，即 Multics（Multiplexed Information and Computing Service）。Multics 旨在开发一个先进的、多用户的分时操作系统，具备高可扩展性和安全性。Multics 进展缓慢，尽管在技术上取得了一些突破，但因自身的复杂性和庞大的规模使得实际应用受限。贝尔实验室最终在 20 世纪 60 年代末退出了该项目。

3）UNIX 的诞生

尽管 Multics 的研发不太成功，但贝尔实验室没有止步于此。20 世纪 70 年代初，贝尔实验室的肯·汤普森（Ken Thompson）和丹尼斯·里奇（Dennis Ritchie）开发了一个新的操作系统，这就是大名鼎鼎的 UNIX。UNIX 继承了 Multics 的思想，但设计上更加简洁、高效。Multics 采用汇编语言开发，而 UNIX 采用 C 语言编写，这不仅大幅提升了开发效率，还通过编译的方式降低了硬件耦合度，使 UNIX 更容易被移植到装有不同硬件的计算机上。与此同时，贝尔实验室所在的 AT&T 公司也对 UNIX 采取了较为开放的态度，与加州伯克利大学合作共同开发该系统。在各种条件的加持下，UNIX 迅速成为广受学术界和工业界欢迎的操作系统。

4）BSD 的发展

加州伯克利大学取得 UNIX 的源代码后，在 20 世纪 70 年代末为 UNIX 开发了许多基础软件与编译器，又称 BSD（Berkeley Software Distribution）。BSD 在原始 UNIX 的基础上进行了大量扩展和增强，引入了 TCP/IP 协议栈等关键技术。BSD 的贡献不仅在于功能和技术上，还在于代码的开源特性，这为后来操作系统的发展提供了宝贵的资源。

5）GNU 计划

UNIX 虽然也有一定的开放性，但并不是开源的。20 世纪 80 年代，AT&T 公司渐渐将 UNIX 商业化，对外出售 UNIX 的许可证。只有购买了 UNIX 的许可证的用户才能使用 UNIX。在此背景下，理查德·斯托曼（Richard Stallman）启动了 GNU 计划（GNU's Not UNIX），希望另外开发一种开源的且完全自由的类 UNIX 的操作系统，让用户能够自由地使用、改进和扩展，从而推进操作系统的良性发展。直到 20 世纪 80 年代末，GNU 计划虽然成功开发了许多重要的 UNIX 兼容软件，如 GCC 编译器和 GNU C 库等，但是仍缺少一个关键的部分，那就是系统内核。

3. Linux 的出现

1987 年，阿姆斯特丹自由大学教授安德鲁·塔能鲍姆（Andrew Tanenbaum）出于教学的目的开发了一种类 UNIX 的操作系统，即 Minix。Minix 设计简单且源代码公开，是学习操作系统原理的理想选择。但 Minix 只是一个用于教学的内核原型，并没有得到进一步的发展。

直到 1991 年，赫尔辛基大学学生林纳斯·托瓦兹在学习操作系统时使用了 Minix，他在受到启发的同时也对 Minix 的一些设计和功能感到不满，于是萌生了研发操作系统项目的想法，决定研发一个功能更完备的内核。他使用 GNU 计划已经实现的软件（GCC 编译器和 GNU C 库等）开发了一个类 UNIX 的系统内核，并在电子论坛 Usenet 上发布了自己的作品，邀请其他开发者参与，一起"添砖加瓦"。这个项目迅速引起了相关社会人士的广泛关注，并最终发展成为今天的 Linux 内核。结合 GNU 计划中的众多软件，一个完整的自由操作系统终于诞生，这就是 Linux。

### 1.1.2 Linux 体系结构

介绍完 Linux 的前世今生后，下面介绍 Linux 体系结构。

Linux 体系结构指的是 Linux 的内部结构和组件的组织方式。Linux 作为一种类 UNIX 的操作系统，体系结构遵循了分层设计原则，如图 1-2 所示。

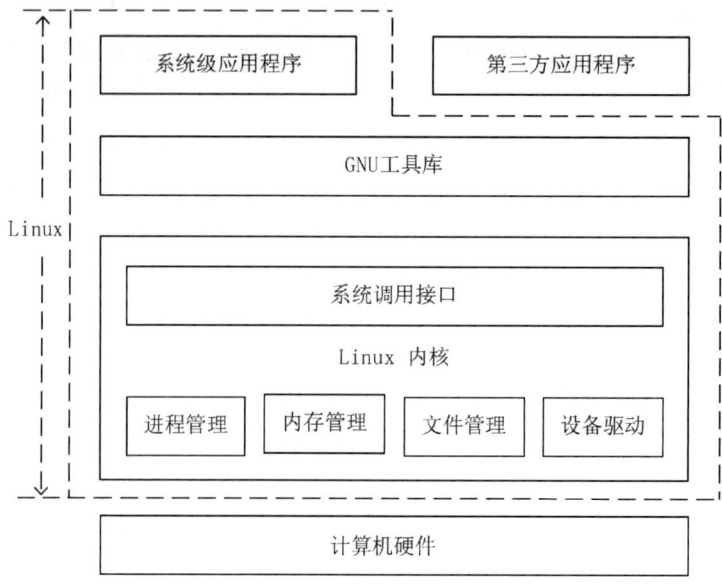

图 1-2　Linux 体系结构

#### 1. Linux 内核

Linux 内核是 Linux 的"心脏"。它在计算机系统中扮演着指挥者和协调者的角色。Linux 内核负责精确控制所有硬件资源和程序。它监控和管理着 CPU、内存、硬盘，以及其他外围设备，确保它们高效、有序地工作。在系统运行过程中，Linux 内核会根据当前需求智能地分配硬件资源，同时调度软件任务，以满足用户和应用程序的需求。

Linux 内核主要由以下几个部分组成。

（1）内存管理：负责管理计算机系统的内存，包括内存分配、回收和虚拟内存管理等功能。

（2）进程管理：负责创建、调度和终止进程，管理进程之间的通信和同步等功能。

（3）文件管理：提供对文件和目录的管理，支持多种文件系统类型，如 Ext4、Btrfs 等。

（4）设备驱动：管理和控制硬件设备，通过设备驱动程序与硬件进行交互。

（5）系统调用接口：向外部提供功能并确保 Linux 内核的安全性。系统调用接口是一组功能接口，允许应用程序通过它与 Linux 内核进行通信，使应用程序能够请求内核服务。系统调用是应用程序与内核交互的唯一方式。

**2．GNU 工具库**

仅有一个 Linux 内核控制硬件设备还不够，作为一种操作系统，Linux 还需要一系列的工具和函数库来提供标准功能，如文件操作、网络协议，以及程序的编译、解析与执行等。

前文提到，在林纳斯·托瓦兹研发 Linux 内核之前，理查德·斯托曼已经启动了 GNU 计划，有一群人已经通过共同努力，参考 UNIX 开发出了一系列标准的操作系统基础工具。GNU 组织开发的这套完整的类 UNIX 工具，与 Linux 内核结合起来，构成了一套功能完整的免费操作系统。

Linux 实际上是 Linux 内核和 GNU 工具库的结合，更准确的名称应该是 GNU/Linux。

**3．应用程序**

Linux 内核和 GNU 工具库之上是为用户提供功能的各种应用程序。Linux 中的应用程序分为系统级应用程序和第三方应用程序。

1）系统级应用程序

广义地说，系统级应用程序也是操作系统的一部分，提供基础功能和服务，帮助用户管理和维护系统。这些应用程序通常被内置于操作系统的发行版本中，并在安装操作系统时默认被安装。以下是常见的系统级应用程序。

（1）命令行解释器（Bash）：提供用户与系统交互的接口。
（2）文件管理工具：列举目录内容，以及复制、移动和删除文件。
（3）系统监控工具：实时监控系统资源的使用情况，显示当前运行的进程列表。
（4）网络管理工具：配置和管理网络接口。
（5）文本处理工具：搜索和处理文本。
（6）包管理工具：安装、更新和管理软件包。

2）第三方应用程序

第三方应用程序是由第三方开发者或公司开发的软件，这些应用程序独立于操作系统，用户可以根据需要安装和使用。它们提供了特定领域的业务功能。常见的第三方应用程序有办公软件、媒体播放器、网页浏览器、编程工具、图像处理软件等。

## 1.1.3 Linux 的特点

通过前面的介绍，大家应该对 Linux 有所了解了。下面总结一下 Linux 的特点，正是这些特点使得 Linux 在个人计算机、服务器和嵌入式设备中得到了广泛应用。

**1．自由与开源**

Linux 的源代码是开放的，任何人都可以学习、修改甚至参与开发。这种开源特性使得 Linux 拥有一个庞大且活跃的开发社区，用户遇到问题时能够快速地得到响应，Linux 也因此得到持续改进。Linux 遵循 GNU 通用公共许可证（GPL），允许用户自由地使用、研究、共享和改进软件，赋予用户对系统的控制权，并鼓励合作与再创造。

自由与开源特性使得 Linux 成为学术界和工业界广受欢迎的操作系统。

**2．强大的多用户和多任务支持**

Linux 是一种类 UNIX 的操作系统，继承了 UNIX 强大的多用户和多任务支持功能。

Linux 支持多个用户同时登录和使用，每个用户都有自己的文件系统和进程空间，彼此隔离。Linux 支持多任务，通过进程来隔离执行的各任务。通过调度算法来管理执行的进程，确保系统资源的高效利用。

#### 3．稳定性和可靠性

Linux 具有很好的稳定性，Linux 服务器适合长时间不间断地运行。许多 Linux 服务器可以连续运行数月甚至数年而无须重启。

Linux 具有极高的可靠性，每个版本的 Linux 都会经过广泛测试和验证，在遇到问题时，开源社区也能够快速地修复漏洞。

#### 4．安全性

Linux 有严格的权限管理机制，只有得到授权的用户才能访问指定文件和执行指定操作。

Linux 内置防火墙和各种安全工具，以帮助用户保护系统免受外部攻击。

#### 5．灵活的可定制性

Linux 采用模块化设计，用户可以选择安装和配置所需的组件与服务。从资源受限的嵌入式设备到性能强大的企业级服务器，Linux 可以在各种硬件上高效运行。

用户通过深度配置（内核、启动过程、服务和网络等）可以使 Linux 满足各种场景的应用需求。

#### 6．广泛的硬件兼容性

Linux 支持多数的硬件平台，兼容各种 CPU 架构（x86、ARM、PowerPC 等），并提供丰富的硬件设备驱动。

#### 7．丰富的软件生态支持

Linux 拥有庞大的开源软件生态系统，用户可以通过包管理器在线轻松地安装和管理软件包。这些来自开源世界的软件包不仅免费，而且经过众多用户的验证安全且稳定。

### 1.1.4 Linux 的应用领域

得益于 Linux 的特点，Linux 被广泛应用于以下领域。

#### 1．企业级服务器

Linux 十分重要的一个应用领域就是企业级服务器。

Web 服务器：Linux 是十分重要的 Web 服务器操作系统，经常与 Apache、Tomcat、Nginx 等 Web 服务器搭配，用于托管互联网网站和服务。

数据库服务器：Oracle、MySQL、Redis 等数据库管理系统大多运行在 Linux 中，用于为企业提供高效、可靠的数据支持。

网络服务器：在企业的局域网内部，Linux 常常被用于网络管理，作为 DNS 服务器、DHCP 服务器、邮件服务器和文件服务器等网络服务器。

### 2．云计算和大数据

近年来，随着云计算和大数据的兴起，Linux 在这些领域发挥着关键性的作用。在云计算领域，Docker、Kubernetes 等容器管理工具大多是基于 Linux 开发的，Linux 因此成为许多公有云（Amazon Web Services、Google Cloud、Microsoft Azure 等）或私有云环境的基础操作系统。在大数据领域，Hadoop、Spark 等基础组件也是基于 Linux 开发的，Linux 被广泛应用于大数据集群中。

### 3．个人计算机

在个人计算机领域，虽然 Linux 占据的市场份额较小（Windows 和 macOS 占据了主要市场），但它的开放性受到广大技术人员和安全专家的青睐。

近年来，Linux 发行版本越来越重视用户体验，基于 Linux 的国产操作系统也越来越多，这些因素都在推动 Linux 在个人计算机领域的发展。

### 4．移动设备

在 Android 操作系统出现之前，Linux 就常常被用在智能手机、平板计算机等领域。事实上，Android 操作系统本身也是基于 Linux 内核定制的，它的出现使得 Linux 在移动设备领域的应用更加广泛。

### 5．嵌入式设备与物联网设备

由于模块化特性，Linux 可以被裁剪定制成很小的系统，在嵌入式设备领域发挥十分重要的作用。在物联网设备领域，特别是智能家居和工业控制终端设备中，Linux 也能很好地发挥作用。

### 6．网络安全

在网络安全领域的软件测试和安全研究方面，Kali 和 Parrot OS 等 Linux 发行版本专门为技术人员集成了大量渗透测试和安全分析工具。此外，Linux 也常常被用于构建网络防火墙和安全网关服务器。

### 7．教育与研究

在教育与研究领域的计算机科学教育方面，许多教育与研究机构使用 Linux 作为学习和研究环境，特别是在操作系统、计算机网络、网络安全和软件编程等方面的教学中。

此外，树莓派（Raspberry Pi）等价格低廉的 Linux 计算机开发板也在青少年教学和产品原型研发等方面发挥着重要的作用。

## 1.1.5 Linux 内核版本与发行版本

在安装和使用 Linux 之前，需要弄清一个问题，即什么是 Linux 内核版本和发行版本。

### 1．Linux 内核版本

实际上，Linus 及其团队开发并开源的只是 Linux 内核。Linux 内核是 Linus 的核心。Linux 内核一直处于发展和更新中，不断地有新的版本推出，这些版本被称为 Linux 内核版本。

Linux 内核版本是免费开源的，任何人都可以下载 Linus 内核源代码，并使用或修改它。Linux 内核可以通过官网下载。Linus 内核官网如图 1-3 所示。

图 1-3　Linux 内核官网

Linux 内核的版本号遵循特定的命名规则，包括主版本号、次版本号和修订号，格式通常为 $X.Y.Z$，其中 $X$ 是主版本号，$Y$ 是次版本号，$Z$ 是修订号。例如，Linux 内核 6.10.3 中的 6 是主版本号，10 是次版本号，3 是修订号。

Linux 内核版本主要包含以下几种类型，用户在下载时应根据需要选择。

（1）主线版本（Mainline）：Linus 内核开发的最新版本，包含了最新的特性，通常不适合在生产环境中使用，因为它可能未经过充分测试。

（2）稳定版本（Stable）：主线版本的分支。它经过一段时间的测试，被认为是足够稳定的，可供日常使用。

（3）长期维护版本（Long Term）：稳定版本的延伸分支。当一个稳定版本被认为足够可靠、适合广泛使用时，它就会被选为长期维护版本。在维护期，长期维护内核会接收重要的安全更新内容。它适用于需要稳定运行的生产环境。

**2．Linux 发行版本**

只有 Linux 内核，用户还无法使用计算机处理日常工作，因为 Linux 内核不包括可视化的用户界面、软件包管理工具和各种日常必备的应用程序。

由于 Linux 的市场需求巨大，许多开源社区和商业公司都在 Linux 内核上补充自己定制的工具与软件，将其打包成一个更为完整的 Linux 再发布出来，这就是 Linux 发行版本。

Linux 发行版本相当多，有商业公司发布的收费版本，如 RHEL（Red Hat Enterprise Linux）、SUSE、Ubuntu 等；也有开源社区维护的免费版本，如 CentOS、Debian、Kali 等。常用的 Linux 发行版本如图 1-4 所示。

图 1-4　常用的 Linux 发行版本

按照软件包管理方式（也就是软件安装方式）的不同，Linux 发行版本通常可以分为 Debian 系列发行版本（以 DEB 格式管理软件包，如 Debian、Ubuntu、Kali 等）和 Red Hat 系列发行版本（以 RPM 格式管理软件包，如 RHEL、Fedora、CentOS 等）。

不同的 Linux 发行版本有各自不同的特点和优势，在实际使用时可以根据用途选择。对于初学者来说，可以优先选择开源社区维护的免费版本。以下是一些主要的 Linux 发行版本及其特点。

（1）Debian：由社区驱动的发行版本，以稳定性和安全性著称。许多其他 Linux 发行版本都是基于 Debian 构建的。

（2）Ubuntu：基于 Debian 构建的发行版本，被广泛应用于桌面、服务器和云计算环境中。它更注重用户体验和易用性，部分版本提供长期支持（LTS）。

（3）Fedora：由 Red Hat 公司支持的发行版本，注重前沿技术和创新。可以将其理解为 RHEL 的测试版本。

（4）CentOS：基于 RHEL 构建的开源社区维护的免费版本，免费且稳定，主要被应用于服务器环境中。

（5）Arch：轻量且灵活的发行版本，提供给用户更高的可定制性，适合高级用户使用。

（6）Kali：专为安全研究和渗透测试设计的发行版本，预装了大量的安全工具。

虽然 Linux 发行版本众多，但对于初学者而言，其基本命令和常见应用都是相同的，用户不必过于纠结选择什么版本。本书选择服务器中使用较多的 CentOS 进行讲解和实践。

## 1.1.6　初识 CentOS

在众多的 Linux 发行版本中，Red Hat 公司的 RHEL 颇受企业青睐，其优势在于稳定、安全和强大的商业支持，特别适用于企业和互联网公司。但 RHEL 本身是一个收费的版本，缺乏开放性，使用成本较高，也难以自行维护。

CentOS（Community Enterprise Operating System）的出现弥补了这个不足。它是一个基于 RHEL 的免费、开源的 Linux 发行版本。CentOS 提供了与 RHEL 一致的企业级操作系统体验，但无须支付 RHEL 的商业授权费用。CentOS 提供了一个稳定、可预测和免费的平台，被广泛应用于服务器、开发环境及生产环境中。

CentOS 最早发布于 2004 年，是 RHEL 的社区重构版，是一个与 RHEL 的二进制级别完全兼容的操作系统。CentOS 的主要特点如下。

（1）长期支持，稳定性高。CentOS 继承了 RHEL 的所有特性，包括长期支持（通常每个版本都提供 10 年的支持周期）、稳定的内核和软件包等。

（2）兼容性好。CentOS 与 RHEL 的二进制级别完全兼容，这意味着大多数为 RHEL 设计的软件都可以直接在 CentOS 中运行，而无须任何修改。

（3）免费使用。与 RHEL 不同，CentOS 是免费使用的，用户无须支付订阅费用即可享受企业级操作系统的所有功能。

（4）社区支持。CentOS 由全球社区维护，拥有活跃的用户和开发者社区。尽管没有商业支持，用户仍可以通过论坛、邮件列表和在线资源获取帮助。

（5）多年来，CentOS 逐渐成为企业和开发者的首选平台，尤其是在那些需要稳定性和长期支持的生产环境中。CentOS 的每个版本通常都与对应的 RHEL 版本保持一致，这意味着用户可以获得与 RHEL 相同的安全更新和软件包支持。

## 1.2　硬件与存储设备

### 1.2.1　硬件

在安装 Linux 之前，选择合适的计算机硬件非常重要。一般而言，Linux 运行所需的硬件配置无须太高，与 Windows、macOS 不同，Linux 是模块化的，可以根据实际需要安装不同的组件，因此 Linux 运行所需的硬件配置应该根据用途而定。

#### 1．核心硬件的选取

计算机系统必备的核心硬件包括 CPU、内存、显卡和硬盘。

1）CPU

CPU 是计算机的"大脑"。它负责执行指令、处理数据，以及协调计算机其他各部分的工作。CPU 存在着多种架构，常见的包括 x86、ARM、RISC-V 和 PowerPC 等。不同架构的 CPU 支持的指令不同，操作系统及应用程序只有针对不同架构的 CPU 进行开发或编译才能正常运行。

（1）x86 架构：由英特尔（Intel）开发，最早在 1978 年发布，被多数台式计算机和笔记本式计算机采用。x86 的性能强大，兼容性好，但功耗较高，适用于台式计算机和中小型服务器。

（2）ARM 架构：由英国的 ARM 公司设计。ARM 架构的性能虽然较 x86 架构的性能略差，但 ARM 架构的功耗非常低，因此 ARM 架构被广泛应用于移动设备、物联网和嵌入式设备中，在台式计算机和中小型服务器中使用较少。

（3）RISC-V 架构：一种开源的指令架构，开放性和扩展性较强，近年来越来越受到关注，但软/硬件生态尚未成熟。

（4）PowerPC 架构：被应用于服务器和高性能计算机中，但因封闭、性价较低，故近年来使用次数逐渐减少。

本书主要讲述 Linux 服务器应用，因此选择服务器生态较为完善的 x86 架构的 CPU 最为合适。由于这里对 CPU 的性能要求不高，因此使用普通台式计算机或笔记本式计算机的 CPU 就足够了。

值得注意的是，软件源代码只有针对不同架构的 CPU 进行编译才能使用。大部分 Linux 发行版本和软件包都有针对不同 CPU 架构的安装程序，在安装时只有正确选择才能使用。例如，CentOS 发布的 CentOS-7-x86_64-DVD-2009.iso 是基于 x86 架构的安装光盘的，而 CentOS-7-aarch64-2009.iso 则是基于 ARM 架构的安装光盘的。

2）内存

内存用于临时存储正在处理的数据和指令，帮助 CPU 快速访问所需信息。无论是软件程序还是文件数据，都只有读入内存才能被 CPU 使用。随着计算机技术的发展，内存从早期的单数据速率（SDR）内存发展为如今被广泛使用的双倍数据速率（DDR）内存。

事实上，对于 Linux，特别是服务器，内存的重要性远比 CPU 要大得多。如果内存不够，那么 Linux 会通过使用硬盘的内存交换分区（/swap 分区）来实现虚拟内存，应用程序的运行效率就会大大降低。

对于不安装可视化窗体界面的小型服务器而言，512MB 内存已经足够运行 Linux 了，但对于企业级服务器而言，内存越大越好。就本书相关内容而言，配置 1GB 或 2GB 内存已经足够了。

3）显卡

显卡负责图像和视频的渲染与显示，以提升处理能力。Linux 中的大部分应用场合对显卡的要求均不高。当今的 CPU 大多整合了显示核心，除非要运行人工智能算法程序，否则无须额外购置显卡。

4）硬盘

硬盘用于长期保存操作系统、软件和用户数据。按照存储方式划分，硬盘可以分为机械硬盘（HDD）和固态硬盘（SSD），前者的存储速度和价格都较后者低。按照接口类型划分，硬盘又可以分为 IDE 硬盘、SATA 硬盘、SAS 硬盘、NVMe 硬盘等。

IDE 是早期广泛使用的硬盘接口。它采用并行数据传输方式，连接较为复杂，传输速率较低，现在已被更先进的接口取代。

SATA 是 IDE 的继任者，采用串行传输方式，具有更高的传输速率和更简化的连接方式，是目前台式计算机和笔记本式计算机中常见的硬盘接口之一。

SAS（Serial Attached SCSI）是一种高级接口，主要用于企业级存储设备。它基于 SCSI 协议，具有更高的可靠性和传输速率，但价格也更高，主要被应用于服务器和数据中心中。

NVMe 是最新的高速接口，专为固态硬盘设计，通过 PCIe 总线与主板连接，传输性能显著提高，适用于高性能的台式计算机、笔记本式计算机和服务器。

在实践中需要注意的是，对于 Linux 而言，不同类型接口的硬盘意味着需要不同的驱动程序，Linux 通过设备文件名和编号来区分这些硬盘的驱动程序。

在本书的实践中，选择 SATA 硬盘即可，内存在 20GB 以上就可以了。

**2．虚拟化系统的使用**

上述对选取的核心硬件的要求其实非常低，任意找一台接近淘汰边缘的个人计算机就可以安装 Linux 了，但现在还有一种更方便的方式，就是使用虚拟化系统。近年来，随着硬件虚拟化技术的成熟，普通个人计算机中的 CPU 就已经整合了硬件虚拟化指令集。因此，使用台式计算机或性能较好的笔记本式计算机就可以虚拟好几个独立的小型 Linux。

使用虚拟化系统来学习 Linux 比采用真实计算机系统更加方便，一方面不受硬件和网络条件的限制，计算机系统的数量可以随时增加；另一方面系统可以克隆，也可以使用快照备份，即使修改了系统也可以快速恢复。因此，本书后续的操作，都将使用虚拟化系统来实现。

要创建虚拟化系统，需要使用虚拟化软件。当前的虚拟化软件非常多，建议选择常用的 VMware Workstation。

### 1.2.2　Linux 中的硬件设备管理

下面介绍 Linux 中的硬件设备管理的相关知识。

在 Linux 中，硬件设备被分为两大类：字符设备（Character Devices）和块设备（Block Devices）。

字符设备是一种以字节流的形式向系统提供数据的设备。字符设备内部没有缓存，数据需要按顺序逐字节地读取或写入。因为缺少缓存，所以字符设备的处理效率较低，数据访问通常是线性的，不支持随机访问。字符设备主要是输入/输出设备，如键盘和打印机等。

块设备与字符设备不同，它内部自带缓存，以固定大小的块的形式存储和访问数据。因此，块设备的处理效率较高，可以随机访问，也就是可以直接跳转到块中的任意位置进行读取或写入。块设备主要是存储设备，如硬盘等。

在 Linux 中，每个设备都被看作一个文件来对待，这样做的好处是方便用户通过文件系统接口对设备进行访问。既然被看作文件，那么必然要有文件名，即设备文件名。例如，一个 SATA 硬盘的设备文件名为/dev/sda。

表 1-1 列出了一些常见的硬件设备及其在 Linux 中的设备文件名。

表 1-1　常见的硬件设备及其在 Linux 中的设备文件名

| 设备 | 在 Linux 中的设备文件名 |
| --- | --- |
| IDE 硬盘驱动器 | /dev/hd[a-d] |
| SCS/SATA/USB 硬盘驱动器 | /dev/sd[a-p] |
| U 盘 | /dev/sd[a-p] |
| 打印机 | 25 针接口：/dev/lp[0-2]<br>USB 接口：/dev/usb/lp[0-15] |
| 鼠标 | 通用接口：/dev/input/mouse[0-15]<br>PS/2 接口：/dev/psaux |
| 当前 CD/DVD ROM | /dev/cdrom |
| 当前鼠标 | /dev/mouse |

### 1.2.3 设备文件名的组成和设备文件的命名规则

下面介绍设备文件名的组成和设备文件的命名规则。

一般而言，设备文件名由设备目录、设备类型前缀、设备标识符和分区号组成。

#### 1．设备目录

在 Linux 中，所有设备文件都位于/dev 目录中，这是 Linux 中的一个特殊目录，包含了系统中所有设备的入口。

#### 2．设备类型前缀

设备类型前缀表示设备的类型。例如，hd 表示 IDE 硬盘，如/dev/hda、/dev/hdb；sd 表示 SCSI 硬盘或 SATA 硬盘，如/dev/sda、/dev/sdb；tty 表示终端设备，如/dev/tty0、/dev/ttyS0；sr 或 cd 表示光盘驱动器，如/dev/sr0、/dev/cdrom。

#### 3．设备标识符

设备标识符跟在设备类型前缀后面，用于区分相同类型的多个设备实例。对于存储设备，设备标识符通常是字母。例如，sda 和 adb 分别表示第 1 块、第 2 块 SCSI 硬盘或 SATA 硬盘。

#### 4．分区号

对于块设备，如果涉及分区，那么会在设备标识符后面加上数字，表示分区号。例如，sda1 和 sda2 分别表示第 1 块硬盘上的第 1 个分区和第 2 个分区。

综上所述，对于大多数设备，基本的命名形式都是"/dev/[设备标识符]/[分区号]"。具体而言，字符设备、块设备和网络设备的命名规则如下。

字符设备：通常以设备类型前缀开始，后面跟设备标识符，如/dev/ttyS0 表示第 1 个串行端口。

块设备：除了包括设备类型前缀和设备标识符外，还可能包括分区信息，如/dev/sda1 表示第 1 个 SATA 硬盘的第 1 个分区。

Linux 的设备文件的命名规则提供了一种清晰的方法来识别和访问系统中的设备。通过这些规则，用户可以轻松地找到所需的设备文件。

### 1.2.4 设备文件名的使用

#### 1．访问设备

通过操作设备文件，用户可以对设备进行各种访问操作，如读取硬盘数据、访问串口设备等。

1）读取硬盘数据

以下命令行代码通过 dd 命令从硬盘设备/dev/sda 中读取数据，并将其逐字节地写入指定目录/output/file 的输出文件。换句话说，它对整个硬盘设备中的内容进行备份，并将其保存为一个文件。

```
dd if=/dev/sda of=/output/image.iso
```

2）访问串口设备

以下命令行代码通过 cat 命令读取串口设备 ttyS0 的数据。

```
cat /dev/ttyS0
```

#### 2. 挂载和卸载设备

对于块设备，使用设备文件的一项常见操作是挂载设备。挂载设备是指将设备中的文件连接到系统的目录树中，使其可以通过目录来访问。

1）挂载设备

以下命令行代码使用 mount 命令将硬盘设备/dev/sda1 挂载到指定目录/mnt 中，后续用户可以通过/mnt 目录访问硬盘设备中的文件。

```
mount /dev/sda1 /mnt
```

2）卸载设备

当不再需要访问设备时，可以使用以下 umount 命令卸载设备。

```
umount /mnt
```

#### 3. 配置设备

1）配置串口设备的波特率

以下命令行代码将第 2 个串口设备/dev/ttyS1 的波特率设置为 115200，用于确保与串口设备通信的速率和预期的速率一致。

```
stty -F /dev/ttyS1 115200
```

2）格式化硬盘分区

以下命令行代码在/dev/sdc1（第 3 个硬盘的第 1 个分区）上创建了一个 Ext4 文件系统，使分区可以存储文件并被挂载到系统中。

```
mkfs.ext4 /dev/sdc1
```

3）设置网络 IP 地址

以下命令行代码为网络接口（通常对应以太网接口）配置的静态 IP 地址为 192.168.1.100、子网掩码为 24，用于使设备能够使用指定的 IP 地址与网络进行通信。

```
ip addr add 192.168.1.100/24 dev eth0
```

综上所述，通过设备文件名操作设备是 Linux 中一种强大且灵活的管理方式。后续会介绍更多与设备相关的命令，这些命令针对不同类型的设备发挥不同的功能，以帮助用户根据需求进行设备管理。

## 1.3 硬盘分区

### 1.3.1 Linux 中硬盘分区方式概述

分区是指在硬盘上建立多个独立存储的逻辑区域。文件可以被存放在不同的区域，以便管理。用户可以通过图形化界面中的硬盘管理工具进行可视化操作管理，也可以使用命令（fdisk 命令和 parted 命令等）直接进行可视化操作管理。通过学习硬盘分区方式、硬盘的分类及命名规则、文件系统分类，读者将能够很好地管理和优化 Linux 中的硬盘分区，以满足不同的存储需求和提高系统性能。

1. 硬盘分区结构

硬盘分区主要分为主分区（Primary Partition）和扩展分区（Extension Partition），而扩展分区还需进行进一步划分，不能直接使用。对扩展分区进行进一步划分后的分区被称为逻辑分区（Logical Partition）。硬盘分区结构如图 1-5 所示。

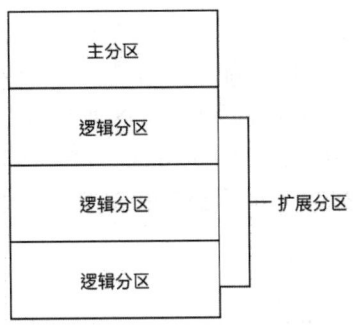

图 1-5　硬盘分区结构

主分区：可以直接使用，用于存放操作系统、应用程序或操作系统文件等。一个硬盘最多可以有 4 个主分区。

扩展分区：用于容纳逻辑分区，相当于一个容器。一个硬盘只能有一个扩展分区，但在扩展分区内可以创建多个逻辑分区。

逻辑分区：由扩展分区创建，理论上没有数量限制，可以创建多个以满足存储需求，用于存放用户数据、应用程序或系统临时文件等。

个人计算机中的硬盘接口通常有 3 种，分别是 IDE、SCSI 和 SATA。无论是 IDE 硬盘还是 SCSI 硬盘，一块硬盘中最多支持 4 个主分区，只支持 1 个扩展分区，且扩展分区要占用 1 个主分区的位置。因此，分区方式可以概括为以下 4 种。

（1）4 个主分区。
（2）3 个主分区+1 个扩展分区。
（3）2 个主分区+1 个扩展分区。
（4）1 个主分区+1 个扩展分区。

由于分区不能产生文件系统，只是对硬盘大小进行了保留，不能直接使用，因此需要格式化分区。Linux 一般使用 mkfs 命令完成格式化。

2. 硬盘的分类及命名规则

市面上的硬盘有 IDE 硬盘、SCSI 硬盘和 SATA 硬盘等。在 Linux 中，硬盘，即分区等设备都是用文件来表示的，设备文件均存放在/dev 目录中，通常使用"硬盘+分区号"的形式来表示分区情况。

（1）IDE 硬盘：标识符为 hdx~。其中，hd 表示分区所在的设备类型，即 IDE；x 为盘号（a 是基本盘，b 是基本从属盘，c 是辅助主盘，d 是辅助从属盘）。"~" 表示分区，即主分区或扩展分区。前 4 个分区用 1~4 表示，从 5 开始都是逻辑分区。例如，hdb2 表示从属盘的第 2 个主分区或扩展分区。

（2）SCSI 硬盘：采用 SCSI 接口的硬盘。它因性能好、稳定性高而在服务器中得到广泛应用，标识符为 sdx~。其中，sd 表示分区所在的设备类型，即 SCSI；x 表示盘号（a 是第 1 块盘，b 是第 2 块盘，c 是第 3 块盘，d 是第 4 块盘）。其余和 IDE 硬盘表示方式一样，即/dev/sda1~/dev/sda4 为主分区，而/dev/sda5 为扩展分区。

很多用户会使用 KVM、VMware Workstation 等虚拟化软件。在虚拟化软件中的虚拟硬盘一般以/dev/vd[a-z]命名，如/dev/vda、/dev/vdb 等。

除了交换分区，其他分区都在根分区目录中往下细分。Linux 中的每个分区都是构成支持一组文件和目录所必需的存储区的一部分。它是通过挂载来实现分区与目录的联系的，挂载是指将分区关联到某个目录的过程，挂载分区使起始于这个指定目录（通常被称为挂载点）的存储区能够被使用。例如，分区/dev/hda3/被挂载到/usr 目录中，意味着所有在/usr 目录中的文件和目录在物理上都位于分区/dev/hda3/中。

### 3．文件系统分类

Linux 有以下几种常用的文件系统。

（1）Ext 文件系统（Extended Filesystem，扩展文件系统）：Linux 内核所用的第一个文件系统，目前已过时。

（2）Ext2 文件系统（Second Extended Filesystem，第二代扩展文件系统）：Ext 文件系统的升级版本，是 Linux 内核所用的文件系统，最大支持 2TB 的文件系统。

（3）Ext3 文件系统（Third Extended Filesystem，第三代扩展文件系统）：Ext2 文件系统的升级版本，增加了日志功能，可以提高文件系统的可靠性。

（4）Ext4 文件系统（Four Extended Filesystem，第四代扩展文件系统）：Ext3 文件系统的升级版本，在性能、可靠性和存储能力方面进行了大量改进，最大支持 1EB 的文件系统和 16TB 的文件。

（5）ReiserFS：专为 Linux 设计的日志文件系统，处理小文件的效率较高，碎片较少。

（6）XFS：性能较高的日志文件系统，非常健壮。对大文件的读写能力较强，高并发操作的性能较好。

（7）ISO 9660：CD-ROM 文件系统。

（8）NFS（Network File System，网络文件系统）：允许系统之间经过网络进行文件共享。

## 1.3.2 fdisk 分区方式

### 1．fdisk 命令

fdisk 命令是 Linux 的分区硬盘管理工具。使用 fdisk 命令可以将一个新硬盘划分为一个或多个分区，且可以查看、创建、删除和调整分区，还可以对分区表进行编辑和保存。

其语法如下：

```
fdisk [选项] [硬盘]
```

fdisk 命令常用的选项及对应的含义如表 1-2 所示。

表 1-2  fdisk 命令常用的选项及对应的含义

| 选项 | 含义 |
|---|---|
| -b <扇区大小> | 定义扇区大小 |
| -c <柱面数> | 定义硬盘的柱面数 |
| -H <磁头数> | 定义硬盘的磁头数 |
| -l | 显示硬盘的分区表 |
| -s <扇区数> | 定义硬盘的扇区数 |
| -s <分区大小> | 以块为单位显示指定硬盘分区的大小 |

**示例 1**：显示虚拟硬盘的分区信息。

```
[root@centos7 ~]# fdisk -l

硬盘 /dev/vda: 42.9 GB, 42949672960 字节, 83886080 个扇区
Units = 扇区 of 1 * 512 = 512 bytes
扇区大小(逻辑/物理)：512 字节 / 512 字节
I/O 大小(最小/最佳)：512 字节 / 512 字节
硬盘标签类型：dos
硬盘标识符：0x000bc248

   设备   Boot      Start         End      Blocks   Id  System
/dev/vda1  *         2048     4196352     4196352+  83  Linux
```

在上述示例中，通过输出结果可以看到虚拟硬盘的分区信息，它们的含义分别如下。

（1）设备：分区的设备文件名。

（2）Boot：是否启动分区。

（3）Start：分区从哪个柱面开始。

（4）End：分区从哪个柱面结束。

（5）Blocks：分区大小。

（6）Id：分区中文件系统的 ID。

（7）System：分区中安装的系统。

### 2. fdisk 内置命令

使用 fdisk 内置命令可以完成硬盘分区的任务。

（1）输入"fdisk 硬盘"命令可以对硬盘进行分区。

```
[root@centos7 ~]# fdisk /dev/vda
```

（2）在输出的信息中找到"命令(输入 m 获取帮助)："（英文为 command (m for help):），在冒号后输入"m"，即可查看 fdisk 内置命令列表。

```
命令(输入 m 获取帮助): m
```

fdisk 内置命令及对应的含义如表 1-3 所示。

表 1-3  fdisk 内置命令及对应的含义

| fdisk 内置命令 | 含义 |
|---|---|
| a | toggle a bootable flag（设置开机旗标，用于定义哪个分区可以开机） |

续表

| 内置命令 | 含义 |
|---|---|
| b | edit bsd disklabel（编辑 BSD 卷标） |
| c | toggle the dos compatibility flag（设置 DOS 兼容的旗标） |
| d | delete a partition（删除一个分区） |
| l | list known partition types（列出已知的分区类型） |
| m | print this menu（显示帮助信息） |
| n | add a new partition（新建一个分区） |
| p | print the partition table（查看当前分区表） |
| q | quit without saving changes（不保存更改并退出） |
| t | change a partition's system id（更改分区的系统 ID） |
| u | change display/entry units（改变显示/输入条目的单位） |
| v | verify the partition table（校验分区表） |
| w | write table to disk and exit（保存更改并退出） |
| x | extra functionality (experts only)（额外功能） |

（3）在输出的信息中找到"命令(输入 m 获取帮助):"（英文为 command (m for help):），并在冒号后输入"n"。e 表示创建扩展分区，p 表示创建主分区，主分区的个数在 1～4 范围内。

```
命令(输入 m 获取帮助): n          #使用 n 创建分区
Partition type:
  p   primary (1 primary, 0 extended, 3 free)
  e   extended
```

**示例 2**：创建 1 个主分区，新分区的"起始扇区"为 4196352KB；"+4G"表示所分配的硬盘大小为 4GB。

```
p
分区号 (2-4,默认 2): 2
起始 扇区 （默认 4196352）: 4196352
Last 扇区 +扇区 or +size{K,M,G}():+4G
```

（4）在 fdisk 内置指令中输入"p"，能够看到创建的分区信息。

```
命令(输入 m 获取帮助): p

硬盘 /dev/vda: 42.9 GB, 42949672960 字节, 83886080 个扇区
Units = 扇区 of 1 * 512 = 512 bytes
扇区大小(逻辑/物理): 512 字节 / 512 字节
I/O 大小(最小/最佳): 512 字节 / 512 字节
硬盘标签类型: dos
硬盘标识符: 0x000bc248

   设备 Boot      Start         End      Blocks    Id  System
/dev/vda1   *      2048     4196352     4196352+   83  Linux
/dev/vda2        4196352    12584959    8388608+   83  Linux
```

（5）在使用 fdisk 命令执行分区操作时，需使用 fdisk 内置命令"w"保存和退出，若直接退出 fdisk 命令，则所有分区操作都不会被保存。

命令(输入 m 获取帮助)：`w`

分区操作执行完成后，还需使用 mkfs 命令进行格式化。

### 1.3.3 GPT 分区方式

在 Linux 中有两种常见的分区：MBR（主要开机记录，Master Boot Record）分区和 GPT（全局唯一标识分区表，GUID Partition Table）分区。

MBR 分区是存储在计算机硬盘的第 1 个扇区（编号为 0）中的一个引导扇区，包含启动计算机所需的信息，如引导程序和分区表等。MBR 分区有 64 字节，最多只能记录 4 个分区。因此，Linux 可以有 4 个主分区，或 3 个主分区+1 个扩展分区，扩展分区中可以有多个逻辑分区。MBR 分区支持的最大容量为 2.2TB。

GPT 分区是基于 GUID 分区表的，每个 GPT 分区都有唯一的分区 ID。GPT 分区将硬盘划分为一块一块的 LBA（逻辑区块地址，Logical Block Address）来处理，使用 34 个 LBA 记录分区信息。每个 GPT 分区都可以独立存在。GPT 分区最多支持 128 个分区，且不再区分主分区、扩展分区和逻辑分区，支持的最大卷为 18EB（1EB=1024TB），同时支持自我修复和备份等功能。

相比之下，MBR 分区支持的空间有限，如果硬盘大小大于 2TB，那么建议使用 GPT 分区。fdisk 命令对分区大小有限制，因此如果硬盘大小小于 2TB，那么可以使用 fdisk 命令进行分区，即使用 MBR 分区；如果硬盘大小大于 2TB，那么可以使用 gdisk 命令或 parted 命令进行分区，即使用 GPT 分区。

### 1.3.4 parted 分区方式

#### 1. parted 命令

parted 命令是一个功能较强的硬盘分区管理命令，可以在命令行中直接对硬盘进行分区和格式化，还可以调整硬盘大小。

其语法如下。

`parted [选项] [设备文件/命令]`

parted 命令常用的选项及对应的含义如表 1-4 所示

表 1-4　parted 命令常用的选项及对应的含义

| 选项 | 含义 |
| --- | --- |
| -h | 显示帮助信息 |
| -i | 交互式工作模式 |
| -s | 不向用户提示任何信息 |
| -v | 显示版本信息 |

#### 2. parted 内置命令

parted 内置命令用于帮助用户完成硬盘分区的任务。

(1) 对硬盘进行分区。

```
#parted /dev/vda
```

(2) 输入"help",可以显示 parted 内置命令列表。

```
(parted) help
```

parted 内置命令及对应的含义如表 1-5 所示。

表 1-5　parted 内置命令及对应的含义

| parted 内置命令 | 含义 |
| --- | --- |
| check NUMBER | 进行一次简单的文件系统检测 |
| cp [FROM-DEVICE] FROM-NUMBER TO-NUMBER | 复制文件系统到另一个分区中 |
| help [COMMAND] | 显示所有帮助命令 |
| mklabel,mktable LABEL-TYPE | 创建新的硬盘卷标（分区表） |
| mkfs NUMBER FS-TYPE | 在分区中建立文件系统 |
| mkpart PART-TYPE [FS-TYPE] START END | 创建一个分区 |
| mkpartfs PART-TYPE FS-TYPE START END | 创建一个分区，并建立一个文件系统 |
| move NUMBER START END | 移动分区 |
| name NUMBER NAME | 给分区命名 |
| print [devices freellist,all NUMBER] | 显示分区表、分区或所有设备 |
| quit | 退出程序 |
| rescue START END | 修复丢失的分区 |
| resize NUMBER START END | 调整分区大小 |
| rm NUMBER | 删除分区 |
| select DEVICE | 选择需要编辑的设备 |
| set NUMBER FLAG STATE toggle NUMBER [FLAG] | 改变分区标记 |
| unit UNIT | 切换分区表的状态 |
| version | 设置默认单位 |

输入"help 具体内置命令",可以得到其详细帮助说明。

```
(parted) help mkpart
```

输出如下代码。

```
mkpart PART-TYPE [FS-TYPE] START END     make a partition
...
    'mkpart' makes a partition without creating a new file system on the
partition.  FS-TYPE may be specified to set an appropriate partition ID.
```

(3) 显示当前分区表信息。

```
(parted) print
Model: Virtio Block Device (virtblk)
Disk /dev/vda: 42.9GB
Sector size (logical/physical): 512B/512B
Partition Table: msdos
Disk Flags:

Number  Start   End     Size    Type    File system  标志
```

```
1      1049kB    2GB       2GB      primary  ext4           启动
```

其中,"Partition Table"为"msdos"表示分区为 MBR 分区。若"Partition Table"为"gpt",则表示分区为 GPT 分区。

### 3. parted 分区

(1) 对硬盘进行分区。

使用 mklabel gpt 命令创建 GPT 分区。

```
(parted) mklabel gpt         #创建 GPT 分区
```

上述代码中的分区为 MBR 分区。

输入"mkpart",根据系统提示,定义分区类型、文件系统类型、起始空间位置和结束空间位置。其中,分区类型是 primary(主分区)、extended(扩展分区)。

```
(parted) mkpart
分区类型?   primary/主分区/extended/扩展分区? primary
文件系统类型? ext2
起始点? 2G
结束点? 6G
```

(2) 输入"print"显示分区表信息,可以发现新分区已经被创建。

```
(parted) print

Model: Virtio Block Device (virtblk)
Disk /dev/vda: 42.9GB
Sector size (logical/physical): 512B/512B
Partition Table: msdos
Disk Flags:

Number  Start    End     Size    Type     File system   标志
1       1049kB   2GB     2GB     primary  ext4          启动
2       2GB      6GB     4GB     primary
```

通过输出结果可以看到,新分区对应的 File system(文件系统)字段为空,需后续进行格式化。

(3) 输入"quit"退出 parted 命令。

```
(parted) quit
```

(4) 使用 mkfs 命令,格式化文件系统类型。

## 1.3.5 常用的分区方式及选用原因

常用的分区方式除 fdisk 分区方式和 parted 分区方式外,还有 gdisk 分区方式。gdisk 命令又称 GPT fdisk 命令,是 fdisk 命令的升级版,主要使用 GPT 分区方式划分空间大于 2T 的硬盘。gdisk 命令的使用方法和 fdisk 命令类似。

fdisk 命令主要支持 MBR 分区,用于创建、删除硬盘。当硬盘大小小于 2TB 时,可以使用 fdisk 命令;gdisk 命令用于 GPT 分区;parted 命令既可以用于 MBR 分区,又可以用于 GPT 分区，且支持任意大小的硬盘。相比之下，parted 命令提供更丰富的功能，如调整分区类型、格式化分区等，但是使用 parted 命令格式化分区时只能格式化成 Ext2 文件系统。当硬盘大小大于 2TB 时，可以使用 gdisk 分区方式或 parted 分区方式进行分区。

用户可以根据硬盘大小、分区类型等分区需求选择合适的硬盘划分工具。需要注意的是，parted 命令的操作都是立即生效的，与 fdisk 命令不同，parted 命令没有保存生效的概念，在使用时需小心操作。例如，在使用 parted 命令调整分区前，要先确保已经对重要数据进行了备份，错误的操作容易导致数据丢失。

## 1.4 常用的 Linux 分区方案

### 1.4.1 Linux 分区方案概述

分区方案会影响用户如何组织和管理硬盘大小，一个合理的分区方案可以提高系统的性能和安全性。

#### 1．常见的分区类型

在 Linux 中，常见的分区类型有以下几种。

（1）/分区：根分区。这是"/"或根目录所在的位置。Linux 具有"一切皆文件"的思想和特点。/分区用于存储系统文件和应用程序。

（2）/home 分区：用于存储用户数据和配置文件，是普通用户的主目录，便于用户数据的备份和恢复。

（3）/boot 分区：包含操作系统的内核文件和启动系统中所要用到的文件。/boot 分区位于一个单独的硬盘上。

（4）/usr 分区：用于安装第三方软件，如应用程序，保持系统分区的整洁。

（5）/var 分区：用于存放 Linux 中经常变化的数据及日志文件。

（6）/tmp 分区：用于保存程序创建的临时文件。

（7）/swap 分区：交换分区。作为虚拟内存使用，当计算机中的物理内存不够用时，可以调用虚拟内存执行相关操作。

#### 2．分区方案介绍

1）基本分区方案

基本分区方案适用于大多数情况，适合小型系统或硬盘较小的用户。基本分区包括/boot 分区、/分区、/home 分区、/var 分区和/swap 分区。

2）数据库服务器分区方案

对于数据库服务器分区，要特别注意存储和性能，因此除需基本分区外，还要为数据库数据文件创建独立分区，如挂载点/data。这样可以优化数据库的性能和确保数据安全。

3）文件服务器分区方案

对于文件服务器分区，要预留大量存储空间，可以使用基本分区加上用于存储文件的独立分区，如挂载点/files。独立分区可以很好地管理和扩展内存。

4）网站服务器分区方案

对于网站服务器分区，要考虑网站文件日志的存储，可以使用基本分区加上为网站目录创建的独立分区。这有助于提高网站的性能和确保数据安全。

### 1.4.2 最基本的分区方案和合理的分区方案

初学者或硬盘大小有限的系统可以使用较为简单的分区。

#### 1．最基本的分区方案

最基本的分区至少应包括以下两个。

（1）/分区：根分区，需分配较大的空间。

（2）/swap 分区：建议将大小设置为系统内存大小的 1～2 倍。

这是最基本的分区，但是这种分区会将所有数据都存放到/分区中，数据不容易备份，安全性较低。

#### 2．合理的分区方案

（1）/分区：根目录，建议将大小设置为至少 10GB，也可在完成其他分区操作后，分配剩余空间。

（2）/home 分区：存放用户数据。该分区的大小取决于用户的多少，建议分配 2～10GB 的空间。

（3）/boot 分区：引导分区，建议分配 200～500MB 的空间。

（4）/usr 分区：建议分配大于 3GB 的空间。

（5）/var 分区：大小一般为 1GB。

（6）/swap 分区：实现虚拟内存。建议将大小设置为系统内存大小的 1～2 倍。

## 1.5 安装 CentOS

本书采用 CentOS 这个 Linux 发行版本作为 Linux 实践环境，接下来介绍 CentOS（本书使用 CentOS 7）的安装。

### 1.5.1 准备工作

#### 1．安装 VMware Workstation

为了易于实践，本书采用简便的虚拟化技术来安装 CentOS。

虚拟化技术通常是一种在单一计算机物理硬件上创建多个独立的虚拟系统，使用户能够在一台计算机上运行和管理多个操作系统及其应用程序，从而提高硬件资源利用率和灵活性的技术。

要在计算机上使用虚拟化技术，首先需要安装虚拟化平台，常见的虚拟化平台有 VMware 公司的 VMware Workstation、微软的 Hyper-V 等。本书采用应用广泛的 VMware Workstation 作为虚拟化平台。其对个人用户是免费的，可以在 VMware 公司官网中下载软件包。

下载软件包后，双击软件包，启动安装程序（这里为 VMware Workstation 16 Pro），启动界面如图 1-6 所示。按照默认向导操作即可完成虚拟化平台的安装。

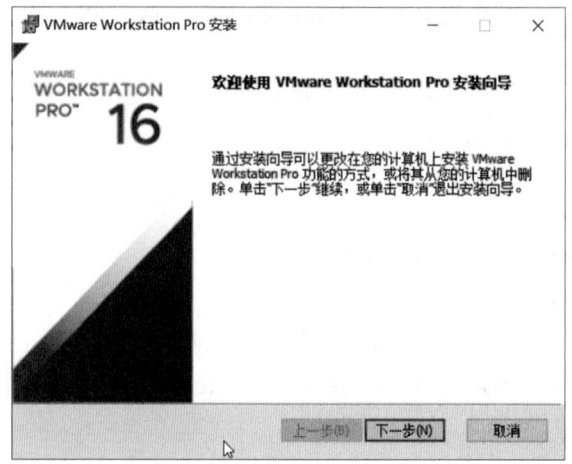

图 1-6　启动界面

**2．下载 CentOS 的安装映像文件**

CentOS 是开源社区维护的免费版本，可以从 CentOS 官网下载 CentOS 的安装映像文件。在下载时需要注意硬件架构的对应性，这里使用的是 CentOS-7-x86_64-DVD-1908.iso 文件，即对应 x86 架构的 64 位版本。

### 1.5.2　安装过程

接下来详细展示 CentOS 的安装过程。

**1．创建和配置虚拟机**

在安装 CentOS 前，需要先创建一个虚拟机并配置它。

（1）打开"VMware Workstation"窗口，选择菜单栏中的"文件"→"新建虚拟机"命令，或选择"主页"界面中的"创建新的虚拟机"选项，如图 1-7 所示。

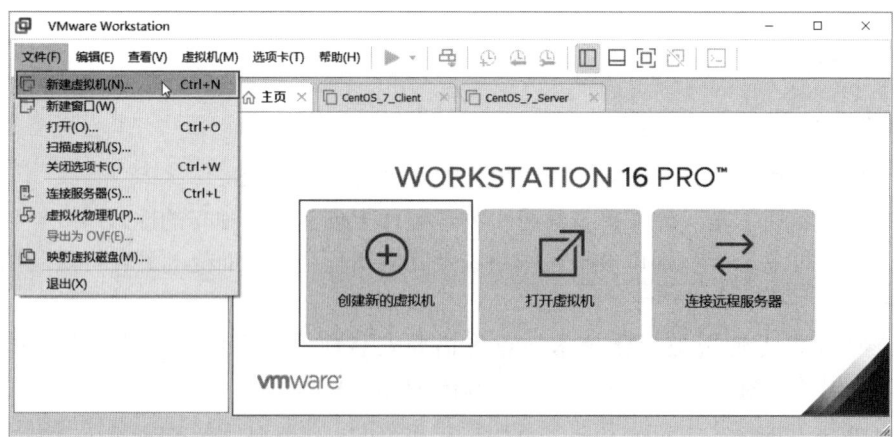

图 1-7　创建虚拟机

（2）在弹出的"新建虚拟机向导"对话框的"欢迎使用新建虚拟机向导"界面中选中"自定义（高级）"单选按钮，单击"下一步"按钮，如图 1-8 所示。

图 1-8 "欢迎使用新建虚拟机向导"界面

（3）在弹出的"安装客户机操作系统"界面中选中"稍后安装操作系统"单选按钮，单击"下一步"按钮，如图 1-9 所示。

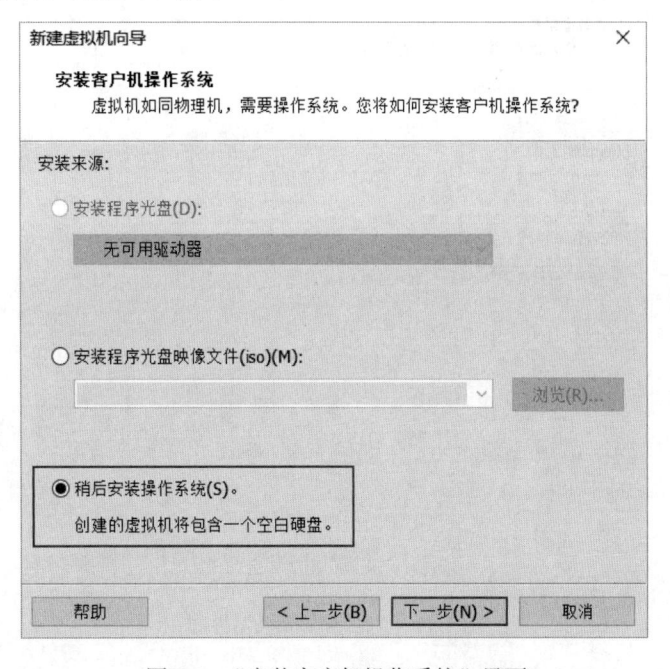

图 1-9 "安装客户机操作系统"界面

（4）在弹出的"选择客户机操作系统"界面中选中"Linux"单选按钮，并选择"版本"

为"CentOS 7 64 位",单击"下一步"按钮,如图 1-10 所示。

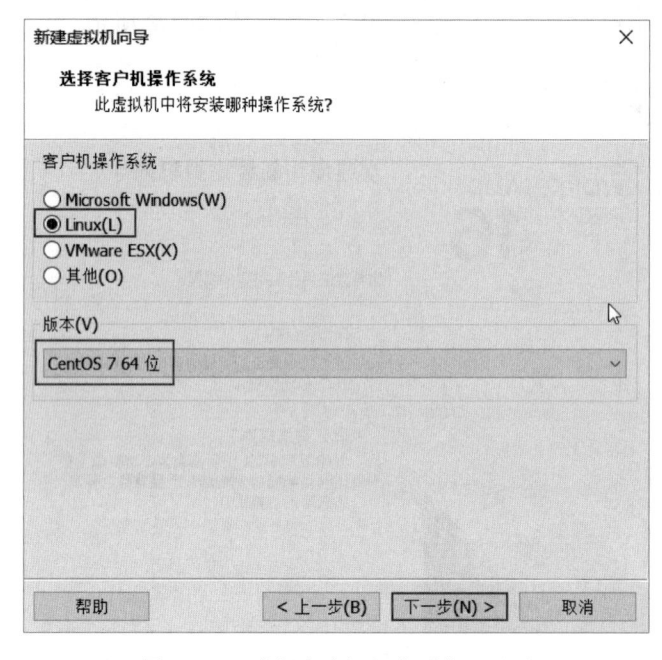

图 1-10 "选择客户机操作系统"界面

(5) 在弹出的"命名虚拟机"界面中选择"虚拟机名称"为"CentOS_7_01",并选择"位置"为"F:\VM\CentOS_7_01",单击"下一步"按钮,如图 1-11 所示。

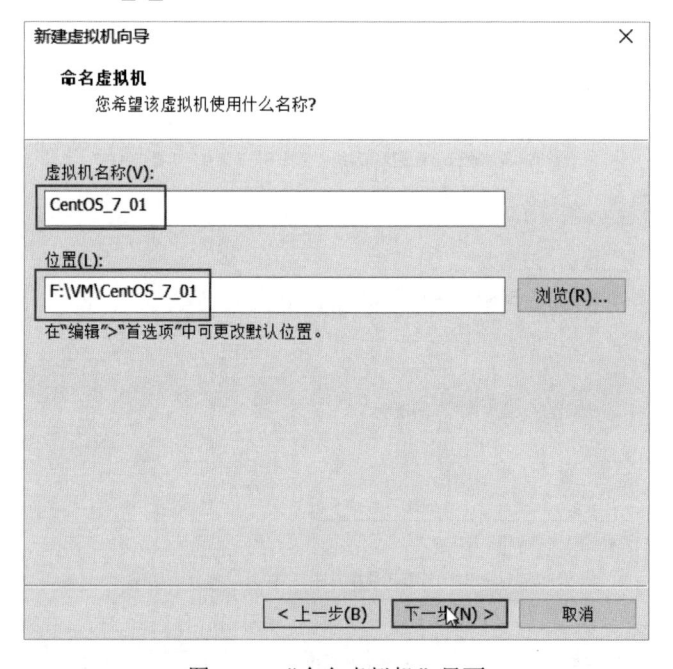

图 1-11 "命名虚拟机"界面

(6) 在弹出的"处理器配置"界面中根据真实硬件情况为虚拟机指定处理器数量和每个处理器的内核数量,单击"下一步"按钮,如图 1-12 所示。

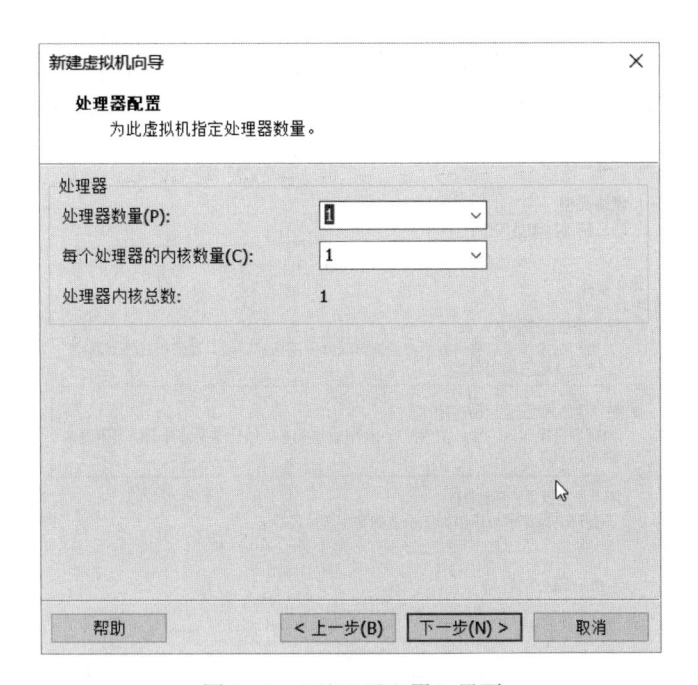

图 1-12 "处理器配置"界面

（7）在弹出的"此虚拟机的内存"界面中根据真实硬件情况指定此虚拟机的内存，单击"下一步"按钮，如图 1-13 所示。

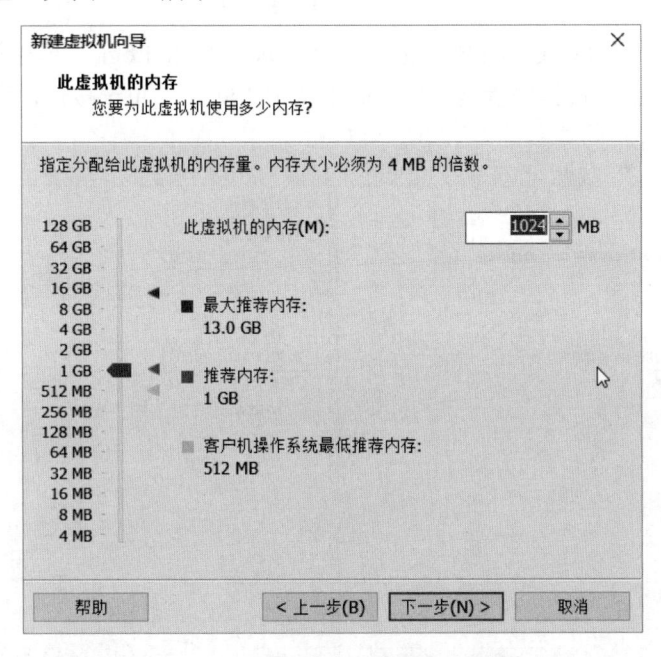

图 1-13 "此虚拟机的内存"界面

（8）虚拟机的网络类型决定了虚拟机与外网的连接方式。"使用网络地址转换（NAT）"允许虚拟机共享宿主机的 IP 地址，进行网络通信，这适用于访问外网但保持隔离的情况。"使用桥接网络"允许将虚拟机作为独立设备连接到物理网络中，拥有自己的 IP 地址，可以与其他设备直接通信。"使用仅主机模式网络"则将虚拟机网络连接直接映射到宿主机的网络接口上，使虚拟机与宿主机共享网络连接。这里在弹出的"网络类型"界面中选中"使用网络地址转换（NAT）"单选按钮，单击"下一步"按钮，如图1-14所示。

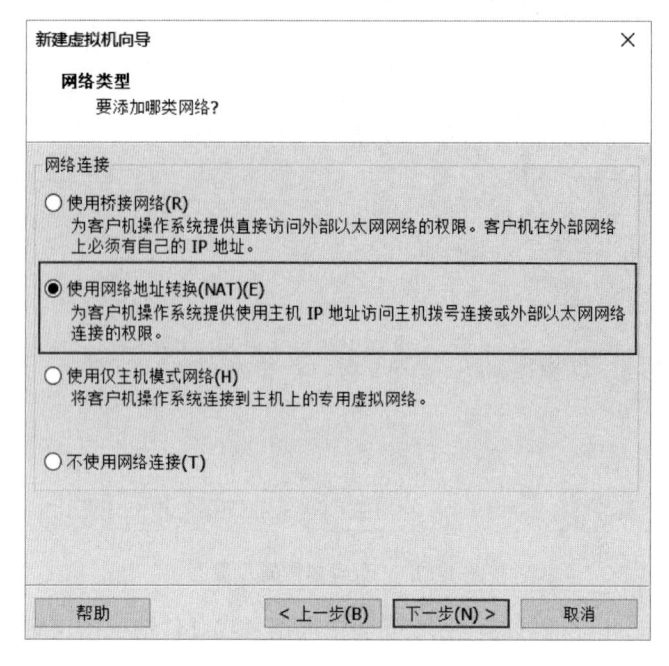

图1-14 "网络类型"界面

（9）在弹出的"选择I/O控制器类型"界面中选中"LSI Logic"单选按钮，单击"下一步"按钮；在弹出的"选择磁盘类型"界面中选中"SCSI"单选按钮，单击"下一步"按钮，如图1-15所示。

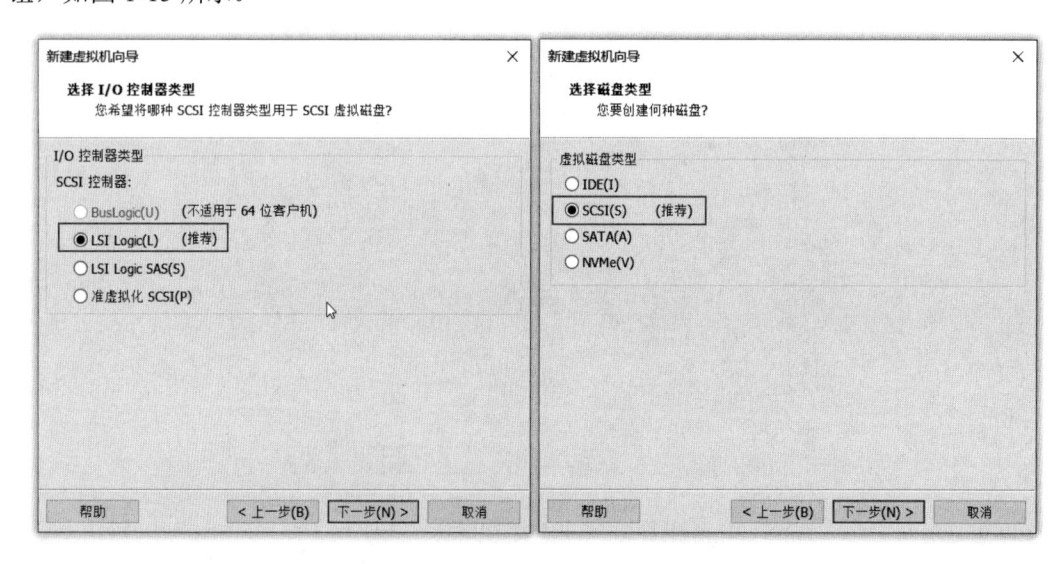

图1-15 "选择I/O控制器类型"界面和"选择磁盘类型"界面

（10）在弹出的"选择磁盘"界面中选中"创建新虚拟磁盘"单选按钮，单击"下一步"按钮；在弹出的"指定磁盘容量"界面中设置"最大磁盘大小（GB）"为"20.0"，单击"下一步"按钮,如图 1-16 所示。

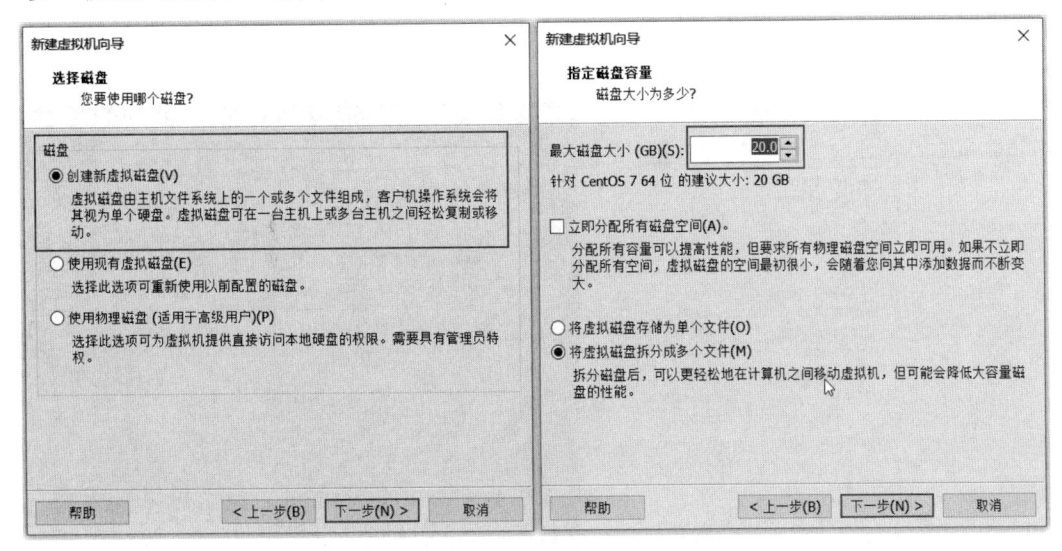

图 1-16 "选择磁盘"界面和"指定磁盘容量"界面

至此,完成虚拟机的创建和配置。

**2. 为虚拟机安装 CentOS**

在创建并配置好虚拟机后,就可以开始安装 CentOS 了。

(1)打开"CentOS_7_01-WMware Workstation"窗口,选择左侧的"CentOS_7_01"选项,并双击右侧的"设备"列表中的"CD/DVD(IDE)"选项,打开"虚拟机设置"对话框,把从官网中下载的 CentOS 的安装映像文件(这里使用 CentOS-7-x86_64-DVD-1908.iso 文件)加载到 CD/DVD 驱动器中,如图 1-17 所示。

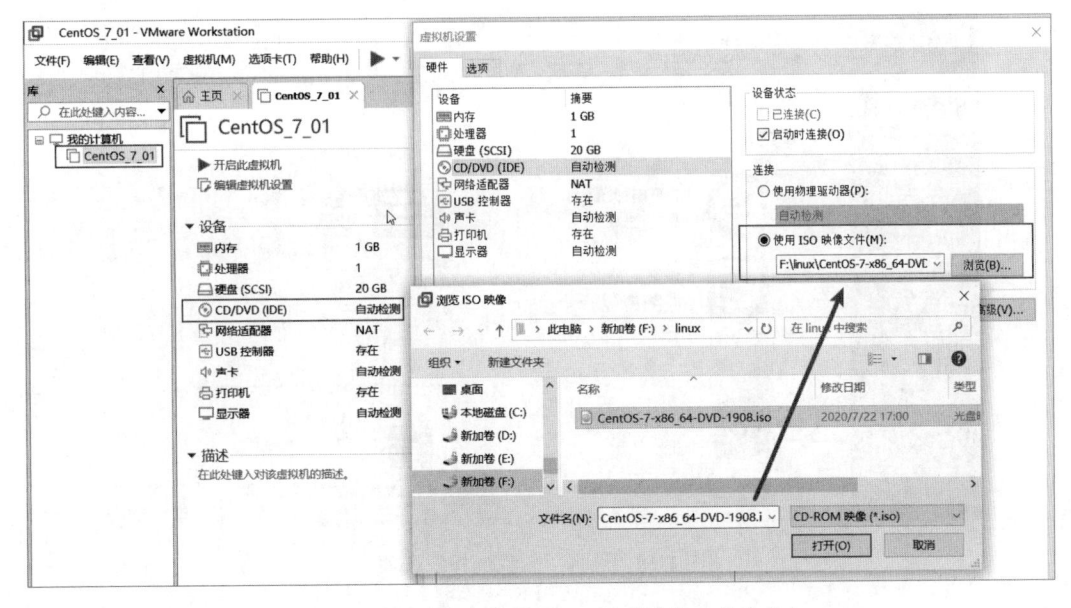

图 1-17 为虚拟机加载 CentOS 的安装映像文件

（2）选择"开启此虚拟机"选项，进入安装向导界面，选择"Install CentOS 7"选项，开始安装，如图 1-18 所示。

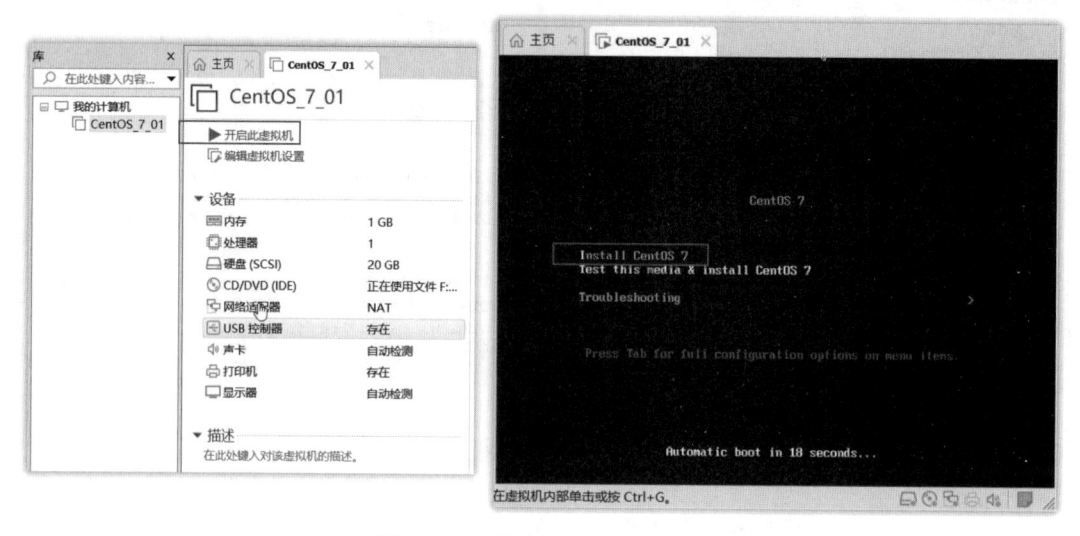

图 1-18　开启虚拟机并开始安装

（3）在语言选择界面中选择"中文"选项和"简体中文（中国）"选项，单击"继续"按钮。

（4）在"安装信息摘要"界面中，选择"日期和时间"选项，把城市设置为"上海"，必要时还可以调整具体时间。

（5）在"安装信息摘要"界面中，可以根据系统不同的用途选择安装不同的系统软件，这里选择"软件选择"选项，在弹出的"软件选择"界面中选中"带 GUI 的服务器"单选按钮，如图 1-19 和图 1-20 所示。

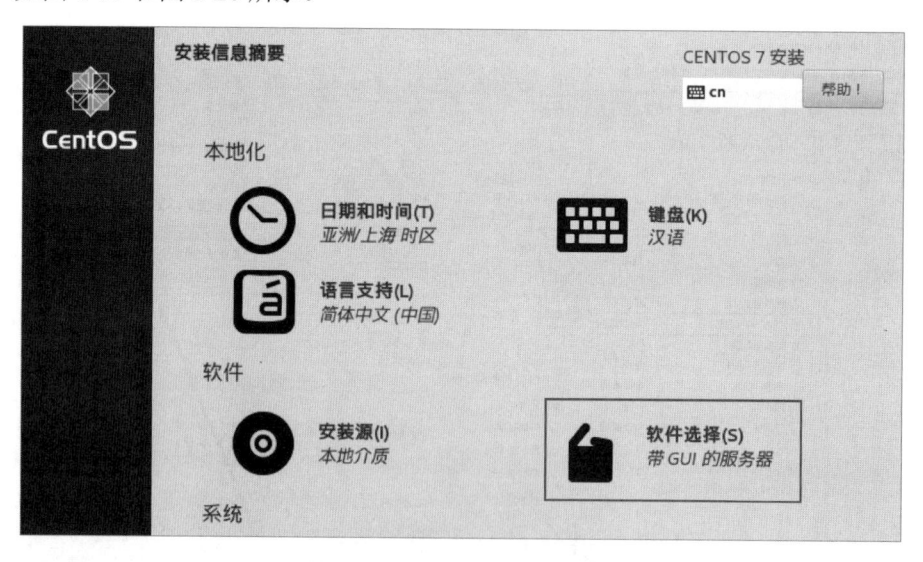

图 1-19　选择"软件选择"选项

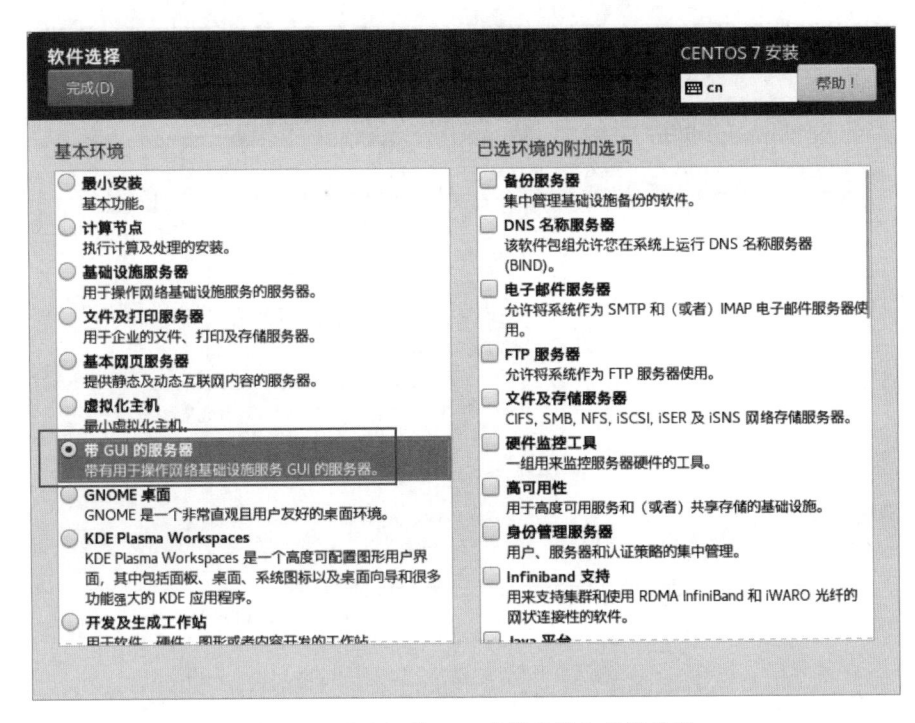

图 1-20 选中"带 GUI 的服务器"单选按钮

（6）在"安装信息摘要"界面中选择"网络和主机名"选项，在弹出的"网络和主机名"界面中把以太网的状态设置为"打开"，以便后续启动系统时自动联网，并为系统设置一个主机名，如图 1-21 和图 1-22 所示。

图 1-21 选择"网络和主机名"选项

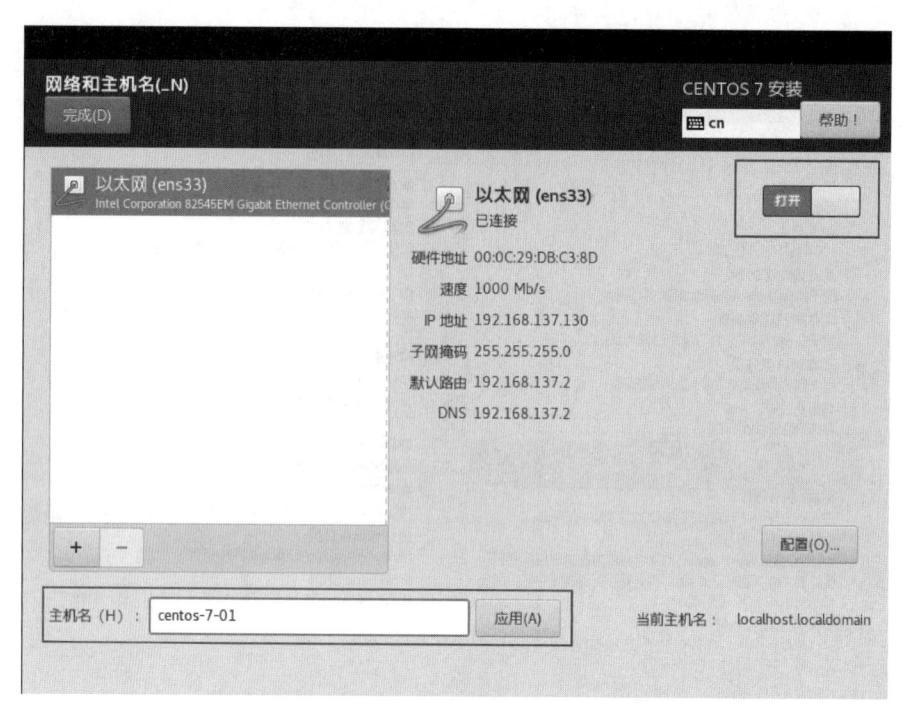

图 1-22 把以太网的状态设置为"打开"

（7）完成上述操作后，开始安装，进入系统安装界面，在这里需要为 ROOT 账户设置密码，如图 1-23 和图 1-24 所示。注意，在 Linux 中 ROOT 账户拥有最高权限，需要牢记该账户密码，在生产环境中需要注意密码的可靠性。

图 1-23 为 ROOT 账户设置密码 1

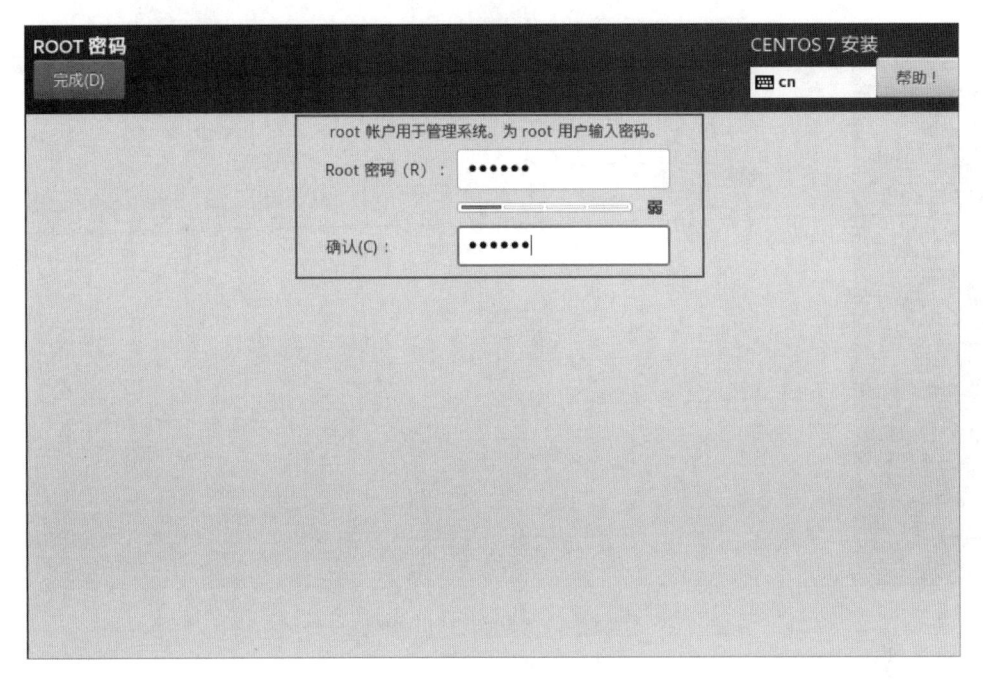

图 1-24 为 ROOT 账户设置密码 2

（8）整体安装过程大概需要十几分钟。安装完成后，单击"重启"按钮，重启虚拟机，如图 1-25 所示。

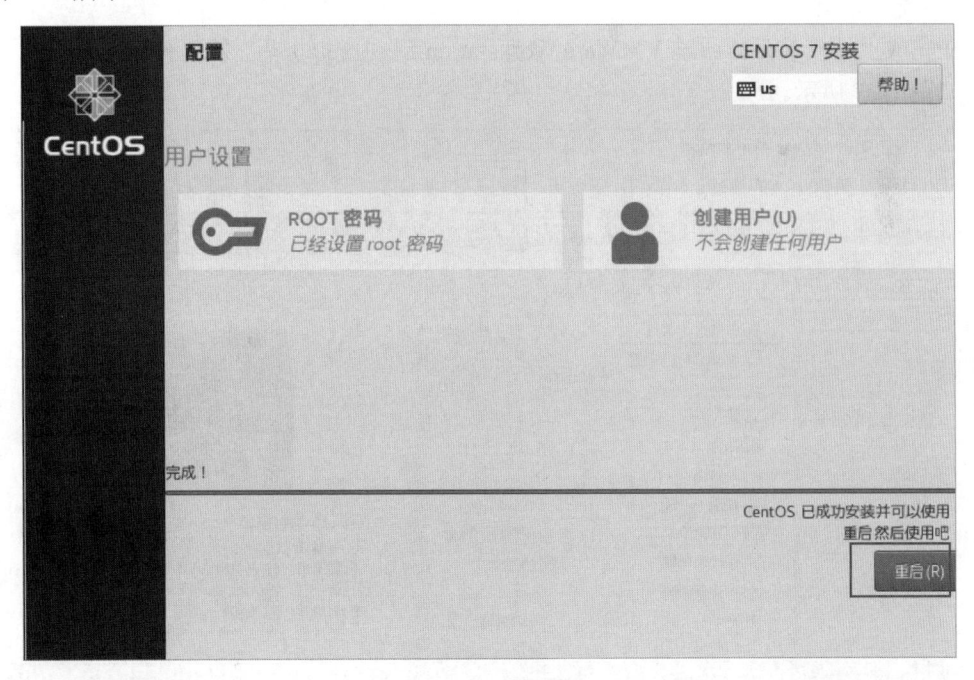

图 1-25 重启虚拟机

（9）重启虚拟机后，需要在"初始设置"界面中选择"LICENSE INFORMATION"选项，接受系统的许可证，单击"完成配置"按钮，如图 1-26 所示。至此，系统安装结束。

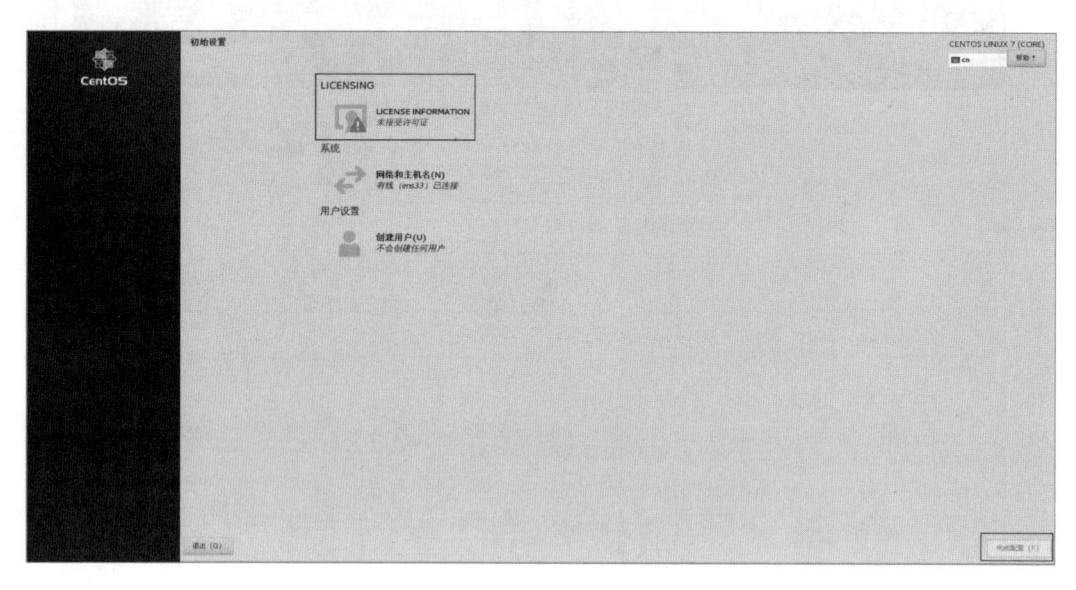

图 1-26 "初始设置"界面

### 1.5.3 基本管理和使用

**1. 登录和关闭系统**

1）登录系统

在完成上述安装后，通过 VMWare Workstation 启动虚拟机后，即可使用 CentOS。启动方式如图 1-27 所示。

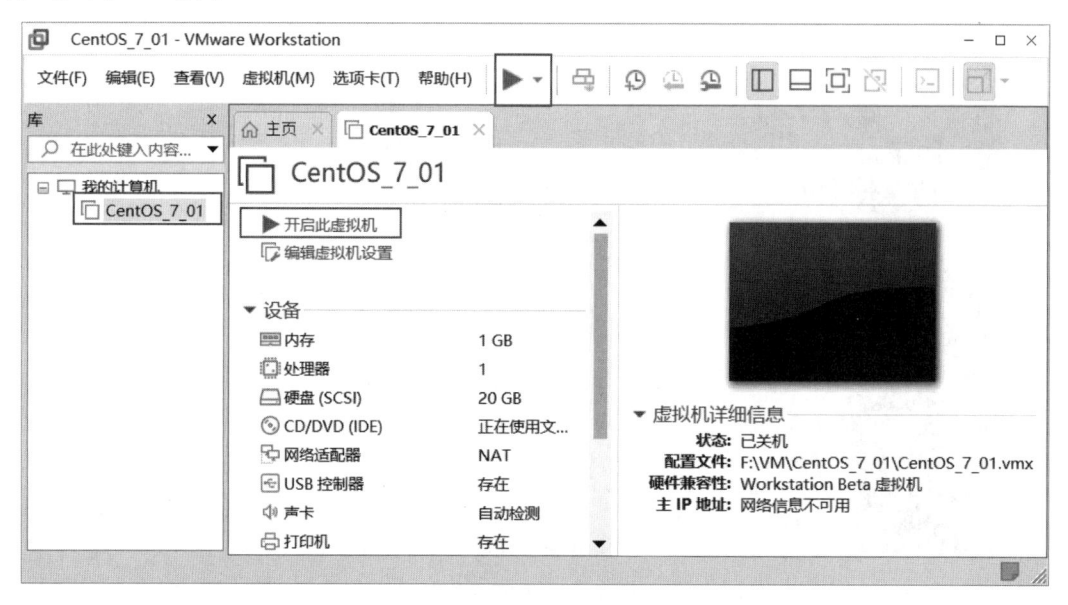

图 1-27 启动方式

在首次登录系统时，CentOS 会要求添加一个普通用户账户。除该账户以外，系统还预设了超级管理员账户，其密码就是前面安装时所设置的密码。在登录时，可以选择"未列出?"选项,使用超级管理员账户登录,如图 1-28 所示。超级管理员账户的权限是最大的,在学习时使用起来非常方便,但在生产环境中使用时需要谨慎对待。

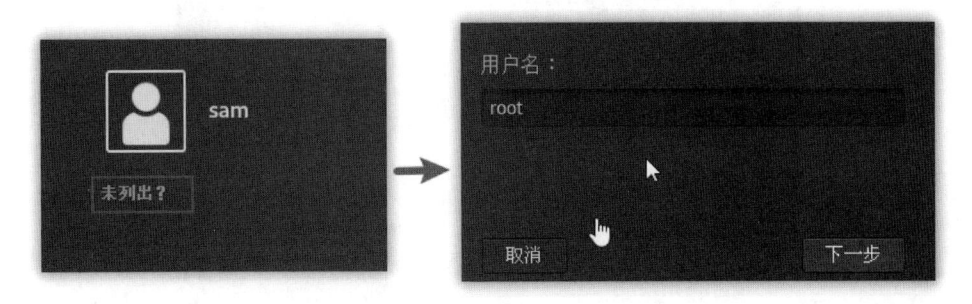

图 1-28 使用超级管理员账户登录

2)关闭系统

当不再使用系统时,需要正确关闭系统。单击"电源"按钮即可关闭或重启系统,如图 1-29 所示。不建议在未关闭系统时关闭虚拟机,这样容易导致系统崩溃。

图 1-29 单击"电源"按钮

2. 使用终端和远程命令行工具

Linux 常见的应用领域是服务器,包括企业网络服务器和互联网 Web 服务器等。在生产环境中,这些服务器通常被放在机房中,没有显示器也没有键盘,管理员需要通过网络来控制它们。在这种情况下,Linux 的图形化界面就变得没有意义了。为了节约硬件资源和网络带宽,服务器不再安装图形化组件,管理员通过网络终端程序在 Linux 中执行命令。因此,学习 Linux 核心的环境就是终端,通过远程命令行工具可以熟悉各种 Linux 的功能命令。

1)使用终端

在 CentOS 的图形化界面中,可以通过终端来执行命令。双击"终端"应用程序图标,即可打开终端,如图 1-30 所示。

图 1-30　双击"终端"应用程序图标

所有 Linux 功能都可以通过在终端中输入命令来实现。例如，对于前面提到的关闭系统，在终端中输入以下命令并运行，即可关闭系统。

```
[root@centos-7-01 ~]# shotdown -h now
```

2）使用远程命令行工具

由于生产环境中的服务器都是没有显示器和键盘的，因此无法在服务器本地执行这些命令，还需要通过一个远程命令行工具，以计算机为终端来执行命令。

远程命令行工具有很多，常见的有 PuTTY、Xshell、FinalShell 等。这些工具都可以作为终端通过 SSH（Secure Shell，安全外壳）来向 Linux 服务器发送命令。SSH 是一种加密的网络协议，用于访问远程计算机并执行命令，同时保证数据传输的安全性，被广泛应用于 Linux 之间的网络通信。

本书采用 FinalShell 作为远程命令行工具。FinalShell 是一款免费的，集成了 SSH、SFTP、端口转发等多种功能的远程服务器管理工具，不仅可以用作远程命令行终端，还可以实现远程文件传输、服务器状态监控等功能。FinalShell 可以通过官网下载并安装。

在安装 FinalShell 后，单击"打开"按钮，打开"连接管理器"对话框，选择"SSH 连接（Linux）"选项，即可连接 Linux 服务器，如图 1-31 所示。

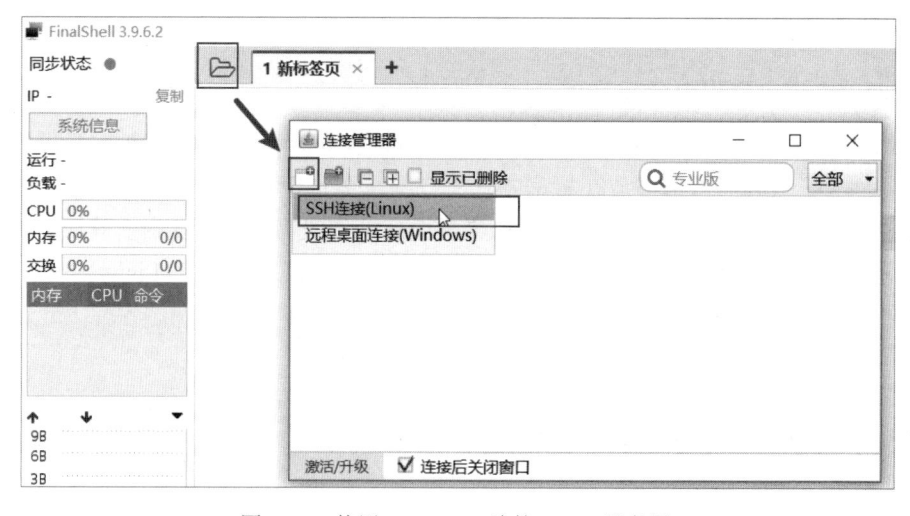

图 1-31　使用 FinalShell 连接 Linux 服务器

在 FinalShell 的"新建连接"窗口中，输入 Linux 服务器的 IP 地址、端口（SSH 默认端口为 22）、用户名和密码，单击"确定"按钮，即可远程登录服务器，如图 1-32 和图 1-33 所示。

图 1-32　远程登录服务器 1

图 1-33　远程登录服务器 2

需要注意的是，可以在终端中使用 ifconfig 命令查看 CentOS 虚拟机的 IP 地址，如图 1-34 所示。

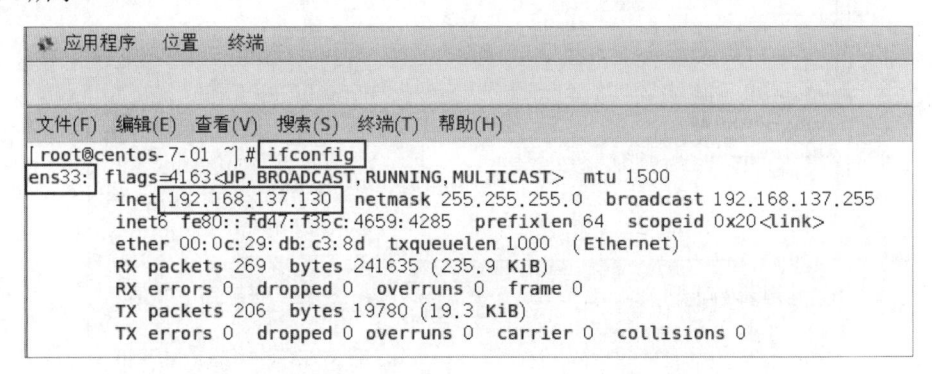

图 1-34　使用 ifconfig 命令查看 CentOS 虚拟机的 IP 地址

### 3. 使用快照功能

在后续的使用中常常会因为一些误操作或实验而把系统弄乱，有时甚至会让系统崩溃。因此，及时把"干净"的系统备份下来是非常重要的，以便将来能还原系统状态。

VMware Workstation 提供了快照功能，使用该功能可以实现系统的快速备份和快速还原。

打开"CentOS_7_Server-VMware Workstation"窗口，选择"虚拟机"→"快照"→"拍摄快照"命令，可以把任意时刻的系统状态记录下来，如图 1-35 所示。

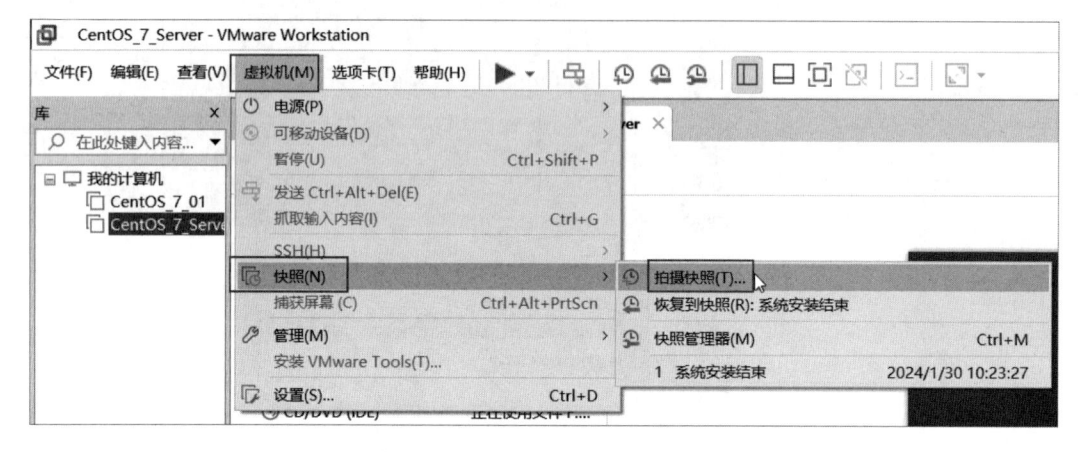

图 1-35 选择"拍摄快照"命令

选择"虚拟机"→"快照"→"快照管理器"命令，在弹出的如图 1-36 所示的"CentOS_7_Server-快照管理器"对话框中选择已经拍摄的快照，单击"转到"按钮，可以让系统恢复到该快照拍摄时的状态，同样可以实现快照的克隆与删除。

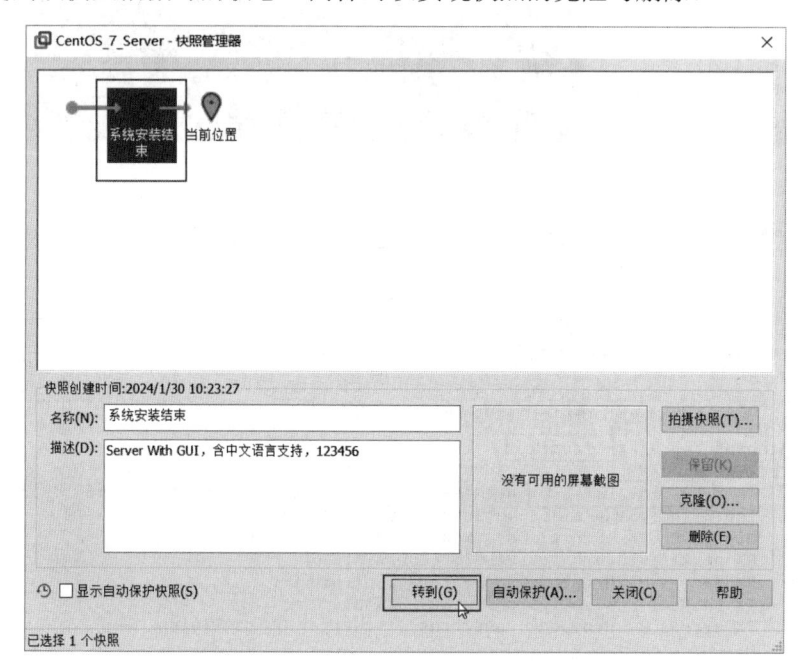

图 1-36 "CentOS_7_Server-快照管理器"对话框

有了快照功能，用户就可以放心大胆地使用虚拟机系统去完成各种实验了。

至此，CentOS 的实践环境搭建完成，后续可以使用 Linux 实践各种应用技术。

## 1.6 项目拓展

#### 1．项目拓展 1

前文介绍过 Linux 有许多发行版本，请深入了解 Linux 的各种发行版本的差异和适用范围。尝试在虚拟机中安装 Linux 的另一种发行版本 Ubuntu。Ubuntu 不仅可以用于服务器中，因图形化界面，Ubuntu 可以与 Windows 和 macOS 相媲美，并拥有丰富的桌面软件，因此 Ubuntu 也可以用于个人计算机中。

#### 2．项目拓展 2

请使用 fdisk 命令或 parted 命令进行分区。

## 1.7 本章练习

### 一、选择题

1. Linux 内核的创始人是（　　）。
   A．安德鲁•塔能鲍姆　　　　　　　B．史蒂芬•乔布斯
   C．林纳斯•托瓦兹　　　　　　　　D．丹尼斯•里奇
2. Linux 内核的初始版本发布于（　　）年。
   A．1989　　　　　　　　　　　　　B．1991
   C．1993　　　　　　　　　　　　　D．1995
3. Linux 是（　　）操作系统。
   A．实时　　　　　　　　　　　　　B．开源多任务
   C．嵌入式　　　　　　　　　　　　D．专有
4. 以下更适用于智能手机的是（　　）架构。
   A．x86　　　　　　　　　　　　　　B．ARM
   C．RISC-V　　　　　　　　　　　　D．PowerPC
5. 在 Linux 中，硬盘的第 1 个分区通常会被命名为（　　）。
   A．/dev/sd0　　　　　　　　　　　B．/dev/hda
   C．/dev/sda1　　　　　　　　　　 D．/dev/disk1
6. （　　）以用户友好界面而闻名，尤其适合台式计算机用户。
   A．Ubuntu　　　　　　　　　　　　B．CentOS
   C．Kali　　　　　　　　　　　　　D．Arch
7. 以下能列出 Linux 支持的所有分区类型的 fdisk 内置命令是（　　）。
   A．p　　　　　　　　　　　　　　　B．l
   C．y　　　　　　　　　　　　　　　D．u

## 二、填空题

1. 加州伯克利大学取得 UNIX 的源代码后，在 20 世纪 70 年代末为 UNIX 开发了许多基础软件与编译器，又称_____。

2. Linux 内核的版本号遵循特定的命名规则，包括_____、_____和_____，格式通常为 $X.Y.Z$。

3. 在终端中输入_____命令并运行，即可关闭系统。

4. 在 Linux 中有两种常见的分区：_____和_____ 。

5. MBR 分区有_____字节，最多只能记录_____个分区。

## 三、简答题

1. 什么是 Linux 内核？
2. Linux 与 Windows、macOS 有何区别？
3. 简述 Linux 的设备命名规范。
4. fdisk 分区方式和 parted 分区方式的主要区别是什么？

# 第 2 章

# Linux 基本操作命令

对操作系统的使用，有两种方式：图形化界面和命令行。不论 Windows 还是 Linux 都支持这两种方式。Linux 从诞生至今，在图形化界面的优化上并未重点发力，因此它的图形化界面不好用且不稳定。而使用命令行，能够直接调用系统内核，避免了图形化界面所需的额外运算和资源消耗，使系统能够快速响应用户的操作。同时，使用命令行有助于学习和理解系统，这是因为在使用命令行的过程中，用户需要了解命令的含义和参数，以及命令的执行过程，这有助于用户对系统底层原理和运行机制有一个全面的理解。

## 2.1 文件系统结构及绝对路径和相对路径

### 2.1.1 文件系统结构

Windows 可以有多个盘符，如 C 盘、D 盘、E 盘等。而 Linux 的文件系统采用树形结构，没有盘符，只有一个根目录，所有文件都在根目录中，如图 2-1 所示。

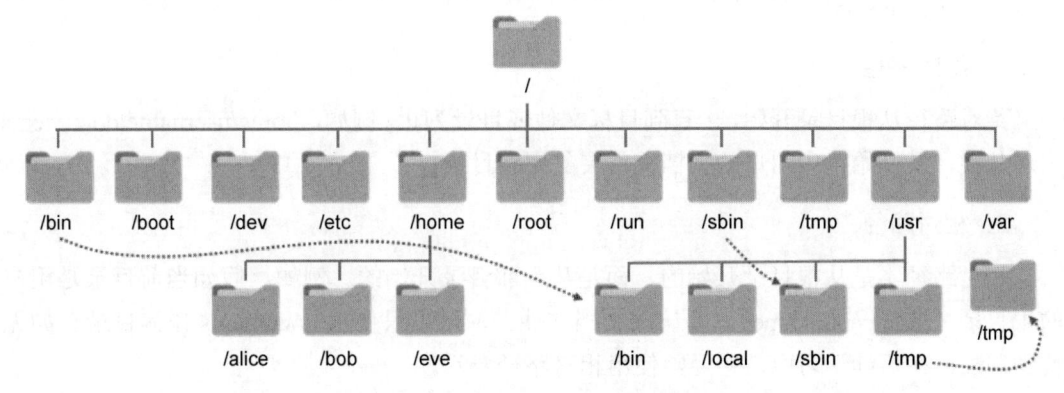

图 2-1 Linux 的文件系统结构

Linux 中的目录相当于 Windows 中的文件夹，目录中存放的是文件和子目录。在 Linux 中，有一些目录是系统自带的，这些目录具有特定的用途和存放规则，了解它们有助于有效管理和维护 Linux。常见的目录及其说明如下。

（1）/（根目录）：所有目录和文件的起点。
（2）/bin（binary，二进制）：包含用户级别的命令（二进制文件）。
（3）/sbin（system binary，系统二进制）：包含系统级别的命令。
（4）/home：普通用户的主目录。
（5）/root：超级管理员的主目录，普通用户无权操作。
（6）/etc：存放重要配置文件，以及常用的服务配置文件。
（7）/usr（unix shared resources，共享资源）：存放安装的软件、共享库等，重要的子目录如下。

/bin：用户命令目录；

/sbin：管理员命令目录；

/local：本地自定义安装软件的目录。

（8）/var（variable，变量）：存放系统引导启动时产生的可变文件。
（9）/tmp（temporary，临时）：存放临时文件，一般存放的文件超过 10 天会被自动删除，可以更改删除临时文件的期限。
（10）/dev（device，设备）：存放设备文件。
（11）/boot：存放系统引导时需要的库文件。
（12）/run：存放在启动系统后由运行的程序产生的运行时数据。

由于 Linux 的思想是"一切皆文件"，因此目录对于 Linux 而言也是一个文件。在本章后续表述中，有时会将目录和文件统称为文件。

### 2.1.2 绝对路径和相对路径

在 Linux 中，目录之间的层级关系使用"/"表示。简单来说，一个文件的目录，指的就是该文件存放的位置。例如，/test/test.txt 表示在根目录中有一个子目录/test，在子目录/test 中有一个文件 test.txt。

#### 1．绝对路径

绝对路径从根目录开始，一直到目标文件或目录为止。例如，/home/username/documents 表示从根目录开始指向用户的文档文件夹的完整目录。

#### 2．相对路径

相对路径不是从根目录开始的，而是从当前目录开始的。例如，假如当前目录是用户的主目录（/home/username），要访问文档文件夹，可以只使用/documents 作为目录。如无特殊需求，在后续学习中，将经常使用相对路径表示。

#### 3．特殊目录符

（1）"."表示当前目录。
（2）".."表示上一级目录。
（3）"~"表示主目录。

## 2.2 命令格式及关机命令和重启命令

### 2.2.1 命令格式

无论是什么命令，命令用于什么用途，在 Linux 中命令都有通用的格式。

```
command [-options] [parameter]
```

（1）command：命令本身
（2）-options：[]命令中的选项，可以通过选项控制命令的行为细节。
（3）parameter：[]命令中的参数，多用于命令的指向目标等。
（4）[ ]：表示可选，即此项可有可无。

### 2.2.2 关机命令和重启命令

#### 1．关机命令

在 Linux 中，关机命令主要用于安全地关机。常用的关机命令有以下几种。

（1）shutdown 命令：设置定时关机。

```
shutdown now              #立即关机
shutdown +10              #10 分钟后关机
shutdown -c               #取消关机操作
```

（2）halt 命令：立即停止所有 CPU 活动。

```
halt                      #关机但不切断电源
halt -p                   #关机并切断电源
```

（3）poweroff 命令：关机并切断电源。

```
poweroff                  #关机并切断电源
```

（4）init 命令：通过改变系统的运行级别来关机。

```
init0                     #改变运行级别为 0
```

注意，在使用关机命令之前，最好先保存所有工作，以免数据丢失。此外，在进行远程连接时，直接使用关机命令可能会导致连接断开，最好先退出远程会话。

#### 2．重启命令

在 Linux 中，有多个命令可以重启系统。常用的重启命令有以下几种。

（1）reboot 命令：立即重启系统。

```
reboot                    #立即重启系统
```

（2）shutdown 命令：如果想要在重启系统之前发送一个消息给所有登录用户，那么可以使用 shutdown 命令，并加上-r（表示重启）和 now（表示立即执行）。

```
shutdown -r now           #立即重启系统
```

如果想要设置一个延迟时间，如 10 分钟后重启系统，那么可以使用以下命令。

```
shutdown -r +10              #10 分钟后重启系统
```
（3）init 命令：通过改变系统的运行级别来重启系统。
```
init6                        #通过改变系统的运行级别为 6 来重启系统
```
注意，在使用重启命令之前，最好先保存所有工作，以免数据丢失。

## 2.3 目录操作命令

### 2.3.1 ls 命令

ls 命令的作用是列出目录中的所有文件和子目录。ls 命令是 Linux 中使用频率较高的命令。其语法如下。
```
ls [-a -l -h] [Linux 目录]
```
ls 命令中的一些选项和参数可以省略。ls 命令中有 3 个常用选项：-a 、-l 、-h。注意，本节中的演示示例使用的是普通用户，用户名为 yfr。读者使用自己设定的用户即可。

（1）当不使用选项和参数而直接使用 ls 命令时，会以平铺的形式列出当前目录中的内容。在命令行中输入如下命令：
```
[yfr@centos7 ~]$ ls
```
（2）-a 选项表示 all，用于列出全部文件（包括隐藏的文件和子目录）。在命令行中输入如下命令。
```
[yfr@centos7 ~]$ ls -a /    #列出根目录中的所有文件
```
（3）-l 选项表示 long，用于以列表（长格式）形式展示文件的详细信息。在命令行中输入如下命令。
```
[yfr@centos7 ~]$ ls -l /
```
-l 选项其实和图形化界面中文件夹以列表形式排列的意思相同。每行都表示一个文件；第 1 列是文件类型和权限，第 2 列是文件连接数，第 3 列是文件所属用户，第 4 列是文件所属组，第 5 列是文件大小，第 6 列是文件最近一次修改时间，第 7 列是文件名。

（4）-h 选项用于以易于阅读的形式列出文件大小，必须搭配 -l 选项一起使用。在命令行中输入如下命令。
```
[yfr@centos7 ~]$ ls -h /
```
（5）ls 命令中的选项还可以组合使用，写法如下。
```
ls -l -a
ls -la
ls -al     #前 3 种写法的作用是一样的，表示同时应用-l 选项和-a 选项的功能
ls -lh
ls -alh
```
除上述选项外，ls 命令中还有一些其他选项。ls 命令中的其他选项及对应的含义如表 2-1 所示。本书将不对其进行演示，请读者自行尝试。

表 2-1　ls 命令中的其他选项及对应的含义

| 其他选项 | 含义 |
| --- | --- |
| -d | 将目录像文件一样展示，而不显示目录中的文件 |
| -R | 列出目录中的所有文件，包括子目录中的文件 |
| -n | 用数字的 UID,GID 代替用户和用户组 |
| -r | 将目录反向排序 |
| -k | 以 k 字节的形式表示文件大小 |
| -i | 输出文件的 inode 信息 |
| -t | 以时间排序 |

注意，使用 ls 除了可以操作目录，也可以操作文件，二者的用法相同。

### 2.3.2　pwd 命令

Linux 中提供了一种用于查看当前目录绝对路径的命令，即 pwd 命令。其语法如下。

```
pwd
```

pwd 命令中无选项且无参数，直接在命令行中输入 "pwd" 即可使用该命令。
（1）普通用户（用户名为 yfr）要进入 Linux 终端，在命令行中输入 "pwd" 即可。

```
[yfr@centos7 ~]$ pwd
```

输出结果如下。

```
/home/yfr                                    #普通用户的主目录
```

（2）超级管理员（用户名为 root）要进入 Linux 终端，在命令行中输入 "pwd" 即可。

```
[root@centos7 ~]$ pwd
```

输出结果如下。

```
/root                                        #超级管理员的主目录
```

当打开 Linux 终端时，会默认以用户的主目录为当前目录。

### 2.3.3　whoami 命令

whoami 命令的作用是查看当前登录用户的用户名。其语法如下。

```
whoami
```

whoami 命令无选项且无参数。

```
[yfr@centos7 ~]$ whoami
yfr                                          #显示当前用户名
```

### 2.3.4　cd 命令

当打开 Linux 终端时，会默认将用户的主目录作为当前目录。若需更改目录，则可以使用 cd 命令。其语法如下。

```
cd [Linux 目录]
```

cd 命令中无选项，有可选参数，参数指定了要切换到的目录。当省略参数时，表示切换到用户的主目录。

```
[yfr@centos7 ~]$ pwd                    #查看当前目录
/home/yfr
[yfr@centos7 ~]$ cd /                   #切换到指定目录中
[yfr@centos7 /]$ pwd                    #再次查看目录
/                                       #结果显示已经切换到根目录中
[yfr@centos7 /]$ cd                     #切换到用户的主目录中
[yfr@centos7 ~]$ pwd                    #再次查看目录
/home/yfr                               #结果显示已经切换到用户的主目录中
```

### 2.3.5　which 命令

which 命令的作用是查看某个命令的绝对路径。其语法如下。

```
which 命令名
```

which 命令用于在环境变量 PATH 所设置的目录中搜索某个命令，显示的内容是该命令的绝对路径。

```
[yfr@centos7 ~]$ which cd
/usr/bin/cd                             #cd 命令所在目录
[yfr@centos7 ~]$ which ls
alias ls='ls --color=auto'              #alias:给命令取别名
        /usr/bin/ls                     #ls 命令所在目录
[yfr@centos7 ~]$ which pwd
 /usr/bin/pwd                           #pwd 命令所在目录
```

命令本质上都是程序，类似于 Windows 中的 EXE 文件。在 Linux 中，命令被存储在/bin 目录中。

### 2.3.6　whereis 命令

whereis 命令的作用是搜索文件，但只能搜索指定文件。其语法如下。

```
whereis [选项][命令名]
```

whereis 命令中的参数是命令名。whereis 命令中的选项及对应的含义如表 2-2 所示。

表 2-2　whereis 命令中的选项及对应的含义

| 选项 | 含义 |
| --- | --- |
| -b | 只搜索二进制文件 |
| -B <目录> | 只搜索指定目录中的二进制文件 |
| -m | 只搜索 man 手册文件 |
| -M <目录> | 只搜索指定目录中的 man 手册文件 |
| -s | 只搜索源代码文件 |
| -S <目录> | 只搜索指定目录中的源代码文件 |

```
[yfr@centos7 ~]$ whereis cd             #搜索二进制文件和 man 手册文件
cd: /usr/bin/cd /usr/share/man/man1/cd.1.gz
[yfr@centos7 ~]$ whereis -b cd          #只搜索二进制文件
```

```
cd: /usr/bin/cd
[yfr@centos7 favorites]$ whereis -m cd  #只搜索 man 手册文件
cd: /usr/share/man/man1/cd.1.gz
```

## 2.4 文件夹与文件操作命令

在 Linux 中，可以使用 mkdir 命令创建文件夹，使用 touch 命令创建文件、更改文件的时间属性，使用 cp 命令复制文件或文件夹，使用 mv 命令重命名或移动文件或文件夹，使用 rm 命令删除文件或文件夹。文件夹即目录文件。

### 2.4.1 mkdir 命令

mkdir 命令的作用是创建文件夹。其语法如下。

```
mkdir [-p] Linux 目录
```

其中，-p 为可选项，表示自动创建不存在的父目录，适用于创建连续多级目录；参数为必填项，表示 Linux 目录，即要创建的文件夹的目录，相对路径和绝对路径均可。

（1）在创建单级目录时，可以省略-p 选项。

```
[yfr@centos7 ~]$ mkdir app              #在当前目录中创建 app 文件夹
[yfr@centos7 ~]$ ls                     #查看当前目录中的文件
app
[yfr@centos7 ~]$ mkdir app/test         #在 app 文件夹中创建 test 文件夹
[yfr@centos7 ~]$ ls app                 #查看 app 文件夹中的内容
test                                    #成功创建 test 文件夹
```

（2）同时创建多级目录，不可以省略-p 选项，否则会报错。

```
#titi 文件夹、goog 文件夹、666 文件夹均不存在
[yfr@centos7 ~]$ mkdir  titi/goog/666   #省略-p 选项
mkdir: 无法创建目录"titi/goog/666": 没有那个文件或目录        #报错
[yfr@centos7 ~]$ mkdir -p titi/goog/666                    #使用 -p 选项
[yfr@centos7 ~]$ ls -R     #列出目录中的所有文件，包括子目录中的文件
app  titi
./app:
test
./app/test:
./titi:
goog
./titi/goog:
666
./titi/goog/666:                        #成功创建 titi 文件夹、goog 文件夹、666 文件夹
```

### 2.4.2 touch 命令

touch 命令的作用是创建文件、更改文件的时间属性。其语法如下。

```
touch Linux 目录
```
在 touch 命令中，没有选项，参数是必填项。

（1）当参数中不存在指定文件时，touch 命令的作用是创建文件。

```
#在当前目录中创建一个 file1 文件，前提是当前目录中不存在 file1 文件
[yfr@centos7 ~]$ touch file1         #在当前目录中创建一个 file1 文件
[yfr@centos7 ~]$ ls                  #查看当前目录中的内容
 app  file1  titi                    #成功创建 file1 文件
[yfr@centos7 ~]$ touch app/file2     #在 app 文件夹中创建 file2 文件
[yfr@centos7 ~]$ ls app              #查看 app 文件夹中的内容
 file2  test                         #成功创建 file2 文件
```

注意，因为使用 touch 命令创建的是普通文件，不是目录文件，所以不能使用 cd 命令进入。

（2）当参数中已存在指定文件时，touch 命令的作用是更改文件的时间属性。

```
[yfr@centos7 ~]$ ls -l file1             #查看 file1 文件的时间属性
-rw-r--r-- 1 yfr root 0 6月  28 11:00 file1
[yfr@centos7 ~]$ touch file1             #更改 file1 文件的时间属性为当前系统时间
[yfr@centos7 ~]$ ls -l file1             #再次查看 file1 文件的时间属性
-rw-r--r-- 1 yfr root 0 6月  28 13:10 file1    #成功更改 file1 文件的时间属性
```

### 2.4.3 cp 命令

cp 命令的作用是复制文件或文件夹。其语法如下。

```
cp [-r -f] 参数 1  参数 2
```

其中，-r 是可选项，用于复制文件或文件夹；-f 表示当参数 2 已经存在于系统中时，提示用户是否将其覆盖；参数 1 表示被复制的文件或文件夹；参数 2 表示被复制的文件或文件夹的目录。

（1）复制文件。

```
[yfr@centos7 ~]$ ls
app  file1  titi
[yfr@centos7 ~]$ ls -p | grep -v /  #查看当前目录中的内容
file1
[yfr@centos7 ~]$ cp file1 file2     #复制 file1 文件
[yfr@centos7 ~]$ ls                 #再次查看当前目录中的内容
app  file1  file2  titi             #file1 文件被复制为 file2 文件
```

（2）复制文件夹。要完成文件夹的复制，应使用-r 选项，否则会报错。

```
[yfr@centos7 ~]$ ls -d */            #查看当前目录中的内容
app/  titi/                          #当前目录中有 app 文件夹和 titi 文件夹
[yfr@centos7 ~]$ cp app app1         #复制 app 文件夹，不使用-r 选项
cp: 略过目录"app"                     #报错
[yfr@centos7 ~]$ cp -r app app1      #使用-r 选项
[yfr@centos7 ~]$ ls
```

```
app  app1  file1  file2  titi          #app 文件夹被复制为 app1 文件夹
```
（3）复制多个文件到指定文件夹中。当复制多个文件时，最后的参数必须是文件夹。

```
#尝试将 file1 文件和 file2 文件同时复制到 titi 文件夹中
[yfr@centos7 ~]$ ls titi                #查看 titi 文件夹中的内容
goog
[yfr@centos7 ~]$ cp file1 file2 titi    #复制 file1 文件和 file2 文件
[yfr@centos7 ~]$ ls titi
file1  file2  goog                      #file1 文件和 file2 文件被复制到 titi 文件夹中
```

### 2.4.4  mv 命令

mv 命令的作用是重命名或移动文件或文件夹。其语法如下。

```
mv [-i] 参数1  参数2
```

其中，-i 为可选项，若目标文件已经存在，则询问是否覆盖；参数 1 和参数 2 均为 Linux 目录。

#### 1. 重命名文件

在重命名文件时，参数 1 表示原文件，即需要重命名的文件；参数 2 表示目标文件，即新文件。为了防止错误的文件将重要的目标文件覆盖，建议使用-i 选项。

（1）当使用-i 选项存在新文件时，会提示用户是否覆盖

```
[yfr@centos7 ~]$ ls                     #查看当前目录中的内容
app  app1  file1  file2  titi
[yfr@centos7 ~]$ mv -i file1 file3      #将 file1 文件改名为 file3
[yfr@centos7 ~]$ ls
app  app1  file2  file3  titi
#在 file2 文件已经存在的情况下，尝试将 file3 文件改名为 file2
[yfr@centos7 ~]$ mv -i file3 file2
mv: 是否覆盖"file2"?                     #此时输入 "n"
[yfr@centos7 ~]$ ls
app  app1  file2  file3  titi           #file3 文件未覆盖 file2 文件
[yfr@centos7 ~]$ mv -i file3 file2
mv: 是否覆盖"file2"?                     #此时输入 "y"
[yfr@centos7 ~]$ ls
app  app1  file2   titi  #file3 文件被改名为 file2，原来的 file2 文件被覆盖
```

（2）当不使用-i 选项存在新文件时，不会有任何提示，会直接覆盖。

```
[yfr@centos7 ~]$ touch file             #新建 file 文件
[yfr@centos7 ~]$ ls                     #查看当前目录中的内容
app  app1  file file2  titi
[yfr@centos7 ~]$ mv file2 file3         #将 file2 文件改名为 file3
[yfr@centos7 ~]$ ls
app  app1  file  file3  titi            #file2 文件被改名为 file3
#在 file 文件已经存在的情况下，尝试将 file3 文件改名为 file
```

```
[yfr@centos7 ~]$ mv  file3 file        #不使用-i 选项，没有任何提示
[yfr@centos7 ~]$ ls                    #再次查看当前目录中的内容
app  app1  file  titi  #file3 文件被改名为 file，原来的 file 文件被覆盖
```

### 2．重命名文件夹

在重命名文件夹时，参数 1 表示原文件夹，即需要重命名的文件夹；参数 2 表示目标文件夹，即新文件夹。当存在新文件夹时，会将原文件夹移动到新文件夹中，此时使用-i 选项与不使用-i 选项的效果一致。

```
[yfr@centos7 ~]$ ls                    #查看当前目录中的内容
app  app1  file  titi
[yfr@centos7 ~]$ mv  app1 app2         #将 app1 文件夹改名为 app2
[yfr@centos7 ~]$ ls
app  app2  file  titi                  #改名成功
#在 app 文件夹已经存在的情况下，尝试将 app2 文件夹改名为 app
[yfr@centos7 ~]$ mv -i app2  app
[yfr@centos7 ~]$ ls
app   file  titi                       #当前目录中已无 app2 文件夹
[yfr@centos7 ~]$ ls app                #查看 app 文件夹中的内容
app2  file2  test                      #app2 文件夹被移动到 app 文件夹中
```

### 3．移动文件

在移动文件时，参数 1 表示文件目录；参数 2 表示文件夹目录，此时 mv 命令的作用是移动文件到文件夹中。可以同时移动多个文件，此时最后一个参数必须是文件夹目录。

```
[yfr@centos7 ~]$ touch test1 test2     #创建 test1 文件和 test2 文件
[yfr@centos7 ~]$ ls                    #查看当前目录中的内容
app  file  test1  test2  titi
[yfr@centos7 ~]$ mv test1 test2 app    #将 test1 文件和 test2 文件移动到 app 文件夹中
[yfr@centos7 ~]$ ls app                #查看 app 文件夹中的内容
app2  file2  test  test1  test2
```

## 2.4.5  rm 命令

rm 命令的作用是删除文件或文件夹。其语法如下。

```
rm [-r -f] 参数 1  参数 2 … 参数 N
```

其中，-r 是可选项，用于删除文件夹；-f 是可选项，用于强制删除文件或文件夹，此选项应慎用；"参数 1　参数 2...参数 N"表示要删除的文件或文件夹目录，中间使用空格分隔。

### 1．删除文件

1）删除单个文件

```
[yfr@centos7 ~]$ ls                    #查看当前目录中的内容
app  file  titi
```

```
[yfr@centos7 ~]$ ls app                    #查看app文件夹中的内容
app2 file2 test test1 test2
#尝试删除app文件夹中的file2文件
[yfr@centos7 ~]$ rm app/file2
[yfr@centos7 ~]$ ls app                    #再次查看app文件夹中的内容
app2 test test1 test2                      #file2文件被删除
```

2）删除多个文件

```
#尝试删除app文件夹中的test1文件和test2文件
[yfr@centos7 ~]$ rm app/test1 app/test2
[yfr@centos7 ~]$ ls app
app2 test                                  #test1文件和test2文件被删除
```

### 2. 删除文件夹

在删除文件夹时，必须使用 -r 选项，否则会报错。

```
[yfr@centos7 ~]$ ls                        #查看当前目录中的内容
app file titi
#尝试删除titi文件夹
[yfr@centos7 ~]$ rm titi                   #不使用-r选项
rm: 无法删除"titi": 是一个目录              #报错
[yfr@centos7 ~]$ rm -r titi                #使用-r选项
[yfr@centos7 ~]$ ls
app file                                   #titi文件夹被删除
```

注意，rm命令是一个危险的命令，特别是对ROOT账户来说，应慎用rm命令。

## 2.4.6 ln 命令

ln命令的作用是为文件或文件夹创建链接（硬链接和软链接）。其语法如下。

```
ln [-s] 参数1 参数2
```

ln命令默认创建的是硬链接，若要创建软链接，则需要使用-s选项。参数1和参数2均为Linux目录。在介绍ln命令的具体用法之前，有必要先解释一下软链接与硬链接。

### 1. 软链接与硬链接的概念

1）软链接

Linux中的软链接作用类似于Windows中的快捷键，其中存放的是原文件目录，并指向原文件实体，从而简化文件或文件夹的访问目录。因为软链接中保存的是原文件目录，所以原文件被删除之后，软链接将毫无意义。文件和文件夹均可以创建软链接。

2）硬链接

硬链接是指一个文件系统中的多个文件名指向同一个块的情况。也就是说，硬链接是同一个文件的不同别名，它们共享相同的内容、属性和权限。文件夹不能创建硬链接。

3）软链接与硬链接的区别

（1）文件夹不能创建硬链接，且硬链接不可以跨越分区系统。

（2）目录软链接特别常用，且软链接可以跨越分区系统。

（3）硬链接文件与源文件的 inode 相同，软链接文件与源文件的 inode 不同。

（4）删除软链接文件对源文件及硬链接文件无任何影响。

（5）删除硬链接文件对源文件及软链接文件无任何影响。

（6）删除源文件对硬链接文件无任何影响，会导致软链接文件失效。

（7）若删除源文件及硬链接文件，则整个文件会被真正删除。

4）文件系统

文件系统是一种层次化的存储机制，用于管理物理硬件存储器上的数据，实现对文件的组织、存储、访问和保护等操作。它采用树形结构，从根目录开始，所有文件被组织成一个倒置的树形结构。用户可以使用 mkfs 命令创建不同的文件系统。

5）inode

inode 是文件系统中的一个概念，包含文件的基础信息及块的指针。inode 类似于文件属性，包括文件的创建者、创建日期、文件大小、文件访问权限等信息，实际信息被存储在块中，而存储文件元信息的区域就叫作 inode。一个文件必须占用一个 inode，且至少占用一个块。

### 2. 创建硬链接

在不使用-s 选项时，使用 ln 命令创建的是硬链接。硬链接仅对文件有效，当尝试为文件夹创建硬链接时系统会报错。

```
[yfr@centos7 ~]$ ls                    #查看当前目录中的内容
app  file
[yfr@centos7 ~]$ ln file file2         #给 file 文件创建硬链接文件
[yfr@centos7 ~]$ ls
app  file  file2                       #硬链接文件被创建
#查看 file 文件和 file2 文件的 inode 信息
[yfr@centos7 ~]$ ls -i file file2
393218 file  393218 file2              #file 文件和 file2 文件的 inode 号码相同
#尝试为 app 文件夹创建硬链接
[yfr@centos7 ~]$ ln app app2
ln: "app": 不允许将硬链接指向目录        #报错（目录即文件夹）
```

### 3. 创建软链接

在使用-s 选项时，使用 ln 命令创建的是软链接。软链接对文件和文件夹均有效。

```
[yfr@centos7 ~]$ ls                    #查看当前目录中的内容
app  file file2
#尝试为 app 文件夹创建软链接
[yfr@centos7 ~]$ ln -s app app2
[yfr@centos7 ~]$ ls
app  app2  file  file2                 #软链接创建成功
```

## 2.5 文件查看与搜索命令

### 2.5.1 cat 命令

cat 命令的作用是查看文件中的内容。其语法如下。

```
cat [-n -b -s] 文件目录
```

cat 命令中的选项可以省略，若省略选项，则显示文件中的全部内容。-n 选项用于对所有输出内容显示行号；-b 选项不对空白行编号；-s 选项用于将连续两行以上的空白行压缩成一行显示。

在介绍 cat 命令的具体用法之前，需要准备一个有内容的文件。使用 touch 命令创建一个 test.txt 文件，在通过 CentOS 的图形化界面找到该文件后，双击打开，手动向该文件中输入内容，输入完成后保存该文件。

```
[yfr@centos7 ~]$ touch test.txt             #文件在创建成功后手动添加内容
[yfr@centos7 ~]$ cat test.txt               #不使用选项
Welcome to the world of Linux!



Embark on your wonderful journey!           #文件中的全部内容被显示，包括空行
[yfr@centos7 ~]$ cat -n test.txt            #使用-n 选项
    1  Welcome to the world of Linux!
    2
    3
    4  Embark on your wonderful journey!    #显示行号
[yfr@centos7 ~]$ cat -b test.txt            #使用-b 选项
    1  Welcome to the world of Linux!



    2  Embark on your wonderful journey!    #不对空白行编号
```

注意，输出内容中的行号不是文件中的内容，而是由 cat 命令在输出时添加的。

### 2.5.2 head 命令

head 命令的作用是查看文件开头部分的内容。其语法如下。

```
head [-n<行数> -c<数量>] 文件目录
```

head 命令中的选项可以省略，若省略选项，则显示文件中的前 10 行内容。"-n<行数>"选项用于指定文件开头部分显示的行数，默认为 10，n 可省略；"-c<数量>"选项用于指定文件开头部分显示的字符数。

Linux 中有一个内置文件，目录为/etc/services，本节借用该文件介绍 head 命令的具体使用方法。由于篇幅限制，具体的输出内容不在此处进行全部展示。

```
[yfr@centos7 ~]$ head /etc/services                    #显示文件中的前10行内容
[yfr@centos7 ~]$ head -n 2 /etc/services               #指定输出行数
# /etc/services:
# $Id: services,v 1.55 2013/04/14 ovasik Exp $         #显示文件中的前2行内容
[yfr@centos7 ~]$ head -c 20 /etc/services              #指定输出字符数
# /etc/services:                                       #显示文件中的前20个字符
```

### 2.5.3 tail 命令

tail 命令的作用是查看文件末尾的内容。其语法如下。

```
tail [-n<行数> -c<数量> -f] 文件目录
```

tail 命令中的选项可以省略，若省略选项，则指定文件中最后 10 行显示的内容。"-n<行数>"选项用于指定文件末尾显示的行数，默认为 10，n 可省略；"-c<数量>"选项用于指定文件末尾显示的字符数；-f 选项表示持续跟踪文件内容的更改情况。

#### 1．查看文件

Linux 中有一个内置文件，目录为/etc/services，本节借用该文件介绍 tail 命令的具体使用方法。由于篇幅限制，具体的输出内容不在此处进行全部展示。

```
[yfr@centos7 ~]$ tail /etc/services                    #显示文件中的后10行内容
[yfr@centos7 ~]$ tail -n 2 /etc/services               #指定输出行数
iqobject        48619/udp
matahari        49000/tcp
[yfr@centos7 ~]$ tail -c 10 /etc/services              #指定输出字符数
ri Broker                                              #显示文件最后10个字符
```

#### 2．跟踪文件内容的更改情况

使用-f 选项，可以持续跟踪文件内容的更改情况。使用 2.5.1 节中创建的 test.txt 文件，演示-f 选项的使用效果。

```
[yfr@centos7 ~]$ ls                                    #查看当前目录中的内容
app  app2  file  file2  test.txt
[yfr@centos7 ~]$ tail -f test.txt                      #跟踪test.txt文件内容的更改情况
Welcome to the world of Linux!

Embark on your wonderful journey!                      #此时进入等待状态
```

在通过 CentOS 的图形化界面找到 test.txt 文件后，双击打开，手动向文件中输入 "Have fun!"，输入完成后保存该文件，此时新输入的内容将会显示在当前命令行中。

在跟踪文件内容的更改情况时，只需关注文件最后几行的更改情况即可，可以使用-nf 选项实现，例如：

```
tail -5f test.txt      #跟踪test.txt文件中最后5行的更改情况
```

在使用-f 选项后，tail 命令会不断刷新内容，一旦检测到文件内容发生变化，便会将最新内容显示出来。注意，tail 命令是不会自动退出的，当要停止监控时，按快捷键 Ctrl+C 即可。

## 2.5.4 grep 命令

grep 命令的作用是根据关键字搜索文件行。其语法如下。

```
grep [-n -i -v] 关键字 文件目录
```

grep 命令中的选项可以省略。-n 选项用于输出行号；-i 选项用于忽略字符大小写；-v 选项用于搜索不含指定关键字的文件行。关键字可能带有空格或其他符号，建议使用双引号（英文状态下）将关键字引起来。接下来使用 2.5.1 节中创建的 test.txt 文件，介绍 grep 命令的具体使用方法。

### 1. 简单搜索

使用 grep 命令根据指定关键字在指定文件中进行搜索。

```
[yfr@centos7 ~]$ ls                        #查看当前目录中的内容
app  app2  file  file2  test.txt
#在test.txt文件中搜索含有'your'的行
[yfr@centos7 ~]$ grep 'your' test.txt
Embark on your wonderful journey!
#在test.txt文件中搜索含有'your'的行，并显示行号
[yfr@centos7 ~]$ grep -n 'your' test.txt
4:Embark on your wonderful journey!
#在test.txt文件中搜索不含'your'的行，并显示行号
[yfr@centos7 ~]$ grep -nv 'your' test.txt
1:Welcome to the world of Linux!
2:
3:
5:Have fun!
```

### 2. 使用正则表达式搜索

grep 命令也支持正则表达式，使用正则表达式可以搜索任意想要搜索的字符。

```
#搜索以'welcome'开头的行，忽略大小写且显示行号
[yfr@centos7 ~]$ grep -ni '^welcome' test.txt
1:Welcome to the world of Linux!
#搜索以'fun!'结尾的行，忽略大小写且显示行号
[yfr@centos7 ~]$ grep -ni 'fun!$' test.txt
5:Have fun!
```

## 2.5.5 wc 命令

wc 命令的作用是统计指定文件的行数、单词量、字节数等。其语法如下。

```
wc [-c -m -l -w -L] 文件目录
```

wc 命令中的选项可以省略。-c 选项用于统计字节数；-m 选项用于统计字符数；-l 选项用于统计行数；-w 选项用于统计单词量；-L 选项用于统计最长行的长度。接下来使用 2.5.1 节中创建的 test.txt 文件，介绍 wc 命令的具体使用方法。

### 1. 命令中省略选项

在 wc 命令中可以省略选项，统计指定文件的行数、单词量及字节数。

```
[yfr@centos7 ~]$ wc test.txt
 5 13 77 test.txt
```

结果表明 test.txt 文件共有 5 行、13 个单词、77 字节。

### 2. 命令中使用选项

在 wc 命令中可以使用选项，单独统计文件的某个信息。

```
[yfr@centos7 ~]$ wc -l test.txt              #统计行数
5 test.txt
[yfr@centos7 ~]$ wc -w test.txt              #统计单词量
13 test.txt
[yfr@centos7 ~]$ wc -L test.txt              #统计最长行的长度
33 test.txt
[yfr@centos7 ~]$ wc -wc test.txt             #结合使用选项
13 77 test.txt
```

## 2.5.6  more 命令

more 命令的作用是分页显示较大文件中的内容。其语法如下。

```
wc [+n -n] 文件目录
```

more 命令中的选项可以省略。+n 选项表示从第 n 行开始显示；-n 选项用于指定每页显示的行数。

Linux 中有一个内置文件，该文件较大，目录为/etc/services，本节借用该文件介绍 more 命令的具体使用方法。

```
[yfr@centos7 ~]$ more -3 /etc/services       #由于篇幅限制，这里指定每页显示 3 行
# /etc/services:
# $Id: services,v 1.55 2013/04/14 ovasik Exp $
#
--More--(0%)
```

上述代码展示了在使用 more 命令查看文件时的输出内容，底部的--More--(0%)，表示已经显示的内容占文件总内容的百分比。使用 more 命令只能显示一部分内容，如果需要查看后续内容，那么可以按 Enter 键（向下滚动一行）或按空格键（翻页）。按 Q 键可以结束 more 命令。

使用 more 命令有一个弊端，即不能向文件开头部分翻页显示其内容。因此，一般不建议使用 more 命令，而建议使用更灵活的 less 命令。

## 2.5.7  less 命令

less 命令的作用是分页显示较大文件中的内容，其使用起来比 more 命令更具有弹性，

支持向前翻页和向后翻页，同时可以搜索关键字。其语法如下。

```
less [-N -i] 文件目录
```

less 命令中的选项可以省略。-N 选项表示在每行开头部分都显示行号；-i 选项表示在搜索时忽略大小写。

less 命令支持一些内部按键。less 命令支持的内部按键及对应的含义如表 2-3 所示。

表 2-3　less 命令支持的内部按键及对应的含义

| 内部按键 | 含义 |
| --- | --- |
| D 键 | 往后翻半页 |
| Enter 键 | 往后翻一行 |
| 空格键 | 往后翻一页 |
| B 键 | 往前翻一页 |
| U 键 | 往前翻半页 |
| Y 键 | 往前翻一行 |
| G 键 | 移动到首行 |
| 大写锁定+G 键 | 移动到最后一行 |
| H 键 | 显示帮助信息 |
| Q 键 | 退出 less 命令 |
| ?关键字 | 向下搜索关键字 |
| /关键字 | 向上搜索关键字 |

Linux 中有一个内置文件，该文件较大，目录为/etc/services，本节借用该文件介绍 less 命令的具体使用方法。

执行 less 命令的代码如下。

```
#为了方便演示翻页、搜索功能，指定显示行号，在搜索时忽略大小写
[yfr@centos7 ~]$ less  -N -i  /etc/services
    1 # /etc/services:
    2 # $Id: services,v 1.55 2013/04/14 ovasik Exp $
    3 #
    4 # Network services, Internet style
    5 # IANA services version: last updated 2013-04-10
/etc/services  #最后一行是当前文件的文件名
```

先搜索显示内容中的所有 4，再直接输入 "?4"，会发现当前显示内容中的所有 4 都被做了标记，代码如下。

```
1 # /etc/services:
    2 # $Id: services,v 1.55 2013/04/14 ovasik Exp $
    3 #
    4 # Network services, Internet style
    5 # IANA services version: last updated 2013-04-10
:   #此时最后一行变成了冒号
```

接下来读者可以尝试使用表 2-3 中介绍的内部按键，注意观察显示内容的变化。注意，一页显示的行数由当前命令行的大小决定。

## 2.5.8 echo 命令

echo 命令的作用是在命令行中输出指定内容,默认换行。其语法如下。

```
echo [-n -e] 要输出的字符串
```

echo 命令中的选项可以省略。-n 选项表示输出字符串后不换行;-e 选项表示如果字符串中出现特殊字符,那么将其按特殊方式处理。常见的特殊字符及对应的含义如表 2-4 所示。

表 2-4 常见的特殊字符及对应的含义

| 特殊字符 | 含义 |
| --- | --- |
| \a | 蜂鸣器发出警告声 |
| \b | 删除前一个字符 |
| \c | 最后不加换行符 |
| \f 、\v | 换行,但光标仍停在原处 |
| \n | 换行且光标被移动到行首 |
| \r | 光标被移动到行首但不换行 |
| \t | 制表符的功能 |
| \\ | 输出 "\" |
| \mmm | 输出八进制数 mmm 表示的 ASCII 码 |

在单独使用 echo 命令时,有输出指定内容的功能;当结合使用 echo 命令与重定向符时,有将字符串写入文件的功能。接下来将详细介绍这两种功能。

### 1. 输出指定内容

(1) 输出字符串。下面对要输出的字符串应使用双引号(英文状态下)引起来。

```
[yfr@centos7 ~]$ echo "HelloLinux"           #基本用法
Hello Linux
#使用-e 选项处理特殊字符
[yfr@centos7 ~]$ echo -e "\a"                #蜂鸣器发出警告声
[yfr@centos7 ~]$ echo -e "Hello\nLinux"      #换行且光标被移动到行首
Hello
Linux
```

(2) 输出环境变量。下面使用 echo 命令输出环境变量 PATH。

```
[yfr@centos7 ~]$ echo $PATH
/usr/local/bin:/usr/bin:/usr/local/sbin:/usr/sbin:/home/yfr/.local/bin:/home/yfr/bin
```

### 2. 将字符串写入文件

重定向符有两个:">" 和 ">>"。">" 的作用是,将左侧命令的结果覆盖写入右侧指定文件;">>" 的作用是,将左侧命令的结果追加写入右侧指定文件。

```
echo "要写入的字符串" 重定向符 文件目录
```

使用 2.5.1 节中创建的 test.txt 文件,演示联合使用 echo 命令和重定向符的方法。

```
[yfr@centos7 ~]$ ls                        #查看test.txt文件是否存在
app app2 file file2 gg.txt test.txt
[yfr@centos7 ~]$ cat -ns test.txt          #查看test.txt文件中的内容
    1  Welcome to the world of Linux!
    2
    3  Embark on your wonderful journey!
    4  Have fun!
#将'Linux 01' 写入testx.txt文件
[yfr@centos7 ~]$ echo 'Linux 01' > test.txt
[yfr@centos7 ~]$ cat -ns test.txt          #再次查看test.txt文件中的内容
    1  Linux 01                             #覆盖
[yfr@centos7 ~]$ echo 'Linux 02' >> test.txt
[yfr@centos7 ~]$ cat -ns test.txt          #再次查看test.txt文件中的内容
    1  Linux 01
    2  Linux 02                             #追加
```

### 2.5.9 find 命令

find 命令的作用是在指定目录中查找文件，可以查找某个目录中的所有文件，也可通过文件名或文件大小来查找文件。其语法如下。

```
find [选项] [参数]
```

使用 find 命令查找文件的过程是：从指定目录中向下递归查找其所有子目录，找到符合条件的文件便输出，并继续向下查找，直到所有符合条件的文件都被找到才会停止。

为了确保后续演示拥有最大的权限，即可以在整个系统中完成查找，需要切换到超级管理员账户，以获取管理员权限。

```
find [选项] [参数]
[yfr@centos7 ~]$ su - root
密码:                                       #输入密码
[root@centos7 ~]#                          #此时由普通用户账户切换到超级管理员账户
#如果需要切换回普通用户账户，输入"exit"即可
[root@centos7 ~]# exit
Logout                                     #退出
[yfr@centos7 ~]$                           #切换回普通用户账户
```

注意，账户、权限等内容将会在后续章节中讲解，本节只进行一个简单应用。

#### 1. 查找当前目录中的所有文件

当 find 命令中无选项且无参数时，使用 find 命令查找的是当前目录中的所有文件，包括子目录中的文件。

```
[yfr@centos7 ~]$ find                      #把当前目录中的所有文件列出
```

#### 2. 按文件名查找

find 命令支持按文件名查找的功能。其语法如下。

```
find 起始目录 -name 文件名
```
在主目录中查找 test 文件的代码如下。

```
[root@centos7 ~]# find /home -name test
/home/yfr/app/app2/test
/home/yfr/app/test
```

### 3. 按文件大小查找

find 命令支持按文件大小查找的功能。其语法如下。

```
find 起始目录 -size +|-n[kMG]
```

+、-分别表示大于和小于；n 表示大小（是数字）；kMG 表示单位，其中 k 表示 KB，M 表示 MB，G 表示 GB。

在/home 目录中查找大于 5KB 的文件的代码如下。

```
[root@centos7 ~]# find /home  -size +5k
/home/yfr/.bash_history
```

## 2.5.10 locate 命令

locate 命令的作用是快速定位文件目录。其语法如下。

```
locate [-i -n<数字>] 文件名
```

locate 命令中的选项可以省略。-i 选项表示在查找时忽略大小写；"-n<数字>"选项用于指定最多输出的查找到的结果数目。

使用 locate 命令要比使用 find -name 定位文件目录快得多。其原因在于，使用 locate 命令不搜索具体目录，而搜索一个数据库/var/lib/mlocate/mlocate.db，这个数据库中含有本地所有文件信息，Linux 自动创建这个数据库，且每天自动更新一次。在使用 whereis 命令和 locate 命令查找文件时，有时会找到已经被删除的数据，或在刚建立文件时，无法查找到文件，其原因就是数据库没有被更新。为了避免这种情况出现，在使用 locate 命令之前，应先使用 updatedb 命令，手动更新数据库。

CentOS 中默认没有安装 locate 命令，locate 命令只有安装后才能正常使用。

```
[root@centos7 ~]# yum install mlocate -y
```

安装完成之后，执行 updatebd 命令，用于更新数据库。

```
[root@centos7 ~]# updatedb
```

接下来介绍 locate 命令的具体使用方法。

```
#查找文件名中含有关键字 tEst.txt 的文件目录，只显示前 3 条，并忽略大小写
[yfr@centos7 ~]$ locate -n3 -i tEst.txt
/home/yfr/test.txt
/root/moretest.txt
/root/test.txt
#搜索/etc 目录中文件名以 my 开头的文件
[yfr@centos7 ~]$ locate /etc/my
/etc/my.cnf
```

```
/etc/my.cnf.d
/etc/my.cnf.d/mysql-clients.cnf
```

2.5 节介绍的命令都仅介绍了常用选项，若需查看帮助文档，则可以在命令行中输入"命令名 --help"。

## 2.6 通配符与管道符

### 2.6.1 通配符

在 Linux 中，通配符是一种用于匹配文件名的特殊字符，使用频率较高的通配符有"*""?""[]""{}"这 4 种。当不确定文件名的全称时，常常使用通配符代替一个或多个真正的字符。通过使用通配符，用户可以很方便地对文件进行操作，如批量删除、复制、移动等。

1. *

"*"用于匹配任意数量的字符，可以是数字、字母、符号。其使用方法如下。

```
[yfr@centos7 ~]$ ls                           #查看当前目录中的内容
app  app2  file  file2  gg.txt  test.txt
#列出当前目录中文件名以.txt 结尾的文件
[yfr@centos7 ~]$ ls *.txt
gg.txt  test.txt
#查找/etc 目录中文件名以 g 开头，以.cfg 结尾的文件
[yfr@centos7 ~]$ locate /etc/g*.cfg
/etc/grub2.cfg
```

2. ?

"?"用于匹配单个数量的字符，可以是数字、字母、符号。其使用方法如下。

```
#列出当前目录中文件名的第 1 个字符未知，其余字符为 ile 的文件
[yfr@centos7 ~]$ ls ?ile
file
```

3. []

"[]"用于匹配其中的任意一个字符。其使用方法如下。

```
#列出当前目录中文件名以 f、t 开头的文件
[yfr@centos7 ~]$ ls [ft]*              #[ft]：匹配 f、t 中的任意一个字符
file  file2  test.txt
#列出当前目录中文件名以 g~z 范围内的任意一个字母开头的文件
[yfr@centos7 ~]$ ls [g-z]*             #[g-z]：匹配 g~z 范围内的任意一个字符
gg.txt  test.txt
```

4. {}

"{}"用于匹配一组使用逗号分隔的字符串中的任意一个字符。其使用方法如下。

```
#列出当前目录中文件名以 fi、gg 开头的文件
[yfr@centos7 ~]$ ls {fi,gg}*
file  file2  gg.txt
#列出当前目录中文件名包含 ile、g 的文件
[yfr@centos7 ~]$ ls ?{ile,g}*
file  file2  gg.txt
```

### 2.6.2 管道符

在 Linux 中，管道符"|"是一种通信机制，用于将一个命令的输出内容作为另一个命令的输入内容。通过管道符可以连接多个命令，并将它们的输入内容和输出内容相互关联，实现复杂的数据操作。其基本语法如下。

```
命令1 | 命令2 [ | 命令3 | 命令4...]
```

下面使用 2.5.1 节中创建的 test.txt 文件，演示管道符的使用方法。

```
[yfr@centos7 ~]$ cat test.txt            #查看 text.txt 文件中的内容
Linux 01
Linux 02
#查看 text.txt 文件中包含'02'的行
[yfr@centos7 ~]$ cat test.txt | grep '02'
Linux 02
```

上述命令的执行过程：先将 cat 命令的输出内容传递给管道符，再通过管道符将数据传递给 grep 命令过滤，保留包含'02'的行。

```
[yfr@centos7 ~]$ ls                      #查看当前目录中的内容
app  app2  file  file2  gg.txt  test.txt
#列出当前目录中包含 app 的文件
[yfr@centos7 ~]$ ls | grep app
app
app2
```

上述命令的执行过程：先将 ls 命令的输出内容传递给管道符，再通过管道符将数据传递给 grep 命令进行过滤，保留包含 app 的文件，此处的 app 是目录及文件夹。

```
#统计 ls 命令输出内容的个数
[yfr@centos7 ~]$ ls | wc -l
6
```

上述命令的执行过程：先将 ls 命令的输出内容传递给管道符，再通过管道符将数据传递给 wc 命令进行统计。

```
#查找指定目录中的 test.txt 文件
[yfr@centos7 ~]$ locate test.txt | grep "/home"
/home/yfr/test.txt
```

上述命令的执行过程：先将 locate 命令的输出内容传递给管道符，再通过管道符将数据传递给 grep 命令进行过滤，保留目录中带有/home 的结果。

## 2.7 本章练习

**一、选择题**

1. 假设当前目录是/home/yfr，使用 ls -l 命令将显示/home/yfr 目录中的（   ）。
   A．所有文件
   B．文件大小
   C．文件的具体信息
   D．隐含文件

2. 要显示 file1 文件中的最后 10 行，应使用的命令是（   ）。
   A．cat　file1　　　　　　　　B．head　-n　10　file1
   C．head　file1　　　　　　　D．tail　file1

3. 以下支持对文件重命名的命令是（   ）。
   A．rename　　　　　　　　　B．mv
   C．replace　　　　　　　　　D．ln

4. 在使用 mkdir 命令创建新目录且父目录不存在时，应使用（   ）选项。
   A．-n　　　　　　　　　　　B．-i
   C．-p　　　　　　　　　　　D．-f

5. 以下用于搜索/etc 目录中所有文件名以 fi 开头的文件的命令是（   ）。
   A．find/etc -name fi*　　　　B．locate/etc/fi
   C．locate/etc/fi?　　　　　　D．find/etc/fi

**二、填空题**

1. 在使用 rm 命令删除文件夹时，必须使用_____选项，否则会报错。

2. 在使用 cat 命令查看文件中的内容时，若想显示所有行号，则必须使用_____选项。

3. 在结合使用 tail 命令与_____选项时，有持续跟踪文件内容的更改情况的功能；当要停止跟踪时，按快捷键_____ 结束 tail 命令。

4. _____命令有根据关键字搜索文件行的功能。

5. echo 命令的作用是_____；当将它与重定向符 ">>" 结合使用时，作用是_____。

**三、判断题**

1. Linux 文件系统采用树形结构，没有盘符，只有一个根目录，所有文件都在根目录中。
   （    ）

2. ln 命令默认创建的是硬链接，若要创建软链接，则需要使用-s 选项。 （    ）

3. "?" 用于匹配任意数量的字符，可以是数字、字母、符号。 （    ）

4. 管道符只能连接两个命令。 （    ）

5. 使用 less 命令可以分页显示较大文件中的内容，但是只能往后翻页不能往前翻页。
   （    ）

## 四、简答题

1. find 命令和 locate 命令有何区别？
2. 简述软链接与硬链接的区别。
3. 命令的综合使用。

（1）创建一个 practice.txt 文件。

（2）使用 echo 命令往文件中写入数据。

（3）统计文件中的带有关键字 test 的内容有几行（使用 cat 命令、grep 命令、wc 命令、管道符）。

（4）统计文件中带有关键字 test 的单词有多少个（使用 cat 命令、grep 命令、wc 命令、管道符）。

4. 根据语言描述，写出相应目录。

（1）假设在当前目录中有一个 app 文件夹，在 app 文件夹中有一个 app2 文件夹，在 app2 文件夹中有一个 file2 文件，请描述该文件的相应目录。

（2）假设在当前目录的上级目录中有一个 app 文件夹，在 app 文件夹中有一个 app2 文件夹，在 app2 文件夹中有一个 file2 文件，请描述该文件的相应目录。

（3）假设在主目录中有一个 test 文件夹，在 test 文件夹中有一个 hello.txt 文件，请使用"~"描述该文件的目录。

# 第 3 章

# Linux vi 和 vim 操作

在工作中，经常需要对服务器中的文件进行编辑，可以使用 SSH 远程登录到服务器中，并使用 vi 和 vim 进行快速编辑。在没有图形化界面的环境下，要编辑文件，使用 vi 和 vim 是最佳选择。vi 和 vim 是 Linux 中常见的编辑器。

## 3.1 vi 和 vim 操作基础

### 3.1.1 vi 和 vim 的概念

**1．vi**

vi 是 visual interface 的缩写，是 Linux 中经典的文本编辑器。vi 的核心设计思想是，让程序员的手指始终保持在键盘的核心区域，只有这样才能完成所有编辑操作。

vi 的特点如下。

（1）没有图形化界面且功能强大的编辑器。

（2）只能编辑文本，不能对文字、段落进行排版。

（3）不支持鼠标操作。

（4）没有菜单。

（5）只有命令。

在系统管理、服务器配置与管理、文件编辑时，vi 的功能永远不是图形化界面的编辑器所能比拟的。

**2．vim**

vim 是 vi improved 的缩写。vim 是由 vi 发展而来的文本编辑器，支持代码补全、编译及错误跳转等方便编程的功能，被广泛使用。vim 又被称为"编辑器之神"。在很多 Linux 发行版本中都会把 vi 制作成 vim 的软链接。在后续内容中，不严格区分 vi 和 vim。

### 3.1.2 vi 的工作模式

vi 有 3 种基本工作模式，分别是命令模式（一般模式）、插入模式（编辑模式）和末行模式（底行模式）。

### 1．命令模式

在进入 vi 之后，系统默认处于命令模式。在命令模式下，用户的所有输入都被解释成相关的命令来执行。在命令模式下可以控制光标的移动，字符、文字或行的删除，以及某区域的移动、复制、粘贴等，但是不能对文本进行编辑。

### 2．插入模式

只有在插入模式下才可以进行文本编辑，实现正常的文本输入。

### 3．末行模式

在末行模式下可以保存或退出文件，以及设置 vi 的工作环境，还可以让用户执行外部的 Linux 命令、跳转到所编写文档的特定行中、替换字符或删除字符。

### 4．不同模式之间的切换

图 3-1 所示为 vi 的 3 种模式之间的关系。

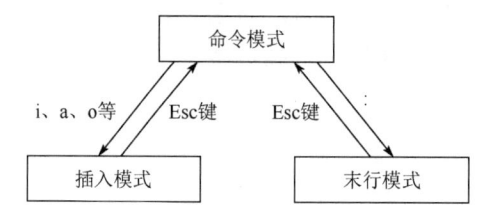

图 3-1　vi 的 3 种模式之间的关系

可以看到，插入模式和末行模式不能直接切换，需要先切换到命令模式，再进行切换。在命令模式下输入"i""a""o"等可以进入插入模式，按 Esc 键可以从插入模式回到命令模式。在命令模式下输入":"可以进入末行模式，按 Esc 键可以从末行模式回到命令模式。

## 3.1.3　插入模式基本命令

在 Shell 提示符位置输入"vi 文件名"后，就进入了命令模式。此时，在文件的下方会显示文件的一些信息，包括文件的总行数和字符数，以及当前光标所在位置等。在命令模式下是不能输入任何数据的。在命令模式下使用如表 3-1 所示的插入模式基本命令可以切换到插入模式。

表 3-1　插入模式基本命令

| 命令 | 功能 |
| --- | --- |
| i | 在光标所在位置之前开始插入 |
| a | 在光标所在位置之后开始插入 |
| I | 在光标所在行的行首插入 |
| A | 在光标所在行的行末插入 |
| o | 在光标所在行下方新插入行 |
| O | 在光标所在行上方新插入行 |
| s | 删除光标所在位置后的一个字符，进入插入模式 |
| S | 删除光标所在行，进入插入模式 |

### 3.1.4 移动光标

要熟练使用 vi，应该先学会怎样在命令模式下快速移动光标。

#### 1．上、下、左、右移动

如果在编辑文件时，希望上、下、左、右移动一个字符，那么可以输入如表 3-2 所示的上、下、左、右移动命令。

表 3-2　上、下、左、右移动命令

| 命令 | 功能 |
| --- | --- |
| h | 向左 |
| j | 向下 |
| k | 向上 |
| l | 向右 |

#### 2．行内移动

在进行上、下、左、右移动时，每次只能移动一个字符，移动跨度比较小。如果在编辑某行时，希望在行内快速移动，那么可以使用如表 3-3 所示的行内移动命令。

表 3-3　行内移动命令

| 命令 | 功能 |
| --- | --- |
| w | 向后移动一个单词 |
| b | 向前移动一个单词 |
| 0 | 移动到行首 |
| ^ | 移动到行首第一个不是空白字符的位置 |
| $ | 移动到行末 |
| e | 移动到下一个单词的末尾 |

#### 3．行间移动

如果在编辑文件时，希望在不同行之间快速移动，那么可以使用如表 3-4 所示的行间移动命令，其中 n 表示数字。

表 3-4　行间移动命令

| 命令 | 功能 |
| --- | --- |
| gg | 移动到文件开头 |
| G | 移动到文件末尾 |
| ngg | 向前移动到对应行数的行中 |
| nG | 向后移动到对应行数的行中 |
| :n | 移动到对应行数的行中 |

#### 4．屏幕移动

如果在编辑文件时，希望一页一页切换或移动到屏幕顶部、中间、底部，那么可以使用如表 3-5 所示的屏幕移动命令。

表 3-5　屏幕移动命令

| 命令 | 功能 |
| --- | --- |
| Ctrl+b | 向上翻页 |
| Ctrl+f | 向下翻页 |
| H | 移动到屏幕顶部 |
| M | 移动到屏幕中间 |
| L | 移动到屏幕底部 |

### 3.1.5　末行模式基本命令

要退出 vi 返回控制台，需要在末行模式下输入命令。末行模式是 vi 的出口。如果在编辑文件时，希望退出 vi，那么可以使用如表 3-6 所示的末行模式基本命令。

表 3-6　末行模式基本命令

| 命令 | 功能 |
| --- | --- |
| :w | 保存 |
| :q | 退出，如果没有保存，那么不允许退出 |
| :q! | 强制退出，不保存 |
| :wq | 保存并退出 |
| :x | 保存并退出 |

## 3.2　vi 和 vim 进阶操作

### 3.2.1　可视模式

在学习复制命令之前，应先学习怎样选择要复制的文本。在 vi 中，要选择文本，需要先使用可视模式命令切换到可视模式。vi 提供了 3 种可视模式命令，用于选择文本，如表 3-7 所示。按 Esc 键可以放弃选择的文本，回到命令模式。

表 3-7　可视模式命令

| 命令 | 模式 | 功能 |
| --- | --- | --- |
| v | 可视模式 | 从光标所在位置开始按照正常方式选择文本 |
| Shift+v | 可视行模式 | 选择光标经过的完整行 |
| Ctrl+v | 可视块模式 | 在垂直方向上选择文本 |

在命令模式下输入"v"即可进入可视模式，移动光标，光标经过的文本就会被选择，再次输入"v"就会取消选择文本。

在命令模式下输入"Shift+v"即可进入可视行模式，按 J 键或 K 键后，就会向上或向下整行选择文本，也可以通过上、下移动光标来选择更多的行，再次输入"Shift+v"就会取消选择文本。

在命令模式下输入"Ctrl+v"即可进入可视块模式，可以选择矩形区域，再次输入"Ctrl+v"就会取消选择矩形区域。

在可视模式下输入"d"即可删除选择的内容。

在可视模式下输入"y"即可复制选择的内容。

可视模式命令可以和移动命令连用,如在可视模式下输入"ggVG"即可选择所有文本。

**示例**:使用 vim 编辑 demo.c,输入如下内容后,保存该文件的一个副本名为 demo.c.bak,使用可视块模式可以给 demo.c 的第 7~12 行代码添加注释。

```c
#include <stdio.h>

int main1()
{
    int x;
    x=1;
print("x=%d\n",x++);
print("x=%d\n",x);
print("x=%d\n",++x);
print("x=%d\n",x);
print("hello world\n");
return 0;
}

int main2()
{
    float x=2.5,y=4.7;
    int a=7;
    print("hello world\n");
    return 0;
}

int main3()
{
    double numJan,numFeb,numMar,numAvg;
    print("hello world");
    sancf("%lf%lf%lf",&numJan,&numFeb,&numMar);
    numAvg=(numJan+numFeb+numMar)/3;
    print("hello world\n");
    return 0;
}

int main4()
{
    int year,mon,day,hour,min,sec;
    print("hello world\n");
    scanf("%d-%d-%d %d:%d:%d",&year,&mon,&day,&hour,&min,&sec);
    print("hello world\n",year,mon,day);
    print("hello world\n",hour,min,sec);
```

```
        return 0;
}

#include <math.h>
int main()
{
    float x,y;
    print("please input x=");
    scanf("%f",&x);
    y=(pow(x,3)-sqrt(fabs(x))) /(2*x);
    print("hello world\n");
    return 0;
}
```

【解答】使用 vim 编辑 demo.c 文件，输入如上内容后，进入末行模式，输入":w"保存；输入":w demo.c.bak"为其保存一个副本；输入":set nu"显示行号；输入"7gg"将光标移动到第 7 行；按 0 键来到行首；输入"Ctrl+v"进入可视块模式，多次输入"j"向下选择到第 12 行。输入"i"进入插入模式，并在行首插入，输入"//"，也就是 C 语言的注释符；按 Esc 键回到命令模式，vim 会在之前选择的每行代码前都插入"//"。

### 3.2.2 移动命令进阶操作

#### 1．段落切换

vim 使用空行区分段落，在程序开发过程中，通常一段功能相关的代码会被写在一起，之间没有空行。如果在使用 vim 时，希望以段落为单位切换光标，那么可以使用"{"和"}"实现切换，其中"{"表示向上一段切换，"}"表示向下一段切换。

#### 2．括号切换

在程序开发过程中，经常会使用"()""[]""{}"，它们都是成对出现的。在 vi 中，可以使用"%"在括号之间匹配及切换。

#### 3．标记切换

在程序开发过程中，某段代码可能需要稍后处理，此时应先使用 mx 命令添加标记 x，其中 x 是 a~z 或 A~Z 范围内的任意一个字母，这样可以在需要时快速地跳转回来或执行其他编辑操作。添加了标记的行如果被删除，那么标记也会被删除。如果在其他行中添加了相同名称的标记，那么之前添加的标记也会被替换。在添加好标记后，可以使用'x 命令将光标直接移动到标记 x 所在的位置。标记切换命令如表 3-8 所示。

表 3-8　标记切换命令

| 命令 | 英文 | 功能 |
| --- | --- | --- |
| mx | mark | 添加标记 x，x 是 a~z 或 A~Z 范围内的任意一个字母 |
| 'x |  | 将光标直接移动到标记 x 所在的位置 |

示例：使用 vim 编辑 demo.c 文件，在第 15 行添加标记 a。

【解答】使用 vim 打开 demo.c 文件，先将光标移动到第 15 行，输入"ma"，为该行添加标记"a"，再输入"G"，将光标移动到最后一行，输入"'a"，将光标重新移动到第 15 行。

### 3.2.3 命令模式进阶操作

#### 1．撤销和恢复撤销

在学习编辑命令之前，要先知道怎样撤销上一次的操作。输入"u"可以撤销上一次的操作，多次输入"u"可以一直撤销前面的操作，直到打开文件的初始状态为止。输入"Ctrl+r"，可以恢复撤销的操作。撤销和恢复撤销命令如表 3-9 所示。

表 3-9 撤销和恢复撤销命令

| 命令 | 英文 | 功能 |
| --- | --- | --- |
| u | undo | 撤销上一次的操作 |
| Ctrl+r | redo | 恢复撤销的操作 |

#### 2．删除

使用如表 3-10 所示的删除命令可以对文本进行删除。其中，n 表示数字。如果使用可视模式已经选择了一段文本，那么无论是使用 d 命令还是使用 x 命令，都可以删除选择的文本。将 d 命令和移动命令连用，可以将从光标所在位置到移动命令的文本删除。例如，"d}"表示将从光标所在位置到段落结尾的文本删除，"dnG"表示将从光标所在行到指定行的文本删除，"d'a"表示将从光标所在行到标记 a 的文本删除。

表 3-10 删除命令

| 命令 | 英文 | 功能 |
| --- | --- | --- |
| x | cut | 删除光标所在位置后的字符，或在可视模式下选择的文本 |
| nx | cut | 删除光标所在位置后的 n 个字符 |
| X | cut | 删除光标所在位置前的字符 |
| nX | cut | 删除光标所在位置前的 n 个字符 |
| d（移动命令） | delete | 删除从光标所在位置到移动命令的文本 |
| dd | delete | 删除光标所在行 |
| ndd | delete | 删除光标所在行后连续的 n 行 |
| db | delete+back | 删除光标所在位置前的 1 个单词 |
| ndb | delete+back | 删除光标所在位置前的 n 个单词 |
| dw | delete+word | 删除光标所在位置后的 1 个单词 |
| ndw | delete+word | 删除光标所在位置后的 n 个单词 |
| d0 | delete | 从光标所在位置向前删除至行首 |
| d$ | delete | 从光标所在位置向后删除至行末 |
| D | delete | 从光标所在位置向后删除至行末 |
| dG | delete | 从光标所在行向后删除至文件末尾 |

示例 1：使用 vim 编辑 demo.c 文件，实现删除第 1 行中的光标所在位置后的 1 个字符；删除第 3 行中的 5 个字符；删除 1 行；删除连续的 3 行；删除 1 个单词；撤销与恢复撤销。

【解答】使用 vim 打开 demo.c 文件，将光标移动到第 1 行，输入"x"，删除光标所在位置后的 1 个字符；将光标移动到第 3 行，输入 "5x"，删除光标所在位置后的 5 个字符；输入 "dd"，删除光标所在行；输入 "3dd"，删除光标所在行后连续的 3 行；输入 "dw"，删除光标所在位置后的 1 个单词；输入 "u"，撤销上一次的操作；输入 "Ctrl+r"，恢复撤销的操作。

### 3．复制和粘贴

vim 中提供了一个被复制文本的缓存，复制命令会将选择的文本保存到缓存中，使用删除命令删除的文本也会被保存到缓存中。当将选择的文本复制好后，将光标移动到需要粘贴的位置，使用粘贴命令就可以将缓存中的文本粘贴到光标所在位置，复制和粘贴命令如表 3-11 所示。其中，n 表示数字。

表 3-11　复制和粘贴命令

| 命令 | 英文 | 功能 |
| --- | --- | --- |
| y（移动命令） | copy | 复制 |
| yy | copy | 复制当前光标所在行的内容 |
| nyy | copy | 复制光标所在行后的 n 行 |
| yw | copy+word | 复制从光标所在位置到单词末尾的字符 |
| nyw | copy+word | 复制光标所在位置后的 n 个单词 |
| y$ | copy | 复制从光标所在位置到行末的内容 |
| y^ | copy | 复制从光标所在位置到行首的内容 |
| p | paste | 粘贴 |

**示例 2**：使用 vim 编辑 demo.c 文件，复制第 3 行的内容到第 10 行中。

【**解答**】使用 vim 打开 demo.c 文件，将光标移动到第 3 行，输入 "yy" 复制第 3 行的内容；将光标移动到第 10 行，输入 "p" 粘贴刚才复制的内容。

### 4．替换

如果修改文件的幅度非常小，如只修改某个字母或修改某个单词，那么可以使用替换命令。替换命令如表 3-12 所示。

表 3-12　替换命令

| 命令 | 英文 | 功能 |
| --- | --- | --- |
| r | replace | 替换当前字符，先输入 "r" 再输入要替换的字符 |
| R | replace | 替换光标所到之处的字符，直到按 Esc 键为止，先输入 "R" 再输入要替换的字符 |

输入 "R" 可以进入替换模式，替换完成后，按 Esc 键可以回到命令模式。替换命令的作用是不用进入插入模式，对文件进行轻量级的修改。

### 5．缩排和重复执行

在程序开发过程中，经常需要统一增加代码的缩进，通过缩进来表示代码的归属关系。缩排命令用于实现代码的缩进。一次性地在选择的代码前增加 4 个空格就叫作增加缩进；一次性地在选择的代码前减少 4 个空格就叫作减少缩进。在可视模式下缩排命令只需使用一个 ">" 或 "<" 即可。如果需要重复执行上一次的操作，那么可以输入 "."。缩排和重复

执行命令如表 3-13 所示。

表 3-13 缩排和重复执行命令

| 命令 | 功能 |
| --- | --- |
| >> | 增加缩进 |
| << | 减少缩进 |
| . | 重复执行上一次的操作 |

对 shiftwidth 属性进行设置，可以控制缩进的字符数，如要设置缩进 10 个字符，可以在末行模式下输入":set shiftwidth=10"，按 Esc 键回到命令模式，再次尝试输入">>"查看缩进的字符数是否发生变化。

6．查找

如果需要在文件中查找指定字符串，那么可以使用 /str 命令。其中，str 表示要查找的字符串。当查找到指定字符串后，可以使用 n 命令查找下一个字符串，使用 N 命令查找上一个字符串。如果想在文件中查找当前光标所在位置后的单词在文件中其他什么位置出现过，那么可以使用"*"命令或"#"命令。查找命令如表 3-14 所示。

表 3-14 查找命令

| 命令 | 功能 |
| --- | --- |
| /str | 查找指定字符串 |
| n | 查找下一个字符串 |
| N | 查找上一个字符串 |
| * | 向后查找当前光标所在位置后的单词 |
| # | 向前查找当前光标所在位置前的单词 |

如果不想高亮显示，那么随便查找一个文件中不存在的内容即可。

**示例 3**：使用 vim 编辑 demo.c 文件，先输入"/print"，再输入 3 次"n"和 2 次"N"，最后输入 3 次"*"和 2 次"#"，观察光标所在位置的变化。

【解答】使用 vim 打开 demo.c 文件，将光标移动到第 1 行，先输入"/print"再按 Enter 键，输入 3 次"n"和 2 次"N"。将光标移动到第 1 个"hello"处，输入 3 次"*"和 2 次"#"，观察光标所在位置的变化。

### 3.2.4 末行模式进阶操作

1．替换

如果需要在文件中查找到指定字符串后替换，那么可以使用:s///g 命令。vim 中的替换命令需要在末行模式下使用。

1）全局替换

全局替换是指一次性替换文件中出现的所有旧文本。其命令格式如下。

```
:%s/旧文本/新文本/g
```

**示例 1**：使用 vim 打开 demo.c 文件，将该文件中的所有 hello 替换为 Hello。

【解答】切换到末行模式，在末行模式下输入":%s/hello/Hello/g"即可。

2）可视区域替换

在进行可视区域替换时，应先选择要替换文本的范围，若没有选择，则默认选择当前行。其命令格式如下。

```
:s/旧文本/新文本/g
```

**示例 2：** 使用 vim 打开 demo.c 文件，将该文件中第 18~26 行的所有 Hello 替换为 hello。

【解答】将光标移动到第 18 行，输入"v"，切换到可视模式；多次输入"j"，向下选择到第 26 行；输入":"，切换到末行模式，在末行模式下输入":'<,'>s/Hello/hello/g"。

3）确认替换

当在文件中找到希望替换的文本后，只有确认替换后才能替换。其命令格式如下。

```
:%s/旧文本/新文本/gc
```

当在末行模式下输入确认替换命令后，会在最后一行中出现提示信息"替换为 Hello (y/n/a/q/l/^E/^Y)？"。

其中，y 表示替换，n 表示不替换，a 表示替换所有，q 表示退出替换，l 表示替换最后 1 个，并把光标移动到行首，按快捷键 Ctrl+E 会向下滚动屏幕，按快捷键 Ctrl+Y 会向上滚动屏幕。

**示例 3：** 使用 vim 打开 demo.c 文件，将该文件中第 1 个、第 3 个 print 替换为 printf，不替换第 2 个 print，使用 q 命令退出替换。

【解答】输入"gg"，将光标移动到文件开头；输入":"，切换到末行模式，在末行模式下输入":s/print/printf/gc"后，光标被移动到第 1 个 print 处，输入"y"确认替换。当光标被移动到第 2 个 print 处时，输入"n"不进行替换。当光标被移动到第 3 个 print 处时，输入"y"确认替换后，输入"q"退出替换。

4）在多行间替换

在多行间替换是指将第 n1~n2 行的所有的旧文本替换为新文本。其命令格式如下。

```
:n1,n2 s/旧文本/新文本/g
```

**示例 4：** 使用 vim 打开 demo.c 文件，将第 10~20 行的所有 world 替换为 WORLD。

【解答】切换到末行模式，在末行模式下输入":10,20 s/world/WORLD/g"，输入":wq"保存并退出。

## 2．浏览、新建和另存为

前面已经讲解了如何在末行模式下实现文件的保存、退出等操作，接下来介绍文件的浏览、新建、另存为操作。浏览、新建、另存为操作命令如表 3-15 所示。

表 3-15 浏览、新建、另存为操作命令

| 命令 | 英文 | 功能 |
| --- | --- | --- |
| :e . | edit | 打开内置的文件浏览器，不用退出 vim，浏览当前目录中的其他文件 |
| :e 文件名 | edit | 打开内置的文件浏览器，浏览某个文件 |
| :n 文件名 | new | 新建文件 |
| :w 文件名 | write | 将当前文件另存为其他文件，但是仍然编辑当前文件，并不会切换文件 |

在切换文件之前，必须保证当前文件已经被保存。

**示例 5**：使用 vim 编辑 demo.c 文件，在末行模式下查看所有文件；浏览 demo.c 文件；新建 newf.c 文件；输入内容并保存；将 newf.c 文件另存为 abc.c 文件。

【解答】使用 vim 打开 demo.c 文件，切换到末行模式，在末行模式下输入 ":e ."，可以看到当前目录中的所有文件；输入 ":e demo.c"，打开内置的文件浏览器，浏览 demo.c 文件；在末行模式下输入 ":n newf.c"，即可在当前目录中新建一个 newf.c 文件；先输入 "i"，再输入一些内容，输入 "w"，即可将 newf.c 文件保存；在末行模式下输入 ":w abc.c"，即可将新建的 newf.c 文件另存为 abc.c 文件。

## 3.3 vi 和 vim 高阶操作

### 3.3.1 文件操作

#### 1．使用 vim 编辑多个文件

要编辑多个文件有两种方式，一种是在进入 vim 前使用的参数就是多个文件，另一种是进入 vim 后编辑其他文件。

**示例 1**：同时创建 1.txt 文件和 2.txt 文件并编辑，在 Shell 提示符位置输入 "vim 1.txt 2.txt"。默认进入 1.txt 文件的编辑界面，在末行模式下输入 ":n"，切换到下一个文件（2.txt 文件）。如果没有保存当前文件的输入内容，那么可以使用:n!命令强制切换到下一个文件而不保存当前文件的修改。

在使用 vim 同时打开多个文件时，可以使用:args 命令查看当前正在编辑的文件，而当前正在编辑的文件会被方括号括起来。

例如，基于 3.2.4 节中的示例 5，在末行模式下输入 ":args"，会显示如下结果。

```
1.txt [2.txt]
```

#### 2．进入 vim 后打开另一个文件

在末行模式下输入 ":e 文件名"，如输入 ":e 3.txt"，将浏览 3.txt 文件。

在末行模式下输入 ":e#"，将回到前一个文件中。

在末行模式下输入 ":ls" 将列出以前编辑过的文件。

在末行模式下输入 ":b 文件名"，如输入 ":b 2.txt"，将直接进入 2.txt 文件进行编辑。

在末行模式下输入 ":bd 文件名"，如输入 ":bd 2.txt"，将删除以前编辑过的列表中的文件，但文件仍然存在。

在末行模式下输入 ":e! 文件名"，如输入 ":e! 4.txt"，将打开 4.txt 文件，放弃正在编辑的文件。

在末行模式下输入 ":f"，将显示正在编辑的文件名。

在末行模式下输入 ":f 文件名"，假设当前正在编辑 2.txt 文件，在末行模式下输入 ":f new.txt"，此时正在编辑的文件名变为 new.txt，而 2.txt 文件被关闭。输入 ":wq"，保存并退出，在 Shell 提示符位置输入 "ls"，可以看到新产生的 new.txt 文件，但 2.txt 文件仍然存在。

### 3. 恢复文件

如果因断电等而造成没有保存文件就退出了编辑界面，那么这时要想办法恢复。可以在 Shell 提示符位置输入"vim -r 文件名"，打开文件。例如，在 Shell 提示符位置输入"vim -r demo.c"，打开 demo.c 文件，此时会出现如图 3-2 所示的恢复文件的提示信息。

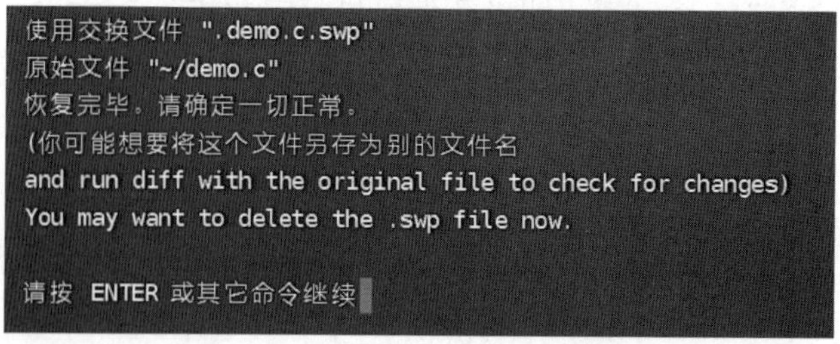

图 3-2　恢复文件的提示信息

按 Enter 键，可以看到编辑后未保存的文件，在末行模式下输入":wq"，保存并退出，再次在 Shell 提示符位置输入"vim demo.c"，会出现如图 3-3 所示的交换文件的提示信息。

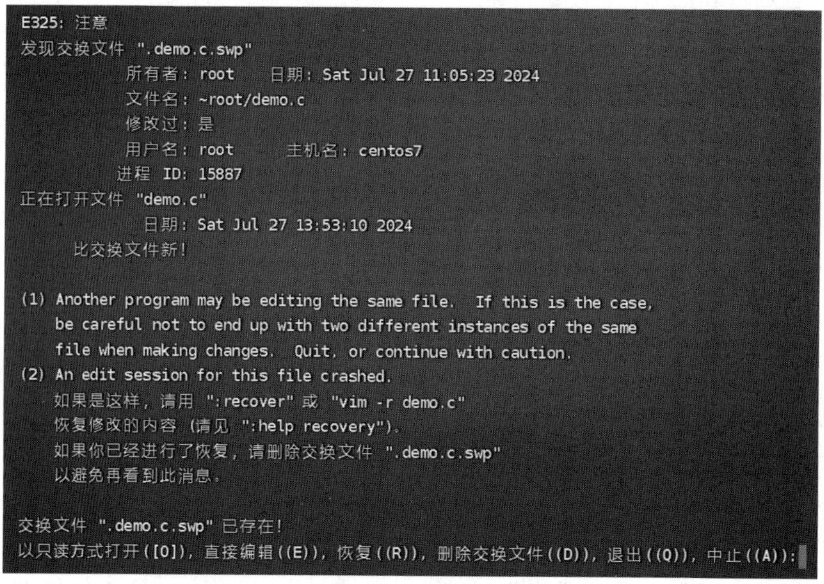

图 3-3　交换文件的提示信息

这里提示产生一个.demo.c.swp 文件，按 D 键将其删除，再次在末行模式下输入":wq"，保存并退出即可。再次使用 vim 打开 demo.c 文件，将不再出现以上提示信息，至此完成恢复操作。

### 4．创建加密文件

在 Shell 提示符位置输入"vim -x 文件名"，输入密码并确认密码，输入":wq"，保存并退出，这样在下一次打开时，vim 就会要求输入密码。

### 5．打开文件的方式

（1）方式 1：

```
vim +n 文件名
```
作用：打开文件，并将光标移动到第 n 行的行首。
例如：
```
vim +5 demo.c
```
效果：打开 demo.c 文件，并将光标移动到第 5 行的行首。
（2）方式 2：
```
vim + 文件名
```
作用：打开文件，并将光标移动到最后一行的行首。
例如：
```
vim + demo.c
```
效果：打开 demo.c 文件，并将光标移动到最后一行的行首。
（3）方式 3：
```
vim +/"pattern" 文件名
```
作用：打开文件，并将光标移动到第 1 次被匹配到的 pattern 所在行的行首。
例如：
```
vim +/"print" demo.c
```
效果：打开 demo.c 文件，并将光标移动到第一次被匹配到的 print 所在行的行首。
注意，此时多次输入"n"，继续向下查找匹配字符串。

### 3.3.2 视窗操作

使用分屏命令，可以将一个大窗口拆分成若干个小窗口，此时可以同时编辑和查看多个文件，尤其在对比两个相似的文件时，分屏命令格外有用。常用的分屏命令如表 3-16 所示。

表 3-16 常用的分屏命令

| 命令 | 英文 | 功能 |
| --- | --- | --- |
| :sp [文件名] | split | 横向增加分屏 |
| :vsp [文件名] | vertical split | 纵向增加分屏 |

当使用以上两个分屏命令分屏后，还需要使用以下命令，控制分屏窗口。分屏控制命令如表 3-17 所示。注意，这些分屏控制命令都是基于快捷键 Ctrl+w 的，也就是在使用这些命令之前，需要先按快捷键 Ctrl+w。

表 3-17 分屏控制命令

| 命令 | 英文 | 功能 |
| --- | --- | --- |
| w | window | 切换到下一个窗口 |
| r | reverse | 交换窗口中的内容 |
| c | close | 关闭当前窗口，但是不能关闭最后一个窗口 |
| q | quit | 退出当前窗口，如果是最后一个窗口，那么关闭 vim |
| o | other | 关闭其他窗口 |

示例：使用 vim 编辑 demo.c 文件，实现同时显示上、下两个窗口，同时显示左、右两

个窗口，切换窗口及关闭 vim。

【解答】使用 vim 打开 demo.c 文件，切换到末行模式，在末行模式下输入":sp"，可以看到上、下两个窗口，同时显示 demo.c 文件。此时，光标在上一个窗口中，先按快捷键 Ctrl+w，再输入"w"，将光标切换到下面的窗口中。要在下面的窗口中显示 abc.c 文件中的内容，可以通过在末行模式下输入":e abc.c"来实现。先按快捷键 Ctrl+w，再输入"r"，将上、下两个窗口中的内容交换。确定当前光标在 abc.c 文件所在的窗口中，先按快捷键 Ctrl+w，再输入"c"，将 abc.c 文件所在的窗口关闭，只剩最后一个窗口。切换到末行模式，在末行模式下输入":vsp abc.c"，可以看到左、右两个窗口，先按快捷键 Ctrl+w，再输入"r"，将左、右两个窗口中的内容交换。先按快捷键 Ctrl+w，再输入"o"，将另一个窗口关闭。先按快捷键 Ctrl+w，再输入"q"，关闭 vim。

### 3.3.3 在 vim 中执行 Shell 命令

在 vim 中可以执行 Shell 命令，有以下几种形式。

#### 1. :!command

作用：不关闭 vim 正在编辑的文件，直接执行 Shell 命令 command，将该命令的执行结果输出显示在 vim 的命令区域，不改变当前正在编辑文件中的内容。

例如：

```
:!ls -l
```

打开 demo.c 文件，不关闭 vim 正在编辑的文件，直接执行:!ls -l 命令，将该命令的执行结果输出显示在 vim 的命令区域。

#### 2. :r!command

作用：不关闭 vim 正在编辑的文件，直接执行 Shell 命令 command，将该命令的执行结果插入当前行的下一行。

例如：

```
:r!date
```

打开 demo.c 文件，不关闭 vim 正在编辑的文件，直接执行:r!date 命令，读取系统时间，将该命令的执行结果插入当前行的下一行。

#### 3. :起始行号,结束行号!command

作用：将从起始行号到结束行号的内容作为输入内容，让 Shell 命令 command 处理，并用处理结果替换从起始行号到结束行号的内容。

**示例 1：**

```
1,10!sort
```

将第 1~10 行中的内容排序，并用排序结果替换从起始行号到结束行号的内容。

注意，可以只指定起始行号（即范围为一行）。

**示例 2：**

```
:3 !tr [a-z] [A-Z]
```

将第 3 行中的小写字母转换为大写字母。

针对当前行，除可以指定行号外，也可以用"."表示。

**示例 3:**

```
:. !tr [a-z] [A-Z]
```

将当前行中的小写字母转换为大写字母。试想一下，当不确定行号时，只需关注当前行，这样会很方便。

4．:起始行号,结束行号 w !command

作用：将从起始行号到结束行号的内容作为 Shell 命令 command 的输入内容，不改变当前编辑的文件中的内容。

**示例 4:**

```
:1,10 w !sort
```

将第 1～10 行中的内容作为 Shell 命令 sort 的输入内容（注意 w 的左、右侧各有一个空格），对第 1～10 行中的内容进行排序，但排序结果并不会被直接输出到当前编辑的文件中，而会显示在 vim 的命令区域。

### 3.3.4 其他高级功能

#### 1．用户界面设置

在末行模式下，输入如表 3-18 所示的用户界面设置命令，可以设置用户界面。

表 3-18 用户界面设置命令

| 命令 | 功能 |
| --- | --- |
| :set showmode | 显示模式 |
| :set noshowmode | 不显示模式 |
| :set ruler | 开启光标所在位置提示 |
| :set noruler | 取消光标所在位置提示 |
| :set nu | 显示行号 |
| :set nonu | 不显示行号 |
| :set cursorline | 强调光标所在行 |
| :set nocursorline | 不强调光标所在行 |
| :set cmdheight=1 | 将末行模式下的命令高度设置为 1 |
| :noh | 取消当前高亮显示的内容 |

#### 2．文本位置调整

在末行模式下，输入如表 3-19 所示的文本位置调整命令，可以调整当前行中的文本位置。

表 3-19 文本位置调整命令

| 命令 | 功能 |
| --- | --- |
| :ce | 将当前行中的文本居中显示 |
| :ri | 将当前行中的文本靠右显示 |
| :le | 将当前行中的文本靠左显示 |

### 3. 颜色设置

在末行模式下，输入如表 3-20 所示的颜色设置命令，可以开启或关闭代码高亮显示功能。

表 3-20　颜色设置命令

| 命令 | 功能 |
| --- | --- |
| :syntax on | 开启代码高亮显示功能 |
| :syntax off | 关闭代码高亮显示功能 |

## 3.4 项目拓展

### 3.4.1 项目拓展 1

#### 1. 项目要求

（1）进入 CentOS，打开终端。在命令行中输入 vim 命令启动 vim，vim 后面不加文件名，启动 vim 后默认进入命令模式。

（2）切换到插入模式，输入如下代码。为了便于下文表述，这里把代码的行号也一并列出，在输入时不用输入行号。

```
1  #include <stdio.h>
2
3  int main()
4  {
5      int hour1, minute1;
6      int hour2, minute2
7
8      scanf("%d %d", &hour1, &minute1);
9      scanf("%d %d", hour2, &minute2);
10
11     int t1 = hour1 * 6 + minute1;
12     int t = t1 - t2;
13
14      printf("time difference: %d hour, %d minutes \n", t/6, t%6);
15
16     return 0;
17 }
```

（3）回到命令模式，将程序保存为 timediff.c 文件，并退出 vim。

（4）重启 vim，打开 timediff.c 文件，显示行号。

（5）因为文件内容比较少，所以文件内容可以在当前屏幕中全部显示。先将光标移动到当前屏幕中间行的行首，再将光标移动到第 1 行的行首。

（6）在第 6 行末尾补充缺少的"；"后，回到命令模式。

（7）在第 9 行的 hour2 前补充缺少的"&"后，回到命令模式。

（8）将第 11 行中的内容复制并粘贴到第 11 行下方。此时，原文件的第 12~17 行依次变为第 13~18 行，且光标停留在新添加的第 12 行的行首。

（9）将第 12 行中的 t1 替换为 t2，将 hour1 替换为 hour2，将 minute1 替换为 minute2。

（10）将第 11~15 行中的 6 全部替换为 60。注意，在每次替换时都要输入"y"给予确认。替换后，光标停留在第 15 行。

（11）先将第 17 行删除，再撤销删除。

（12）保存文件后退出 vim。

2．项目步骤

（1）进入 CentOS，打开终端。在命令行中输入 vim 命令启动 vim，vim 后面不加文件名，启动 vim 后默认进入命令模式。

（2）在命令模式下输入"i"进入插入模式，输入项目要求的第 2 个要求中的代码。

（3）按 Esc 键回到命令模式。输入":"进入末行模式，输入"w timediff.c"将程序保存为 timediff.c 文件，输入":q"退出 vim。

（4）重启 vim，打开 timediff.c 文件，输入":set nu"显示行号。

（5）因为文件内容比较少，所以文件内容可以在当前屏幕中全部显示。输入"M"将光标移动到当前屏幕中间行的行首，输入"1G"或"gg"将光标移动到第 1 行的行首。

（6）在命令模式下输入"6G"将光标移动到第 6 行的行首。输入"a"进入插入模式，此时光标停留在第 6 行的行末，输入"；"，按 Esc 键，回到命令模式。

（7）在命令模式下输入"9G"将光标移动到第 9 行的行首。输入"w"将光标移动到下一个单词的词首，多次输入"1"向右移动光标，直到光标停留在 hour2 的词首为止，输入"i"进入插入模式，输入"&"，按 Esc 键，回到命令模式。

（8）在命令模式下输入"11G"将光标移动到第 11 行的行首。输入"yy"复制第 11 行中的内容，输入"p"将其粘贴到第 11 行下方。此时，原文件的第 12~17 行依次变为第 13~18 行，且光标停留在新添加的第 12 行的行首。

（9）在命令模式下多次输入"e"，将光标移动到下一个单词的末尾，直至光标停留在 t1 中的字符"1"后，输入"s"删除字符"1"，进入插入模式，在插入模式下输入"2"，按 Esc 键回到命令模式。重复此操作，把"hour1""minute1"中的字符"1"修改为"2"。

（10）在命令模式下输入"k"将光标上移一行，即将光标移动到第 11 行，输入":11,15 s/6/60/gc"进入末行模式，将第 11~15 行中的"6"全部替换为"60"。注意，在每次替换时都要输入"y"给予确认。替换后，光标停留在第 15 行。

（11）在命令模式下输入"2j"将光标下移 2 行，即将光标移动到第 17 行。输入"dd"删除第 17 行，输入"u"撤销删除。

（12）在命令模式下输入":wq"，保存并退出。

### 3.4.2 项目拓展 2

1．项目要求

（1）在/tmp 目录中建立/mytest 目录，进入/mytest 目录。

（2）将/etc/man_db.conf 文件复制到上述目录中，使用 vim 打开/mytest 目录中的 man_db.conf 文件。

（3）在 vim 中设置行号，将光标移动到第 58 行，向右移动 15 个字符，观察该行前面 15 个字符组合起来是什么。

（4）将光标移动到第 1 行，并向下查找字符串"gzip"，该字符串在第几行？

（5）将第 50~100 行中的小写字符串"man"改为大写字符串"MAN"，并逐个询问是否需要修改，如何操作。如果在筛选过程中多次输入"y"，那么会在最后一行中出现类似于"改变了多少个'man'"的提示信息，请回答一共替换了多少个字符串"man"。

（6）修改完之后，要全部复原，有哪些方法？

（7）复制第 65~73 行中的内容，并将其粘贴到末尾。

（8）删除第 23~28 行中开头为"#"的批注数据。

（9）将这个文件另存为 man.test.config 文件。

（10）删除第 27 行中的 8 个字符；在第 1 行上方新增一行，该行内容为"I am a student…"；保存并退出。

2．项目步骤

（1）输入"mkdir /tmp/mytest;cd /tmp/mytest"。

（2）输入"cp /etc/man_db.conf ./;vim man_db.conf"。

（3）输入":set nu"，会在文件左侧看到出现数字，该数字即行号。先输入"58G"，再输入"15l"，会看到"#on privileges."。

（4）先输入"1G"或"gg"，再输入"/gzip"，可知该字符串在第 93 行。

（5）在末行模式下，输入":50,100 s/man/MAN/gc"即可。若多次输入"y"，则最终会出现提示信息"在第 15 行内置换 26 个字符串"。

（6）一直输入"u"即可复原；先输入":q!"强制退出，不保存，再重新载入该文件也可以复原。

（7）先输入"65G"，再输入"9yy"，最后一行会出现提示说明"复制 9 行"。先输入"G"，将光标移动到最后一行，再输入"p"，最后一行后会粘贴上述 9 行内容。

（8）先输入"23G"，将光标移动到第 23 行，再输入"6dd"，即可删除第 23~28 行中的内容，此时会发现光标所在的第 23 行中的内容变成以"MANPATH MAP"开头了，批注的"#"那几行都被删除了。

（9）输入":w man.test.config"，会发现最后一行出现提示说明"man.test.config" [New]..."。

（10）先输入"27G"，再输入"8x"，即可删除第 27 行的 8 个字符，出现提示说明"MAP"。先输入"1G"，将光标移动到第 1 行，再输入"O"，即可新增一行且进入插入模式。输入"I am a student..."，按 Esc 键，回到命令模式等待后续工作。输入":wq"，保存并退出。

## 3.4.3 项目拓展 3

### 1．项目要求

（1）把/etc/passwd 文件复制到/root 目录中，并重命名为 test.txt。
（2）打开 test.txt 文件，显示行号。
（3）分别向下、上、右、左移动 5 个字符。
（4）将光标移动到 test.txt 文件末尾。
（5）先向右移动 5 个单词，再向左移动 3 个单词。
（6）回到命令模式，将光标先移动到第 10 行的行末，再移动到行首。
（7）在第 1 行的行首插入一个"#"。
（8）进入命令模式，在第 1 行的行末插入一个"#"。
（9）进入命令模式，在第 2 行下方插入一行，并输入"#Root"。
（10）保存并退出。
（11）再次打开 test.txt 文件，在第 1 行上方添加一个空行，并输入"#This is a test!"。
（12）强制退出，不保存。

### 2．项目步骤

（1）进入 CentOS，打开终端。在命令行中先输入"cp /etc/passwd /root/test.txt"，再输入"cd /root"，最后输入"vim test.txt"。启动 vim 后默认进入命令模式。
（2）打开 test.txt 文件，输入":set nu"，显示行号。
（3）分别输入"j""k""l""h"5 次，将光标向下、向上、向右、向左移动 5 个字符。
（4）输入"G"，将光标移动到 test.txt 文件末尾。
（5）输入"w"5 次，将光标向后移动 5 个单词；输入"3b"，将光标向左移动 3 个单词。
（6）按 Esc 键，回到命令模式。输入"10gg"，将光标移动到第 10 行。输入"$"，将光标移动到当前行的行末，输入"0"或"^"，将光标移动到当前行的行首。
（7）输入"gg"，将光标移动到文件开头，输入"I"将光标移动到当前行的行首，并进入插入模式，输入"#"。
（8）按 Esc 键，回到命令模式。输入"gg"，将光标移动到文件开头。输入"A"，将光标移动到当前行的行末，并进入插入模式，输入"#"。
（9）按 Esc 键，回到命令模式，输入"2gg"，将光标移动到第 2 行。输入"o"，在第 2 行下方插入新行，并输入"#Root"。
（10）先按 Esc 键，回到命令模式，再进入末行模式，输入":wq"，保存并退出。
（11）先输入"vim test.txt"，再输入"gg"，将光标移动到文件开头，最后输入"O"，在其上方插入新行，并输入"#This is a test!"。
（12）先按 Esc 键，回到命令模式，再进入末行模式，输入":q!"，强制退出，不保存。

### 3.4.4 项目拓展 4

#### 1. 项目要求

（1）复制"/root/demo.c.bak"文件，并将复制后的文件重命名为 demo.c，使用 vim 打开 demo.c 文件，使用可视行模式，选择第 7~12 行代码，将其整体向右缩进。

（2）先将光标移动到文件开头，再将光标移动到第 3 段，最后将光标切换回第 1 段。

（3）将光标移动到第 4 行，找第 4 行中的"{"对应的"}"。

（4）分别向下、向上翻两页，将光标移动到当前屏幕中间、屏幕顶部、屏幕底部。

（5）先将光标移动到第 15 行，为该行添加标记 a，再将光标移动到文件末尾，使用标记 a，使光标被重新移动到 15 行。

（6）将第 3 行中的数字 1 删除。

（7）复制第 6~8 行，先将其粘贴到第 4 行后面，再删除这 3 行。

（8）先删除第 1 行，再将其恢复。

（9）将第 6 行中的数字 1 替换为数字 3。

（10）将文件中的所有 print 替换为 printf。

（11）查找 sancf 所在行，并将 sancf 替换为 scanf。

（12）将 demo.c 文件另存为 mydemo.c 文件后，不保存 demo.c 文件的修改，退出 vim。

#### 2. 项目步骤

（1）进入 CentOS，打开终端，确保目标文件在/root 目录中。在命令行中依次输入"cp demo.c.bak demo.c""vim demo.c"。启动 vim 后默认进入命令模式。进入末行模式，输入":set nu"显示行号。输入"7gg"将光标移动到第 7 行，输入"v"切换到可视模式，多次输入"j"向下选择到第 12 行，输入">"将第 7~12 行的代码缩进。

（2）按 Esc 键回到命令模式，先输入"gg"将光标移动到文件开头，再连续输入 3 次"}"将光标移动到第 3 段，最后连续输入 2 次"{"将光标切换回第 1 段。

（3）按 Esc 键回到命令模式，输入"4gg"将光标移动到第 4 行，输入"%"找第 4 行中的"{"对应的"}"。

（4）分别按快捷键 Ctrl+f 和 Ctrl+b 两次，实现向下、向上翻两页；分别输入"M""H" "L"，将光标移动到当前屏幕中间、屏幕顶部、屏幕底部。

（5）按 Esc 键回到命令模式，输入"15gg"将光标移动到第 15 行，输入"ma"为该行添加标记 a，输入"G"将光标移动到文件末尾，输入"'a"，将光标重新移动到第 15 行。

（6）按 Esc 键回到命令模式，输入"3gg"将光标移动到第 3 行，连续输入 2 次"e"将光标移动到数字 1 处，输入"x"将数字 1 删除。

（7）按 Esc 键回到命令模式，输入"6gg"将光标移动到第 6 行，输入"3yy"复制第 6~8 行，输入"4gg"将光标移动到第 4 行，输入"p"将复制的 3 行粘贴到第 4 行后面，输入"3dd"删除这 3 行。

（8）输入"gg"将光标移动到第 1 行，输入"dd"删除第 1 行，输入"u"恢复删除的第 1 行。

（9）按 Esc 键回到命令模式，输入"6gg"将光标移动到第 6 行；连续输入 2 次"e"

将光标移动到数字 1 处；先输入"r"，再输入"3"，将数字 1 替换为数字 3。

（10）进入末行模式，输入":%s/print/printf/g"，将文件中的所有 print 替换为 printf。

（11）按 Esc 键回到命令模式，输入"/sancf"，将光标移动到 sancf 所在位置；先输入"R"，再输入"scanf"，将 scanf 替换为 scanf。

（12）进入末行模式，输入":w mydemo.c"，将 demo.c 文件另存为 mydemo.c 文件后，输入":q!"，不保存 demo.c 文件的修改，退出 vim。

### 3.4.5 项目拓展 5

#### 1. 项目要求

（1）使用 vim 打开 demo.c 文件，将光标移动到第 3 行，不关闭该文件，切换到末行模式，直接执行:!ls -l 命令，将执行结果输出显示在 vim 的命令区域。

（2）将 demo.c 文件分上、下两个窗口显示，此时光标在上面的窗口中，在上面的窗口中显示 123.c 文件中的内容，将光标切换到下面的窗口中，将两个窗口中的内容互换。

（3）确定光标在 123.c 文件所在的窗口中，读取系统时间，并将其插入当前行的下一行。

（4）确定光标在 123.c 文件所在的窗口中，从第 3 行开始输入以下内容。为了方便下文表述，这里把行号也一并列出，在输入时，不用输入行号。

```
1
2 2024 年 07 月 29 日 星期一 11:45:18 CST
3 1
4 3
5 7
6 9
7 6
```

（5）对 3~7 行中的内容进行升序，用升序结果替换从起始行号到结束行号的内容，最终效果如下。

```
1
2 2024 年 07 月 29 日 星期一 11:45:18 CST
3 1
4 3
5 6
6 7
7 9
```

（6）对第 3~7 行中的内容进行降序，不用降序结果替换从起始行号到结束行号的内容。

（7）将光标移动到第 2 行，将第 2 行中的所有大写字母替换为小写字母。

（8）在第 1 行中输入"ls -l"。

（9）把第 1 行中的内容作为 bash 命令来执行并显示结果，不改变当前编辑的文件中的内容。

（10）把第 1 行中的内容作为 bash 命令来执行并显示结果，替换当前行中的内容。

（11）将 123.c 文件中的内容保存后关闭，并退出 vim。

2. 项目步骤

（1）进入 CentOS，打开终端。在命令行中输入"vim +3 demo.c"。启动 vim 后，将光标移动到第 3 行，默认进入命令模式。进入末行模式，输入":set nu"，显示行号，输入":!ls -l"，将执行结果输出显示在 vim 的命令区域。

（2）切换到末行模式，在末行模式下输入":sp"，可以看到上、下两个窗口，同时显示 demo.c 文件。此时，光标在上面的窗口中，要在上面的窗口中显示 123.c 文件中的内容，可以通过在末行模式下输入":e 123.c"来实现。先按快捷键 Ctrl+w，再输入"w"，将光标切换到下面的窗口中。先按快捷键 Ctrl+w，再输入"r"，将上、下两个窗口中的内容交换。

（3）确定光标在 123.c 文件所在的窗口中，在末行模式下输入":r !date"，读取系统时间，并将其插入当前行的下一行。

（4）确定光标在 123.c 文件所在的窗口中，按 Esc 键回到命令模式，先输入"2gg"，再输入"o"，接着从第 3 行开始输入项目要求的第 4 个要求中的内容。

（5）按 Esc 键回到命令模式，输入":3,7 !sort"对第 3～7 行中的内容进行升序，用升序结果替换从起始行号到结束行号的内容。

（6）按 Esc 键回到命令模式，输入":3,7 w !sort -r"，对第 3～7 行中的内容进行降序，不用降序结果替换从起始行号到结束行号的内容。:3,7 w !sort -r 命令的执行结果如图 3-4 所示。

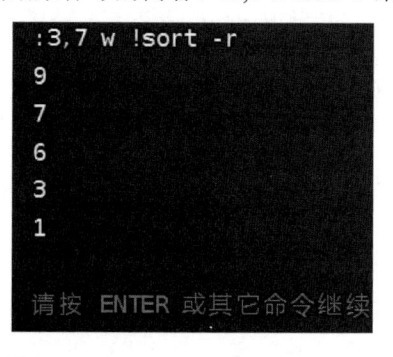

图 3-4   :3,7 w !sort -r 命令的执行结果

（7）在末行模式下，输入"2gg"将光标移动到第 2 行；输入":. !tr [A-Z] [a-z]"将第 2 行中的所有大写字母替换为小写字母。

（8）按 Esc 键回到命令模式，输入"gg"将光标移动到文件开头；先输入"i"，再输入"ls -l"。

（9）按 Esc 键回到命令模式，在末行模式下，输入":. w !bash"，在 vim 的命令区域显示当前文件夹中的信息。:. w !bash 命令的执行结果的部分截图如图 3-5 所示。

（10）按 Esc 键回到命令模式，在末行模式下，输入":1 !bash"，将 123.c 文件的第 1 行中的内容替换为当前目录中的内容。

（11）确定光标在 123.c 文件所在的窗口中，输入":w"，将 123.c 文件保存。先按快捷键 Ctrl+w，再输入"c"，将 123.c 文件所在的窗口关闭，只剩最后一个窗口。先按快捷键 Ctrl+w，再输入":q"，关闭 vim。

```
:. w !bash
总用量 156
-rw-r--r-- 1 root root      12 7月  25 15:43 abc.c
-rw-r--r-- 1 root root     306 1月  16 2024 case1.sh
-rw-r--r-- 1 root root     383 1月  16 2024 case2.sh
-rw-r--r-- 1 root root     306 1月  16 2024 case.sh
-rw-r--r-- 1 root root     147 1月  16 2024 check_file.sh
-rw-r--r-- 1 root root     104 4月  24 18:57 cycle.sh
-rwxr--r-- 1 root root     404 7月  12 16:51 dbbak.sh
-rw-r--r-- 1 root root     899 7月  29 11:30 demo.c
-rw-r--r-- 1 root root     880 7月  29 11:34 demo.c.bak
```

图 3-5   :. w !bash 命令的执行结果的部分截图

## 3.5 本章练习

**一、选择题**

1. 输入（　　）可以进入插入模式。
   A．i            B．x            C．dd           D．yy
2. 输入（　　）可以退出插入模式。
   A．i            B．x            C．o            D．dd
3. 输入（　　）可以删除一整行。
   A．yy           B．xx           C．dw           D．dd
4. 输入（　　）可以复制一整行。
   A．yy           B．dd           C．dw           D．xx
5. 输入（　　）可以删除光标所在位置前的字符。
   A．i            B．x            C．p            D．y

**二、填空题**

1. vi 有 3 种基本工作模式，分别是_____、_____和末行模式。
2. 输入_____、_____、_____、_____可以将光标上、下、左、右移动一个字符。
3. 要删除光标所在位置的单词可以通过输入_____来实现。
4. 要撤销上一次的操作可以通过输入_____来实现。要恢复上一次的操作可以通过输入_____来实现。
5. 要将光标移动到行首可以通过输入_____来实现，要将光标移动到行末可以通过输入_____来实现。

**三、判断题**

1. vi 的 3 种基本工作模式可以直接切换。                                （    ）
2. 在末行模式下，输入":行号"可以将光标移动到指定行。                  （    ）
3. 按快捷键 Ctrl+f 可以切换到上一页，按快捷键 Ctrl+b 可以切换到下一页。（    ）

4. 输入"!"可以保存并退出文件。 (    )
5. 输入"p"或"P"可以粘贴复制的内容。 (    )

### 四、简答题

1. 简述 vi 的基本工作模式，并画图说明这几种基本模式之间的切换方法。
2. 简述如何删除一行并将其粘贴到另一行下方。
3. 简述如何保存文件及退出 vi。

# 第 4 章

# Linux 用户与文件管理

用户与文件管理是 Linux 中基本的管理工作，本章主要讲解这方面的内容，包括用户切换与身份、用户与重要文件、用户操作、用户组操作、用户与用户组管理和文件与文件夹权限。

## 4.1 用户切换与身份

### 4.1.1 id 命令

Linux 中的每个进程都需要特定的用户运行，且每个文件都由特定的用户拥有。因此，若想访问某个文件或目录，则会受到用户的限制。进程所关联的用户也决定了进程能够以何种方式访问某个文件或目录。

输入 id 命令可以查看指定用户 ID 的相关信息。

其语法如下。

```
id [参数]
```

其中，"参数"为用户名，表示被查看的用户。

如果指定用户名，那么显示指定用户的信息。如果不指定用户名，那么显示当前登录的用户的信息。

**示例 1**：输入 id 命令查看指定用户 ID 的相关信息。

```
[root@centos7 ~]# id                    #查看当前登录的用户的信息
uid=0(root) gid=0(root) 组=0(root)
```

用户分为 3 种：超级管理员、系统用户和常规用户。系统用户和常规用户均为普通用户。UID 为用户标识符，不同 ID 的含义也不相同，具体如下。

（1）0：超级管理员，拥有最高的系统操作权限。

（2）1~200：系统用户，由系统分配给系统进程使用。

（3）201~999：系统用户，用于运行服务账户，不需要登录系统（动态分配）。

（4）大于或等于 1000：常规用户。

GID（Group ID，组 ID），表示用户所在组的标识符，编号一般从 1000 开始。组指的是具有相同或相似特性的用户的集合，也被称为用户组。与用户类似，用户组分为 3 种：超级组、系统组和自定义组。不同 GID 的含义也不相同，具体如下。

（1）0：超级组，与超级管理员不同，超级组不具有超级管理员权限。

（2）1~999：系统组，由系统本身或应用程序使用。

（3）大于或等于 1000：自定义组，由管理员创建。

用户组的操作将会在 4.4 节中介绍。

**示例 2**：使用 id 命令查看其他用户的相关信息。

```
[root@centos7 ~]# id fww
uid=1001(fww) gid=0(root) 组=0(root),10(wheel)
```

### 4.1.2 su 命令和 sudo 命令

#### 1. su 命令

su 命令来源于英文单词 switch user。当用户需要临时以其他身份执行一些操作时，如普通用户需要超级管理员权限执行操作，可以使用 su 命令进行用户切换，切换身份后，默认不改变当前目录。

其语法如下。

```
su [选项] [参数]
```

su 命令常用的选项及对应的含义如表 4-1 所示。

表 4-1  su 命令常用的选项及对应的含义

| 选项 | 含义 |
| --- | --- |
| -c <指令> | 切换为新用户执行指令，执行完指令后切换回原来的用户 |
| -或-l | 切换用户的同时启动一个新的登录 Shell，同时改变环境变量 |
| -m | 切换身份时不改变环境变量 |
| -s | 将 Shell 指定为切换用户使用的 Shell |
| --help | 显示帮助信息 |
| --version | 显示版本信息 |

其中，"参数"为用户名，表示要切换的用户。

在使用 su 命令时，可以省略用户名。如果不提供用户名，那么会默认切换为超级管理员。要将普通用户切换为超级管理员，需输入超级管理员的密码，而要将超级管理员切换为普通用户，无须输入密码，可以直接切换。

**示例 1**：将超级管理员切换为普通用户。

```
[root@centos7 ~]# su fww
[fww@centos7 root]$
```

**示例 2**：将普通用户切换为超级管理员。

```
[fww@centos7 ~]$ su
密码：
[root@centos7 fww]#
```

切换身份后，可以使用 exit 命令或按快捷键 Ctrl + d 切换回上一个用户。

## 2. sudo 命令

前面提到，用户可以使用 su 命令进行身份的切换。若每个普通用户都能被切换为超级管理员，则一旦泄漏了超级管理员的密码，系统就会存在巨大的安全隐患。使用 sudo（superuser do）命令可以解决这个问题。

sudo 命令允许用户以其他用户身份执行命令。使用 sudo 命令为普通的命令授权，可以使这条命令以超级管理员的身份执行，提高了系统的安全性。

其语法如下。

```
sudo [选项] <其他命令>
```

sudo 命令常用的选项及对应的含义如表 4-2 所示。

表 4-2　sudo 命令常用的选项及对应的含义

| 选项 | 含义 |
| --- | --- |
| -b | 将 sudo 后的其他命令放到后台运行 |
| -h | 显示帮助信息 |
| -H | 设置用户的主目录 |
| -l | 列出允许用户执行的命令 |
| -L | 显示 sudo 命令的配置选项，一般与 grep 命令一起使用 |
| -s <shell> | 指定执行命令时使用的 Shell |
| -u <用户> | 指定用户要切换的身份，若不指定，则默认为超级管理员 |

**示例 3**：列出允许用户执行的命令。

```
[fww@centos7 ~]$ sudo -l
```

可以看到，允许用户执行的命令。

```
用户 fww 可以在 CentOS 上执行以下命令:
    (ALL) NOPASSWD: ALL
    (ALL) ALL
```

**示例 4**：使用 sudo 命令将普通用户切换为超级管理员。

```
[fww@centos7 ~]$ sudo su -
```

输入密码后，即可切换用户。

```
[sudo] fww 的密码:
[root@centos7 ~]#
```

使用 sudo 命令需要用户输入自己的密码。由于并不是所有用户都有权使用 sudo 命令，因此需要为普通用户配置 sudo 认证。Linux 提供了 visudo 命令，用于编辑相关的 /etc/sudoers 文件，这部分内容将会在 4.2 节介绍。

### 4.1.3　who 命令

who 命令用于列举已登录系统的用户，并显示用户的登录时间、运行级别等简单信息。其语法如下。

```
who [选项] [am i] [文件]
```

who 命令常用的选项及对应的含义如表 4-3 所示。

表 4-3  who 命令常用的选项及对应的含义

| 选项 | 含义 |
|---|---|
| -a | 显示所有用户信息 |
| -H | 显示各个栏位的标题信息列 |
| -i | 显示闲置时间，若该用户在前 1 分钟内进行过操作，则标记为 "."；若该用户已经超过 24 小时没有操作，则显示字符串 "old" |
| -m | 显示主机名和用户关联的标准输入内容，与[am i]的使用方法一样 |
| -q | 显示系统登录的用户名和总人数 |
| -s | 解决 who 命令其他版本的兼容性问题 |
| -w | 显示用户的状态栏信息 |

who 命令还可以通过指定不同的文件来查看登录、注销，以及系统启动和关闭的历史记录。

**示例 1**：显示当前系统登录的用户名。

```
[root@centos7 ~]# who
root     pts/0        2024-08-22 14:28 (119.34.166.226)
root     pts/1        2024-08-22 14:28 (119.34.166.226)
fww      pts/2        2024-08-22 14:56 (119.34.166.226)
fww      pts/3        2024-08-22 14:56 (119.34.166.226)
```

可以看到，第 1 列为登录的用户名。

**示例 2**：显示用户自身信息。

```
[root@centos7 ~]# who am i
root     pts/2        2024-08-22 21:28 (119.34.166.226)
```

## 4.2 用户与重要文件

### 4.2.1 用户配置文件

Linux 用户信息被保存在/etc/passwd 文件中，密码被保存在/etc/shadow 文件中，这两个文件是 Linux 中十分重要的文件。若这两个文件不存在或出错，则会导致无法正常登录 Linux。

#### 1．用户账户配置文件/etc/passwd

/etc/passwd 文件是系统识别用户的配置文件，里面存放着用户账户及相关信息。由于每个用户都有权读取该文件，因此该文件并不保存密码，而将密码使用 x 代替，这样可以最大限度地降低密码泄露的可能性。

/etc/passwd 文件中的每行都保存一个用户信息，每行都由冒号分隔成 7 个字段，基本格式如下：

用户名:密码:UID:GID:用户描述:主目录:Shell

/etc/passwd 文件中各字段编号、名称及对应的含义如表 4-4 所示。

表 4-4 /etc/passwd 文件中各字段编号、名称及对应的含义

| 字段编号 | 字段名称 | 含义 |
| --- | --- | --- |
| 1 | 用户名 | 用户的账户名称,也被称为登录名 |
| 2 | 密码 | 密码占位符存放账户的口令,暂用 x 表示,密码被保存在/etc/shadow 文件中 |
| 3 | UID | 用户标识符 |
| 4 | GID | 用户组标识符,表示用户基本组 |
| 5 | 用户描述 | 用户的详细信息 |
| 6 | 主目录 | 用户的主目录,超级管理员的主目录为/root,普通用户的主目录一般为/home/username |
| 7 | Shell | 用户登录后执行的 Shell,若为空格,则默认为/bin/sh |

**示例 1:**

```
[root@centos7 ~]# cat /etc/passwd
root:x:0:0:root:/root:/bin/bash
bin:x:1:1:bin:/bin:/sbin/nologin
daemon:x:2:2:daemon:/sbin:/sbin/nologin
adm:x:3:4:adm:/var/adm:/sbin/nologin
…
dockerroot:x:997:994:Docker User:/var/lib/docker:/sbin/nologin
amy:x:6001:5008:Amy:/home/Amy:/bin/bash
```

可以看到,密码显示为 x,这样可以确保密码安全。下面对最后一个用户信息进行解读。

(1)用户名:amy。

(2)密码:x(不显示密码,而用 x 代替)。

(3)UID:6001。

(4)GID:5008。

(5)用户描述:Amy。

(6)主目录:/home/Amy。

(7)Shell:/bin/bash。

## 2.用户密码配置文件/etc/shadow

/etc/shadow 文件用于保存用户密码。Linux 采用不可逆的加密算法,如 MD5、SHA1 等加密,并将密码存放到/etc/shadow 文件中,只有超级管理员可以读取该配置文件。

/etc/shadow 文件中的每行都保存一个用户信息,每行都由冒号分隔成 9 个字段,基本格式如下。

> 用户名:密码:最近一次密码更改时间:密码最短有效期:密码最长有效期:密码到期前警告期限:密码到期后保持活跃的天数:账户到期时间:保留字段

/etc/shadow 文件中各字段编号、名称及对应的含义如表 4-5 所示。

表 4-5 /etc/shadow 文件中各字段编号、名称及对应的含义

| 字段编号 | 字段名称 | 含义 |
| --- | --- | --- |
| 1 | 用户名 | 用户的账户名称,也被称为登录名 |
| 2 | 密码 | 用户密码,这是加密过的口令(未设置密码时为"!") |
| 3 | 最近一次密码更改时间 | 从 1970 年 1 月 1 日到最近一次更改密码时间共经过了多少天 |

续表

| 字段编号 | 字段名称 | 含义 |
|---|---|---|
| 4 | 密码最短有效期 | 密码最少使用几天才可以更改（0 表示无限制） |
| 5 | 密码最长有效期 | 密码最多使用几天才可以更改（99999 表示永不过期） |
| 6 | 密码到期前警告期限 | 密码过期前几天提醒用户更改（默认过期前 7 天） |
| 7 | 密码到期后保持活跃的天数 | 在此期限内，用户依然可以登录系统并更改密码，指定天数过后，账户将被锁定 |
| 8 | 账户到期时间 | 账户在 1970 年 1 月 1 日前可以使用，到期后将失效 |
| 9 | 保留字段 | 用于未来扩展 |

示例 2：

```
[root@centos7 ~]# cat /etc/shadow
root:$6$uDkRn/NsWc8//$y883eLzTP4NodUi1O/KYc/dGG0pttuEwQ9D2UIB6XVttV9MUC
KDbLUNccHavqFnYHVzA1/hqD5jzSaJr66i6H1:19711:0:99999:7:::
bin:*:18353:0:99999:7:::
daemon:*:18353:0:99999:7:::
adm:x:3:4:adm:/var/adm:/sbin/nologin
…
dockerroot:!!:19951::::::
amy:$6$tFNsIfv6$oyUQt4pwOnuOppK7jW1mAbmkh3Tz942L1qyP2t/.Rz5/21zzb8.WK88
/d0AmiFOXtC9CVVRT1qR/rW58FSHZY/:19957:0:99999:7:::
```

下面对最后一个用户信息进行解读。

（1）用户名：amy。

（2）密码：$6$tFNsIfv6$oyUQt4pwOnuOppK7jW1mAbmkh3Tz942L1qyP2t/.Rz5/21zzb8.WK88/d0AmiFOXtC9CVVRT1qR/rW58FSHZY/。

（3）最近一次密码更改时间：19957。

（4）密码最短有效期：0。

（5）密码最长有效期：99999。

（6）密码到期前警告期限：7，表示密码过期前 7 天要提醒用户更改。

（7）密码到期后保持活跃的天数：未定义。

（8）账户到期时间：未定义。

（9）保留字段：未定义。

### 4.2.2 组配置文件

与用户配置文件类似，组账户信息被保存在 /etc/group 文件中，密码被保存在 /etc/gshadow 文件中。

#### 1. 组账户配置文件/etc/group

/etc/group 文件用于存放组账户的基本信息，密码使用 x 代替。/etc/group 文件中的每行都保存一个组账户信息，每行都由冒号分隔成 4 个字段，基本格式如下。

```
组名:组密码:GID:组内用户列表
```

/etc/group 文件中各字段编号、名称及对应的含义如表 4-6 所示。

表 4-6  文件中各字段编号、名称及对应的含义

| 字段编号 | 字段名称 | 含义 |
| --- | --- | --- |
| 1 | 组名 | 用户组名称 |
| 2 | 组密码 | 用户组加密后的密码,如果非空,那么使用 x 代替 |
| 3 | GID | 用户组标识符 |
| 4 | 组内用户列表 | 多个用户之间使用逗号分隔 |

示例 1:

```
[root@centos7 ~]# cat /etc/group
root:x:0:
bin:x:1:
daemon:x:2:
…
dockerroot:x:994:
printadmin:x:993:
test_group:x:5008:
students_group:x:5009:amy
```

2. 组账户密码配置文件/etc/gshadow

/etc/gshadow 文件用于保存组账户密码。/etc/gshadow 文件中的每行都保存一个组账户密码,每行都由冒号分隔成 4 个字段,基本格式如下。

组名:组密码:组管理员:组内用户列表

/etc/gshadow 文件中各字段编号、名称及对应的含义如表 4-7 所示。

表 4-7  /etc/gshadow 文件中各字段编号、名称及对应的含义

| 字段编号 | 字段名称 | 含义 |
| --- | --- | --- |
| 1 | 组名 | 用户组名称 |
| 2 | 组密码 | 用户组加密后的密码 |
| 3 | 组管理员 | 用户组管理员 |
| 4 | 组内用户列表 | 多个用户之间使用逗号分隔 |

示例 2:

```
[root@centos7 ~]# cat /etc/gshadow
root:::
bin:::
daemon:::
…
dockerroot:!::
printadmin:!::
test_group:!::
students_group:!::amy
```

## 4.2.3 /etc/sudoers 文件和 visudo 命令

/etc/sudoers 文件是 sudo 命令的配置文件。可以在/etc/sudoers 文件中配置 sudo 用户及其可执行的命令，对用户授权。

/etc/sudoers 文件具有特殊语法要求。使用 visudo 命令可以对/etc/sudoers 文件进行编辑。visudo 命令使用文本编辑器（一般为 vi 或 nano）打开文件，并提供语法检查等功能。

其语法如下。

```
visudo [选项]
```

visudo 命令常用的选项及对应的含义如下。

（1）-c：check-only 模式，检查语法错误。
（2）-f：指定/etc/sudoers 文件的位置。
（3）-h：显示帮助信息。
（4）-q：安静模式，不显示错误信息。
（5）-s：严格检查/etc/sudoers 文件的语法。

**示例 1**：使用 visudo 命令编辑/etc/sudoers 文件，给新用户授予 sudo 命令权限。

（1）输入 visudo 命令。

```
[root@centos7 ~]# visudo
```

（2）在输出结果中找到以下行。

```
## Allow root to run any commands anywhere
root    ALL=(ALL)       ALL
```

（3）在上述行下方添加一行。

```
username    ALL=(ALL)       NOPASSWD:ALL
```

在上述示例中，"username"可以被替换为想要授权的用户名；第一个"ALL"表示该规则适用于所有主机，可以被替换为特定主机名；"(ALL)"表示用户可以以任何身份执行命令，可以被替换为特定用户；最后一个"ALL"表示可以执行所有命令，可以被替换为特定命令。

为用户 amy 授权可以以任何身份执行所有命令的代码如下。

```
## Allow root to run any commands anywhere
root    ALL=(ALL)       ALL
amy     ALL=(ALL)       NOPASSWD:ALL
```

**示例 2**：检查/etc/sudoers 文件的语法。

```
[root@centos7 ~]# visudo -c
/etc/sudoers: 解析正确
```

## 4.3 用户操作

### 4.3.1 添加用户 useradd

**1．添加用户的注意事项**

在添加用户前有以下几个注意事项。

（1）需确定用户的默认组是否有特殊要求。
（2）需确定是否允许用户登录。
（3）需确定用户的密码策略。
（4）需确定用户的有效期。
（5）需确定用户的 UID 是否有特殊要求。

**2．useradd 命令**

Linux 使用 useradd 命令添加用户，需要超级管理员执行。

其语法如下。

```
useradd [选项] 用户名
```

useradd 命令常用的选项及对应的含义如表 4-8 所示。

表 4-8　useradd 命令常用的选项及对应的含义

| 选项 | 含义 |
| --- | --- |
| -u | 指定用户的 UID，不能和现有的 ID 冲突 |
| -g | 指定用户基本组。如果不指定用户基本组，那么会创建同名组并自动加入该组；在指定用户基本组时需要该组已经存在，如果存在同名组，那么必须使用-g 选项 |
| -G | 指定用户附加组，使用逗号分隔多个附加组 |
| -d | 指定用户的主目录。如果不指定用户的主目录，那么默认用户的主目录为"/home/用户名" |
| -c | 指定用户注释 |
| -M | 不建立主目录 |
| -s | 指定用户使用的 Shell |
| -r | 创建系统账户，没有主目录 |

**示例 1**：添加用户 Ben，使用用户默认配置。

```
[root@centos7 ~]# useradd Ben
[root@centos7 ~]# id Ben                    #查看用户信息
uid=1006(Ben) gid=1006(Ben) 组=1006(Ben)
```

useradd 命令没有任何输出结果。查看用户信息可以发现，用户 Ben 配置使用了操作系统的默认值（该用户还无法登录系统，需使用 passwd 命令为其设置密码）。

**示例 2**：添加用户 andy，并为用户配置其他属性。

设置用户登录 Shell 为/bin/sh，主目录为/home/Andy

```
[root@centos7 ~]# useradd -s /bin/sh -d /home/Andy andy
```

useradd 命令没有任何输出结果。

### 4.3.2　修改用户属性 usermod

usermod 命令用于修改用户的各项属性，如用户名、主目录、用户组和用户 Shell 等。

其语法如下。

```
usermod [选项] 用户名
```

usermod 命令常用的选项及对应的含义如表 4-9 所示。

表 4-9　usermod 命令常用的选项及对应的含义

| 选项 | 含义 |
| --- | --- |
| -u | 修改用户的 UID |
| -g | 修改用户所属的基本组 GID |
| -G | 修改用户附加组，使用逗号分隔多个附加组，覆盖原有的附加组 |
| -a | 追加更多附加组，必须和-G 选项组合使用追加附加组 |
| -md | 迁移主目录，必须和-d 选项一起使用，移动用户的主目录到新的位置 |
| -d | 指定用户的主目录的位置 |
| -c | 修改用户注释 |
| -s | 修改用户使用的 Shell |
| -l | 修改用户名，语法为"usermod -l 新用户名 原用户名" |
| -L | 锁定用户，语法为"usermod -L 用户名" |
| -U | 解锁用户 |

**示例**：将用户 andy 的 UID 改成 5001。

```
[root@centos7 ~]# usermod -u 5001 andy
```

usermod 命令没有任何输出结果。查看用户信息可以发现，用户 andy 的 UID 变成了 5001。

### 4.3.3　删除用户 userdel

userdel 命令用于删除用户。该命令不允许删除正在使用（正在登录）的用户。因此，在删除用户前需确保要删除的用户不是正在使用的用户。

其语法如下。

```
userdel [选项] 用户名
```

userdel 命令常用的选项及对应的含义如下。

-r：在删除用户时，一并删除用户的主目录。若不使用-r 选项，则在删除用户时，将会保留用户的主目录。

**示例 1**：在删除用户 Ben 时，不删除用户 Ben 的主目录。

```
[root@centos7 ~]# userdel Ben
```

userdel 命令没有输出任何信息。但是要注意的是，这种方式不会删除用户的主目录，若想在删除用户时一并删除用户的主目录，则需要使用-r 选项。

**示例 2**：在删除用户时，一并删除用户的主目录。

```
[root@centos7 ~]# userdel -r Ben
```

### 4.3.4　密码管理 passwd

#### 1．密码管理的注意事项

在添加用户后，默认没有设置密码，此时无法登录操作系统。只有使用 passwd 命令设置好密码后才可以登录操作系统。在使用 passwd 命令设置密码时，基于安全考虑，请尽量将密码设置得复杂一些，可以按照以下规则设置。

（1）密码长度大于 8 位。

（2）密码中包含大写字母、小写字母、数字及特殊字符等。

（3）密码设置得不规则一些。

只有超级管理员能更改任何用户密码，而普通用户只能更改自己的密码，没有更改其他用户密码的权限。

### 2．passwd 命令

passwd 命令用于设定或更改用户密码。

其语法如下。

```
passwd [选项] 用户名
```

在上述语法中，若不添加用户名，则修改当前用户的密码。如果以超级管理员的身份登录操作系统，那么可以指定要修改密码的用户。

passwd 命令常用的选项及对应的含义如表 4-10 所示。

表 4-10　passwd 命令常用的选项及对应的含义

| 选项 | 含义 |
| --- | --- |
| -d | 删除密码 |
| -s | 列出与密码相关的信息 |
| -l | 锁定密码 |
| -u | 解锁被锁定的密码 |

示例：使用 passwd 命令以超级管理员的身份更改用户 andy 的密码。

```
[root@centos7 ~]# passwd andy
更改用户 andy 的密码。
新的密码：
重新输入新的密码：
passwd：所有的身份验证令牌已经成功更新。
```

在输入一次新的密码后，还需重新输入一次新的密码，只有两次输入的密码相匹配，密码才会被修改成功。

## 4.4　用户组操作

在 Linux 中可以配置多个用户和用户组，一个用户可以加入多个用户组，用户与用户组是多对多的关系。

Linux 中关于权限的管控级别有两个，分别是针对用户的权限控制和针对用户组的权限控制。

例如，针对某个文件，可以控制用户的权限，也可以控制用户组的权限。

本节将介绍在 Linux 中进行用户组操作的常用命令。

### 4.4.1　创建用户组 groupadd

groupadd 命令用于创建指定组名的用户组。

其语法如下。

groupadd [选项] 组名

groupadd 命令常用的选项及对应的含义如下。

（1）-r：创建系统组，系统组的 GID 为 201~999。若不使用-r 选项，则创建自定义组（自定义组的 GID 大于或等于 1000）。

（2）-g <GID>：指定用户组的 GID。若不指定 GID，则 GID 默认从 1000 开始。

示例：使用 groupadd 命令创建用户组。

（1）创建一个 GID 为 5001、组名为 student 的用户组。

```
[root@centos7 ~]# groupadd -g 5001 student
```

groupadd 命令没有任何输出结果。

（2）查看/etc/group 文件末尾的内容.

```
[root@centos7 ~]# tail -1 /etc/group
...
student:x:5001:
```

可以看到，用户组 student 已经被创建，且 GID 为 5001。

### 4.4.2 修改用户组属性 groupmod

groupmod 命令用于修改用户组的相关属性。
其语法如下。

groupmod [选项] 组名

groupmod 命令常用的选项及对应的含义如下。

（1）-g gid：指定新的 GID。

（2）-n 新组名：指定新的组名。

示例 1：使用 groupmod 命令修改组名。

（1）将用户组 student 的组名修改为 student_new。

```
[root@centos7 ~]# groupmod -n student_new student
```

groupmod 命令没有任何输出结果。

（2）查看/etc/group 文件末尾的内容。

```
[root@centos7 ~]# tail -1 /etc/group
...
student_new:x:5001:
```

可以看到，用户组 student 的组名已经被修改为 student_new。

示例 2：使用 groupmod 命令修改 GID。

（1）将用户组 student_new 的 GID 修改为 5555。

```
[root@centos7 ~]# groupmod -g 5555 student_new
```

groupmod 命令没有任何输出结果。

（2）查看/etc/group 文件末尾的内容。

```
[root@centos7 ~]# tail -1 /etc/group
...
```

```
student_new:x:5555:
```
可以看到，用户组 student_new 的 GID 已经被修改为 5555。

### 4.4.3 删除用户组 groupdel

groupdel 用于删除用户组。

其语法如下。

```
groupdel 组名
```

在使用 groupdel 命令删除用户组时有以下几个注意事项。

（1）该命令没有特殊选项，如果一个用户有基本组和附加组，那么只能删除附加组，不能删除基本组。

（2）如果要删除的用户组中还有用户，那么无法删除该用户组。只有先删除该用户组中的用户或变更用户基本组后，才能删除该用户组。

**示例 1**：删除含有用户的用户组 test_group。

```
[root@centos7 ~]# groupdel test_group
groupdel：不能移除用户"amy"的主组
```

可以看到，含有用户的用户组 test_group 无法被删除。

**示例 2**：删除不含用户的用户组 student_new。

```
[root@centos7 ~]# groupdel student_new
```

groupdel 命令没有任何输出结果。

### 4.4.4 管理组文件 gpasswd

gpasswd 命令用于管理组文件/etc/group。

其语法如下。

```
gpasswd [选项] 组名
```

gpasswd 命令常用的选项及对应的含义如表 4-11 所示。

表 4-11　gpasswd 命令常用的选项及对应的含义

| 选项 | 含义 |
| --- | --- |
| -a | 添加用户到指定用户组中 |
| -A | 设置组内管理员 |
| -d | 从指定用户组中删除指定用户 |
| -r | 删除指定用户组的密码 |

**示例**：将用户 david 添加到用户组 student 中。

```
[root@centos7 ~]# gpasswd -a david student
正在将用户"david"加入"student"组
```

### 4.4.5 切换基本组 newgrp

newgrp 命令用于切换基本组，即登录另一个组，在登录另一个组之前，需确保用户是该组成员。

其语法如下。

```
newgrp 组名
```

**示例**：使用 newgrp 命令将基本组切换为用户组 group_test。

（1）查看切换基本组前的用户信息。

```
[amy@centos7 ~]$ id
uid=5002(amy) gid=1008(student) 组=1008(student),1007(group_test)
```

可以看到，基本组的用户信息。

（2）切换基本组。

```
[amy@centos7 ~]$ newgrp group_test
```

newgrp 命令没有任何输出结果。

（3）查看切换基本组后的用户信息。

```
[amy@centos7 ~]$ id
uid=5002(amy) gid=1007(group_test) 组=1007(group_test),1008(student)
```

可以看到，在切换基本组前，用户 amy 的基本组为 student，使用 newgrp 命令切换后，基本组变成了 group_test。

## 4.5 用户与用户组管理

### 4.5.1 getent 命令

getent 的全称是 get entries from administrative database。getent 命令用于从系统数据库中查询信息，如查询当前系统中有哪些用户登录、查询文件记录等。

其语法如下。

```
getent database [key]
```

其中，database 表示要查询的数据库。从数据库中查询的信息一般都被存放在/etc 目录的文件中。例如，要查询所有用户信息，可以使用 passwd 数据库，信息被存放在/etc/passwd 文件中；要查询用户组信息，可以使用 group 数据库，信息被存放在/etc/group 文件中。

key 表示要查询的项。如果不提供 key，那么返回数据库中的所有项。

**示例 1**：使用 passwd 数据库查询所有用户信息。

```
[root@centos7 ~]# getent passwd
root:x:0:0:root:/root:/bin/bash
bin:x:1:1:bin:/bin:/sbin/nologin
daemon:x:2:2:daemon:/sbin:/sbin/nologin
…
dockerroot:x:997:994:Docker User:/var/lib/docker:/sbin/nologin
mysql:x:27:27:MySQL Server:/var/lib/mysql:/bin/false
```

在输出结果中，每行都表示一个用户信息，共有 7 个字段，即：

```
用户名:密码(x):UID:GID:描述信息:主目录:Shell
```

使用 passwd 数据库还可以查询特定用户信息，如查询用户 amy 的信息。

```
[root@centos7 ~]# getent passwd amy
amy:x:6001:5008:Amy:/home/Amy:/bin/bash
```

**示例 2**：使用 group 数据库查询用户组信息。

```
[root@centos7 ~]# getent group
root:x:0:
bin:x:1:
daemon:x:2:
…
dockerroot:x:994:
printadmin:x:993:
mysql:x:27:
```

在输出结果中，每行都表示一个用户组信息，共有 3 个字段，即：

```
组名:组认证(显示为x):GID
```

使用 group 数据库还可以查询特定用户组信息，如查询用户组 test_group 的信息。

```
[root@centos7 ~]# getent group test_group
test_group:x:5008:
```

除此之外，使用 getent 命令还可以查询主机信息和网络服务信息等。

**示例 3**：查询系统中主机名和 IP 地址的对应关系信息。

```
getent hosts [hostname]        #hostname 表示指定主机名
```

**示例 4**：列出所有系统中的网络服务信息。

```
getent services [service]   #service 表示指定服务名
```

### 4.5.2 chmod 命令

chmod 命令用于修改文件访问权限。chmod 命令的使用方法有两种：文字（字符）设定法和数字设定法。

#### 1．文字设定法

其语法如下。

```
chmod [ugoa] [+|-|=] [mode] 文件名
```

其中，操作对象[ugoa]表示用户类型，可以为选项中的任意一个字母或字母的组合。用户类型及对应的含义如表 4-12 所示。

表 4-12　用户类型及对应的含义

| 用户类型 | 含义 |
| --- | --- |
| u | 用户（user），表示文件所有者 |
| g | 同组用户（group），表示与文件所有者有相同 GID 的所有用户 |
| o | 其他用户（others） |
| a | 所有用户（all），为系统默认值 |

操作符及对应的含义如表 4-13 所示。

表 4-13 操作符及对应的含义

| 操作符 | 含义 |
|---|---|
| + | 添加某个权限 |
| - | 取消某个权限 |
| = | 赋予指定权限，若有其他权限，则一并取消其他所有权限 |

[mode]表示的权限及对应的含义如表 4-14 所示。

表 4-14 [mode]表示的权限及对应的含义

| 权限 | 含义 |
|---|---|
| r | 可读 |
| w | 可写 |
| x | 可执行。追加条件：目标文件对某些用户是可执行的或该目标文件为目录 |
| s | 在文件执行时把进程所有者或 GID 设置为该文件所有者。可以使用 us 权限设置文件的用户 ID 位，使用 gs 权限设置 GID 位 |
| t | 保存程序的文本到交换设备上 |
| u | 与文件所有者拥有相同的权限 |
| g | 与文件所有者同组的用户拥有相同的权限 |
| o | 与其他用户拥有相同的权限 |

**示例 1**：使用 chmod 命令的文字设定法改变文件访问权限。

（1）使用 ls 命令中的-l 选项查看 file_amy.txt 文件的权限。

```
[root@centos7 ~]# ls -l file_amy.txt
-rw-r--r-- 1 root root 0 8月 23 11:20 file_amy.txt
```

可以看到，从第 2 个字符开始，以 3 个字符为一组，按顺序分别表示文件所有者的 rwx 权限、所属组的 rwx 权限，以及其他用户的 rwx 权限。具体权限含义将会在 4.6.3 节介绍。

（2）更改 file_amy.txt 文件的权限：为文件所有者加上 x 权限，为文件所属组加上 w 权限，并减去其他用户的 r 权限。

```
[root@centos7 ~]# chmod u+x,g+w,o-r file_amy.txt
```

chmod 命令没有任何输出结果。

（3）使用 ls 命令中的-l 选项查看 file_amy.txt 文件的权限是否发生改变。

```
[root@centos7 ~]# ls -l file_amy.txt
-rwxrw---- 1 root root 0 8月 20 11:20 file_amy.txt
```

可以看到，file_amy.txt 文件的所有者增加了 x 权限，所属组增加了 w 权限，其他用户的 r 权限被减去。

**示例 2**：使用 chmod 命令的文字设定法中的操作符"="改变文件访问权限。

（1）使用 ls 命令中的-l 选项查看 file_amy.txt 文件的权限。

```
[root@centos7 ~]# ls -l file_amy.txt
-rw-r--r-- 1 root root 0 8月 20 11:20 file_amy.txt
```

（2）设置所有用户对 file_amy.txt 文件只有 r 权限。

```
[root@centos7 ~]# chmod a=r file_amy.txt
```
chmod 命令没有任何输出结果。

(3) 使用 ls 命令中的-l 选项查看 file_amy.txt 文件的权限是否发生改变。

```
[root@centos7 ~]# ls -l file_amy.txt
-r--r--r-- 1 amy test_group 0 8月  20 11:20 file_amy.txt
```
可以看到，所有用户对 file_amy.txt 文件都只有 r 权限。

**2．数字设定法**

Linux 使用 0 表示关闭权限，使用 1 表示开启权限。数字设定法使用 3 个二进制位表示文件访问权限，比文字设定法更加简便。

其语法如下。

```
chmod [mode] 文件名
```

其中，[mode]表示数字的组合。在数字设定法的 3 个二进制位中，第 1 个二进制位表示 r 权限，第 2 个二进制位表示 w 权限，第 3 个二进制位表示 x 权限。设定好后需将其转化为十进制形式。具体转化原理将会在 4.6.3 节介绍。

除可以使用十进制形式计算之外，还可以使用八进制形式计算，无权限由 0 表示，x 权限由 1 表示，w 权限由 2 表示，r 权限由 4 表示。如果让文件同时具有 r 权限和 w 权限，那么 4（r）+2（w）=6（r 和 w）。其格式为 3 个八进制数，顺序是文件所有者（u）、与文件所有者同组用户（g）和其他用户（o）。

**示例 3**：使用 chmod 命令的数字设定法改变文件访问权限。

(1) 使用 ls 命令中的-l 选项查看 file_amy.txt 文件的权限。

```
[root@centos7 ~]# ls -l file_amy.txt
-rwxrw---- 1 root root 0 8月  23 11:20 file_amy.txt
```

(2) 更改 file_amy.txt 文件的权限：将文件所有者的权限改成 rw 权限，将文件所属组的权限改成 r 权限，将其他用户的权限改成 r 权限。

```
[root@centos7 ~]# chmod 644 file_amy.txt
```
chmod 命令没有任何输出结果。

(3) 使用 ls 命令中的-l 选项查看 file_amy.txt 文件的权限是否发生改变。

```
[root@centos7 ~]# ls -l file_amy.txt
-rw-r--r-- 1 root root 0 8月  23 11:20 file_amy.txt
```

可以看到，file_amy.txt 文件所有者的权限为 rw 权限，文件所属组的权限为 r 权限，其他用户的权限为 r 权限。

### 4.5.3　chown 命令

chown 的全称是 change owner。该命令用于更改文件所有者和所属组。

其语法如下。

```
chown [选项] [用户:组] 文件名
```

chown 命令常用的选项及对应的含义如表 4-15 所示。

表 4-15  chown 命令常用的选项及对应的含义

| 选项 | 含义 |
| --- | --- |
| -c | 当文件所有者或所属组发生变化时,显示变化的详细信息 |
| -f | 不显示任何错误信息,变成静默模式 |
| -h | 改变软链接本身的所有者和所属组的信息,不改变软链接所指向文件的所有者和所属组的信息 |
| -R | 递归地改变指定目录及其目录中所有子目录、文件所有者,可以一次性改变同一目录中的文件所有者 |
| -v | 显示执行命令所做的工作,详细说明文件访问权限的变化情况 |

(1)用户:组:指定文件新的所有者和所属组。":组"可以省略,若省略,则只改变文件所有者的信息,不改变文件所属组的信息。用户可以是用户名或用户 ID,同理,组可以是组名或者 GID。

(2)文件名:指定改变的所有者和所属组的文件。

**示例 1**:改变文件所有者。

(1)将 file_amy.txt 文件的所有者变成用户 amy。

```
[root@centos7 ~]# chown -v amy file_amy.txt
changed ownership of "file_amy.txt" from root to amy
```

(2)使用 ls 命令中的-l 选项查看 file_amy.txt 文件的所有者。

```
[root@centos7 ~]# ls -l file_amy.txt
-rw-r--r-- 1 amy root    0 8月  23 11:20 file_amy.txt
```

可以看到,file_amy.txt 文件的所有者变成了用户 amy。

**示例 2**:改变文件所有者和所属组。

(1)将 file_amy.txt 文件的所有者变成用户 amy,所属组变成 test_group。

```
[root@centos7 ~]# chown -v amy:test_group file_amy.txt
changed ownership of "file_amy.txt" from amy:root to amy:test_group
```

(2)使用 ls 命令中的-l 选项查看 file_amy.txt 文件的所有者和所属组。

```
[root@centos7 ~]# ls -l file_amy.txt
-rw-r--r-- 1 amy test_group 0 8月  23 11:20 file_amy.txt
```

可以看到,file_amy.txt 文件的所有者变成了用户 amy,所属组变成了 test_group。

### 4.5.4  chgrp 命令

chgrp 的全称是 change group。该命令用于更改指定文件所属组。chgrp 命令的使用方法与 chown 命令的使用方法类似,但是使用 chgrp 命令只能改变文件所属组。

其语法如下。

```
chgrp [选项] [组] 文件名
```

chgrp 命令常用的选项及对应的含义如表 4-16 所示。

表 4-16  chgrp 命令常用的选项及对应的含义

| 选项 | 含义 |
| --- | --- |
| -c | 显示文件所属组的变化情况 |
| -f | 不显示任何错误信息,变成静默模式 |
| -h | 改变软链接本身的所属组的信息,不改变软链接所指向文件的所有者和组信息 |

| 选项 | 含义 |
| --- | --- |
| -v | 显示执行命令所做的工作的详细过程 |
| -R | 递归地改变指定目录及其中所有子目录、文件所属组 |

（1）组：指定文件新的所属组。

（2）文件名：指定改变所有者和所属组的文件。

示例：改变文件所属组。

（1）将 file_amy.txt 文件的所属组变成 root。

```
[root@centos7 ~]# chgrp -v root file_amy.txt
changed group of "file_amy.txt" from test_group to root
```

（2）使用 ls 命令中的-l 选项查看 file_amy.txt 文件的所属组。

```
[root@centos7 ~]# ls -l file_amy.txt
-rw-r--r-- 1 amy root 0 8月  23 11:20 file_amy.txt
```

可以看到，file_amy.txt 文件的所属组变成了 root。

## 4.6 文件与文件夹权限

### 4.6.1 inode

#### 1. inode 概述

操作系统的文件数据被存储在块中，而文件元信息被存储在另一个区域中，这个存储文件元信息的区域就是 inode，意思为索引节点，也称 i 节点。

inode 中包含许多文件元信息，如文件类型、文件大小（字节数）、所属用户 ID、所属 GID、文件的 rwx 权限、文件读取或修改的时间戳、链接数量（有多少文件指向这个 inode）等。

每个文件都有一个 inode，Linux 使用 inode 号码（inode_num）识别不同的文件，通过 inode 号码获取 inode 信息，并根据 inode 信息找到文件数据所在的块，读取数据。

#### 2. 查看 inode 号码的相关命令

1）stat 命令

stat 命令用于显示文件或文件系统详细的状态信息。

其语法如下。

```
stat 文件名
```

示例 1：使用 stat 命令查看 inode 号码。

```
[root@centos7 ~]# stat test_inode.txt
  文件："test_inode.txt"
  大小：16           块：8          IO 块：4096   普通文件
设备：fd01h/64769d    Inode：135844     硬链接：1
权限：(0644/-rw-r--r--)  Uid: (    0/    root)   Gid: (    0/    root)
最近访问：2024-08-23 17:32:48.711587501 +0800
最近更改：2024-08-23 17:32:48.711587501 +0800
```

```
最近改动：2024-08-23 17:32:48.711587501 +0800
创建时间：-
```

根据输出结果可以看到 inode 号码。

2）ls 命令

在使用 ls 命令中的-li 选项查看的文件信息中，每行的第 1 列数字就是 inode 号码。

**示例 2**：使用 ls 命令查看 inode 号码。

```
[root@centos7 ~]# ls -li
总用量 224
131121 -rw-r--r-- 1 root root  1948 7月 29 13:45 123.c
131118 -rw-r--r-- 1 root root    12 7月 25 15:43 abc.c
…
394034 drwxrwxrwx 2 root root  4096 6月  6 08:49 test
131095 -rwxr-xr-x 1 root root  8408 4月 24 18:55 test1
…
```

根据输出结果可以看到 inode 号码。

### 4.6.2 ugo 和 a

在 4.5.2 节中有提到，有 4 种用户类型：u、g、o 和 a。它们定义了文件的访问权限，控制对文件执行操作的对象。文件所有者分成以下 3 种。

（1）user：表示文件或目录的创建者或所有者。

（2）group：表示与文件所有者有相同 GID 的所有用户。

（3）others：其他用户，表示既不是文件的创建者，又不是文件所属组中的成员，而是系统中的其他用户。

除此之外，还有 all，表示所有用户，使用 a 表示。

ugo 是 user、group、others 的首字母的组合，表示可以对文件进行读、写，以及对文件执行操作的对象。

### 4.6.3 rwx 权限

**1．rwx 权限概述**

Linux 拥有一系列权限，主要为用户的安全服务。普通文件和目录拥有 rwx 权限。

rwx 权限对普通文件和目录的作用如表 4-17 所示。

表 4-17　rwx 权限对普通文件和目录的作用

| rwx 权限 | 对文件的作用 | 对目录的作用 |
| --- | --- | --- |
| r | 可读取文件中的内容 | 可读取目录结构列表，查看目录中的文件名和目录名，执行 ls 命令 |
| w | 可编辑、修改或增加文件中的内容，如执行 vim | 可对目录中的文件或子目录进行新建、删除、修改和位置移动，如执行 touch、mkdir、rm 等命令 |
| x | 可执行文件 | 可进入目录（不能直接运行目录） |

文件访问权限都由 10 个字符确定。

第 1 个字符表示文件类型,其中"d"表示目录文件,"-"表示文件,"l"表示链接文件,"b"表示块设备文件。

从第 2 个字符开始,以 3 个字符为一组,按顺序分别表示文件所有者(u)的 rwx 权限、所属组(g)的 rwx 权限,以及其他用户(o)的 rwx 权限。rwx 权限位上的"-"表示没有该项权限。

**示例**:使用 ll 命令或 ls 命令中的-l 选项显示文件属性,以及文件所有者和所属组。

```
[root@centos7 ~]# ll
总用量 224
-rw-r--r-- 1 root root   1948 7月  29 13:45 123.c
-rw-r--r-- 1 root root     12 7月  25 15:43 abc.c
…
drwxrwxrwx 2 root root   4096 6月   6 08:49 test
drwxr-xr-x 1 root root   8408 4月  24 18:55 test1
…
```

可以看到,test1 文件访问权限的表达方式是 drwxr-xr-x,表明 test1 是目录文件,文件所有者的权限是 rwx 权限,文件所属组的权限是 rx 权限,其他用户的权限是 rx 权限。文件类型和权限的含义如图 4-1 所示。

| 文件类型 | 文件所有者的权限 | 文件所属组的权限 | 其他用户的权限 |
|---|---|---|---|
| d | rwx | rx | rx |
| 目录文件 | 读、写、执行 | 读、执行 | 读、执行 |

图 4-1  文件类型和权限的含义

**2. 使用数字表示 rwx 权限的原理**

对任意文件来说,其所有者的权限的全部可能组合为 8 种,可以使用数字表示 rwx 权限。其中:

(1)只有 r 权限,表示为"r--",二补码数为 100,转化为十进制数为 4。
(2)只有 w 权限,表示为"-w-",二补码数为 010,转化为十进制数为 2。
(3)只有 x 权限,表示为"--x",二补码数为 001,转化为十进制数为 1。

因此,r 权限使用 4 表示,w 权限使用 2 表示,x 权限使用 1 表示。

如果是属性的组合,那么将每个权限的值相加。rwx 权限组合如表 4-18 所示。

表 4-18  rwx 权限组合

| 权限 | 值 | 含义 |
|---|---|---|
| --- | 0 | 无权限 |
| --x | 1 | 只可执行 |

续表

| 权限 | 值 | 含义 |
| --- | --- | --- |
| r-- | 4 | 只读 |
| r-x | 5 | 可读且可执行 |
| rw- | 6 | 可读且可写 |
| rwx | 7 | 可读、可写且可执行 |

## 4.7 项目拓展

### 4.7.1 项目拓展 1

#### 1. 项目要求

（1）以超级管理员的身份登录操作系统。创建两个用户组，其中一个用户组为 test_group、GID 为 5008；另一个用户组为 students_group、GID 为 5009。

（2）添加一个用户 amy，其中 UID 为 6700、用户组为 test_group、附属组为 students_group、用户描述为 Amy、Shell 为/bin/bash、主目录为/home/Amy。

（3）查看用户 amy 的基本信息。

（4）为用户 amy 设置密码。

（5）将用户 amy 的 UID 修改为 6001。

（6）切换用户为 amy。

（7）将基本组切换为 students_group。

（8）检查指定用户的相关信息是否修改成功。

#### 2. 项目步骤

（1）使用 groupadd 命令创建用户组 test_group，使用-g 选项定义 GID。

```
[root@centos7 ~]# groupadd -g 5008 test_group    #创建GID为5008的用户组
#test_group
```

同理，使用 groupadd 命令创建用户组 students_group，使用-g 选项定义 GID。

```
[root@centos7 ~]# groupadd -g 5009 students_group    #创建GID为5009的用户组
#test_group
```

（2）使用 useradd 命令添加用户 amy，根据项目要求确定选项。

```
[root@centos7 ~]# useradd -u 6700 -g test_group -G students_group -c "Amy" -s /bin/bash -d /home/Amy amy
```

（3）使用 getent 命令和 id 命令查看用户 amy 的基本信息。

```
[root@centos7 ~]# getent passwd amy
amy:x:6700:5008:Amy:/home/Amy:/bin/bash
[root@centos7 ~]# id amy
uid=6700(amy)         gid=5008(test_group)        组 =5008(test_group),5009(students_group)
```

（4）使用 passwd 命令为用户 amy 设置密码。

```
root@centos7 ~]# passwd amy
```
更改用户 amy 的密码。

新的密码：

重新输入新的密码：

passwd：所有的身份验证令牌已经成功更新。

（5）使用 usermod 命令中的-u 选项将用户 amy 的 UID 修改为 6001。

```
[root@centos7 ~]# usermod -u 6001 amy
```

（6）使用 su 命令切换用户为 amy。

```
[root@centos7 ~]# su - amy
```

（7）使用 newgrp 命令将基本组切换为 students_group。

```
[amy@centos7 ~]$ newgrp students_group
```

（8）使用 id 命令查看指定用户的相关信息是否修改成功。

```
[amy@centos7 ~]$ id
uid=6001(amy) gid=5009(students_group) groups=5009(students_group),5008(test_group)
```

### 4.7.2　项目拓展 2

#### 1．项目要求

（1）添加用户 user1。

（2）创建 user_file.txt 文件。

（3）查看文件访问权限、所有者等信息。

（4）修改文件所有者的权限为 rwx 权限，文件所属组的权限为 rx 权限，其他用户的权限为 rx 权限。

（5）修改文件所有者为用户 user1。

（6）检查 user_file.txt 文件是否修改成功。

#### 2．项目步骤

（1）使用 useradd 命令添加用户 user1。

```
[root@centos7 ~]# useradd user1
```

（2）使用 touch 命令创建 user_file.txt 文件。

```
[root@centos7 ~]# touch user_file.txt
```

（3）使用 ls 命令中的-l 选项查看文件访问权限、所有者等信息。

```
[root@centos7 ~]# ls -l user_file.txt
-rw-r--r-- 1 root root 0 9月  3 16:23 user_file.txt
```

（4）使用 chmod 命令的文字设定法修改文件访问权限。

```
[root@centos7 ~]# chmod u+x,g+wx user_file.txt
```

也可以使用数字设定法修改文件访问权限。

```
[root@centos7 ~]# chmod 774 user_file.txt
```

（5）使用 chown 命令修改文件所有者为用户 user1。

```
[root@centos7 ~]# chown user1 user_file.txt
```

（6）使用 ls 命令中的-l 选项检查 user_file.txt 文件是否修改成功。

```
[root@centos7 ~]# ls -l user_file.txt
-rwxrwxr-- 1 user1 root 0 9月  3 16:23 user_file.txt
```

## 4.8 本章练习

**一、选择题**

1. 修改文件访问权限的命令是（　　）。
   - A．chmod
   - B．chown
   - C．chgrp
   - D．chsh

2. sudo 命令根据（　　）文件判断授权的用户。
   - A．/etc/sudo
   - B．/etc/sudoers
   - C．/etc/login.defs
   - D．/etc/login

3. 创建用户组的命令是（　　）。
   - A．addgroup
   - B．adduser
   - C．groupadd
   - D．useradd

4. 以下关于 su 命令和 sudo 命令的说法正确的是（　　）。
   - A．在使用 su 命令切换用户时需要知道当前用户的密码
   - B．在使用 sudo 命令切换用户时需要知道当前用户的密码
   - C．若当前用户为超级管理员，则在切换用户时必须输入用户密码
   - D．所有用户都可以使用 sudo 命令切换，不需要授权

5. Linux 文件的权限由 10 个字符确定，分成 4 段，第 4 段表示的内容是（　　）。
   - A．文件类型
   - B．文件所有者的权限
   - C．文件所属组的权限
   - D．其他用户的权限

6. 某文件的访问权限用数字表示为 764，说明（　　）。
   - A．文件所有者的权限是 r，文件所属组的权限是 rw，其他用户的权限是 rwx
   - B．文件所有者的权限是 rw，文件所属组的权限是 r，其他用户的权限是 rwx
   - C．文件所有者的权限是 rwx，文件所属组的权限是 r，其他用户的权限是 rw
   - D．文件所有者的权限是 rwx，文件所属组的权限是 rw，其他用户的权限是 r

**二、填空题**

1. 文件所有者分为_____、_____和_____。
2. 要删除用户 Tom 及其主目录，应使用的命令为_____。
3. 用于保存用户信息的配置文件是_____，用于保存用户密码的配置文件是_____。
4. Linux 中的超级管理员是_____，UID 是_____。

5．在切换用户时，使用_____命令需要知道待切换用户的密码；使用_____命令只需要知道用户自身的密码。

6．在文件访问权限中，可读权限用字母_____表示，可写权限用字母_____表示，可执行权限用字母_____表示。

### 三、简答题

1．在删除用户组时会将用户组中的用户一并删除吗？在删除用户组时有什么注意事项？

2．如何使用文字设定法和数字设定法，将 example.txt 文件的访问权限由 rw-r-----更改为 rwxrw-rw-？

### 四、上机实验

根据要求进行用户和用户组的管理。

（1）创建用户组 gtest1，设置 GID 为 5556；创建用户组 gtest2，设置 GID 为 5557。

（2）添加用户 david，并将该用户放入用户组 gtest1。

（3）将用户 david 的主目录修改为/home/tester，并将 GID 修改为用户组 gtest2 的 GID。

（4）删除用户 david、用户组 gtest1 和用户组 gtest2。

# 第 5 章

# Linux 系统管理

本章内容为系统管理员提供了一套完整的工具和方法，以高效地进行 Linux 管理。

首先，讲述了用于提高效率的常用的操作技巧，如使用快捷键。其次，介绍了软件的安装与卸载，涵盖了 tar、rpm、yum、wget 等命令的使用方法，并详细介绍了如何使用 systemctl 命令控制服务的启动、停止、重启和状态查询等。再次，讲解了网络操作与管理，包括 IP 地址配置、主机名配置，以及文件上传与下载的相关知识。最后，深入介绍了进程操作与管理，内容为如何使用 ps、kill、killall 等命令操作与管理进程。

## 5.1 常用的操作技巧

常用的操作技巧（快捷键、命令等）及对应的含义如表 5-1 所示。

表 5-1 常用的操作技巧及对应的含义

| 常用的操作技巧 | 含义 |
| --- | --- |
| Ctrl+c | 中断或强制停止 |
| Ctrl+d | 退出（登出） |
| history | 查看历史命令 |
| ! | 命令前缀，自动匹配上一个命令 |
| Ctrl+r | 搜索历史命令 |
| Ctrl+a | 将光标移动到命令的开始位置 |
| Ctrl+e | 将光标移动到命令的结束位置 |
| Ctrl+← | 将光标向左移动一个单词 |
| Ctrl+→ | 将光标向右移动一个单词 |
| Ctrl+l | 清屏、替换与聚合 |
| Tab | 一次可以补全命令<br>两次可以显示输入内容开头的所有内容 |
| PATH | 环境变量，配置文件 |
| USER | 当前用户 |
| Shell | 当前 Shell |

## 5.2 软件安装与卸载

Linux 中的软件安装与卸载通常包括使用 tar 命令进行压缩文件的打包与解压缩及软件包的安装与配置、使用 rpm 命令进行软件包的安装与配置、使用 yum 命令进行软件包的安装与配置，以及使用 wget 命令进行软件包的安装与配置等。

### 5.2.1 tar 打包与解压缩及安装与配置

**1．命令格式**

（1）打包的基本格式如下。

```
tar [选项] 打包文件名 打包内容
```

（2）解压缩的基本格式如下。

```
tar [选项] 解压缩包名
```

**2．命令选项**

tar 命令是一个在 UNIX 和类 UNIX 的操作系统中广泛使用的归档命令。它允许用户创建、查看、打包或解压缩文件。以下是 tar 命令中各选项的含义。

-c(create)：表示创建新的归档文件。如果不使用-c 选项，那么 tar 命令将添加文件到现有归档中。

-v(verbose)：表示详细模式。在使用-v 选项时，tar 命令会显示它正在处理的文件列表。

-f(file)：后面跟着的是要操作的归档文件。使用-f 选项可以指定归档文件。

-x(extract)：表示解压缩归档文件。在使用-x 选项时，tar 命令会从归档中提取文件。

-z(gzip)：表示使用 gzip 程序压缩归档文件。gzip 是一个压缩程序，通常用于压缩文件以节省空间。

-j(bzip2)：表示使用 bzip2 程序压缩归档文件。bzip2 也是一个压缩程序，通常提供比 gzip 更高的压缩率。

-C：允许指定打包或解压缩的目标目录。

在解压缩时，当使用 tar 命令解压缩 TAR 文件时，-C 选项后面跟着的目录是解压缩后的文件存放的位置。如果该目录不存在，那么 tar 命令会尝试创建它。

**示例 1：**

```
[root@centos~]#tar -xvf archive.tar.gz -C /path/to/directory
```

这个命令会将 archive.tar.gz 文件中的内容解压缩到/path/to/directory 目录中。

在打包时，当使用 tar 命令打包文件时，-C 选项后面跟着的目录是要打包的文件存放的目录。-C 选项通常与-cf 选项（创建打包文件）一起使用。

**示例 2：**

```
[root@centos~]#tar -cf archive.tar.gz -C /path/to/directory .
```

这个命令会将/path/to/directory 目录中的所有文件打包到 archive.tar.gz 文件中。注意，最后的"."表示当前目录中的所有文件。

在使用 tar 命令时，通常只需要使用一个压缩程序，而非同时使用多个压缩程序。例如，要想创建一个压缩的归档文件，可以使用 tar -cvzf archive_name.tar.gz files_to_compress。要想解压缩一个压缩的归档文件，可以使用 tar -xvzf archive_name.tar.gz。

### 3. 安装与配置 JDK

1) 卸载已有的 JDK

```
[root@centos~]#rpm -qa| grep java
[root@centos~]#rpm -e --nodeps java-1.8.0-openjdk-headless
[root@centos ~]#rpm -e --nodeps java-1.8.0-openjdk
[root@centos ~]#rpm -e --nodeps java-1.7.0-openjdk-headless
[root@centos ~]#rpm -e --nodeps java-1.7.0-openjdk
[root@centos ~]#yum -y remove  java-1.8.0-openjdk-headless
[root@centos ~]#yum -y remove  java-1.7.0-openjdk-headless
```

2) 卸载验证

```
[root@centos~]#java -version
-bash:/usr/bin/java:没有那个文件或目录
```

3) 安装新的 JDK

（1）使用 WinSCP 或 lrzsz 上传 jdk-8u11-linux-x64.tar.gz 软件包到 opt 文件夹中。

（2）解压缩 tar -xvzf jdk-8u11-linux-x64.tar.gz 软件包。

```
[root@centos~]#tar -xvzf   jdk-8u11-linux-x64.tar.gz #注意，版本不同，后面
#的解压缩对象名也不同
```

（3）连接 ln -s jdk1.8.0_11 jdk18。

```
[root@centos~]#ln -s  jdk1.8.0_11   jdk18
```

（4）编辑 vim/etc/profile，新增全局环境变量。

```
[root@centos~]#vim /etc/profile #请思考，还可以修改哪个文件
```

新增两行代码。

```
exportJAVA_HOME=/opt/jdk18export PATH=.:${JAVA_HOME}/bin:$PATH
```

（5）使新增的全局环境变量生效。

```
[root@centos~]#source/etc/profile#有必要时可以重启
```

（6）验证 java-version。

```
[root@centos~]#java-version[root@centos~]#echo $JAVA_HOME
```

## 5.2.2 rpm 安装与配置

Linux 中的 rpm 命令是用于安装、卸载、查询、验证和管理软件包的命令。它支持依赖性检查，确保安装软件时所有必需的软件包都已安装，同时允许用户配置软件包的设置，以适应特定的系统需求。

### 1. 命令格式

rpm 命令的基本格式如下。

```
rpm[选项][包名]
```

## 2．命令选项

-i：安装一个 rpm 包。
-U：升级一个已安装的 rpm 包。
-v：显示安装过程中的详细信息。
-h：显示进度并打印出哈希标记以显示安装进度。
-F：检查文件是否属于某个 rpm 包
-q：查询某个已安装的 rpm 包的信息。
-a：显示已安装的 rpm 包及其版本号。
-e：删除或卸载一个 rpm 包
-1：列出某个 rpm 包中的所有文件。

常用组合有 rpm -ivh 与 rpm -qa，其中 rpm -ivh 用于安装软件，rpm -qa 用于查询所有的已安装的软件信息。

## 3．命令示例

安装 example.rpm 包的代码如下。

```
rpm -ivh example.rpm
```

查询 httpd 包是否已安装的代码如下。

```
rpm -q httpd
```

列出 httpd 包中的所有文件的代码如下。

```
rpm -ql httpd
```

## 4．安装与配置 Nginx

1）下载 Nginx 的 rpm 包

可以从 Nginx 官网或其他可信的资源中获取 rpm 包。例如，使用 wget 命令下载 rpm 包。

```
[root@centos~]#wget http://nginx.org/packages/centos/7/noarch/RPMS/nginx-1.18.0-1.el7.ngx.noarch.rpm
```

注意，上面的 URL 是示例，实际的 URL 可能会根据 Nginx 版本和 Linux 发行版本的不同而存在差异。

2）使用 rpm 命令安装 Nginx

在下载完成后，使用以下命令安装 Nginx。

```
[root@centos~]# rpm -ivh nginx-1.18.0-1.el7.ngx.noarch.rpm
```

3）检查 Nginx 是否安装成功

在安装完成后，使用以下命令检查 Nginx 是否安装成功。

```
[root@centos~]# rpm -qa | grep nginx
```

如果 Nginx 安装成功，那么使用上述命令会列出已安装的 Nginx 包。

4）启动 Nginx 服务

使用以下命令启动 Nginx 服务。

```
[root@centos~]# systemctl start nginx
```

5）检查 Nginx 服务的状态

使用以下命令检查 Nginx 服务的状态。

```
[root@centos~]# systemctl status nginx
```

6）访问 Nginx Web 服务器

如果 Nginx 服务正在运行,那么可以在浏览器中通过输入服务器的 IP 地址或主机名来访问 Nginx Web 服务器。

7）配置 Nginx

Nginx 的配置文件为/etc/nginx/nginx.conf 文件。用户可以通过编辑这个文件来配置 Nginx 以满足需求。注意,如果用户的系统中还没有安装 systemd,那么可能需要使用 service 命令来管理 Nginx 服务。

```
[root@centos~]# service nginx start
[root@centos~]# service nginx status
```

### 5.2.3 yum 安装与配置

yum 最初是为 Red Hat Linux 和其衍生版（CentOS 等）设计的。

#### 1. 命令格式

yum 命令的基本格式如下。

```
yum  [选项] 软件名称
```

#### 2. 命令选项

yum 命令常用的选项有 install、list、info、search、remove、update。

yum 命令是一个用于管理软件包的命令。以下是 yum 命令中一些常用选项的解释。

（1）install：用于安装软件包。用户可以指定一个或多个软件包名,使用 install 选项会从配置的仓库中下载并安装这些软件包。

```
[root@centos~]#yum install package_name
```

（2）list：用于列出可用的软件包。用户可以通过使用 list 选项的子选项来过滤列表,如使用-all 子选项只列出所有软件包;使用-available 子选项只列出可以安装的软件包;使用-installed 子选项只列出已安装的软件包;使用-updates 子选项只列出有更新的软件包。

```
[root@centos~]#yum list installed
```

（3）info：用于显示有关软件包的详细信息,包括其名称、版本、描述、依赖关系等。

```
[root@centos~]#yum info package_name
```

（4）search：用于搜索软件包。用户可以输入关键词,使用 search 选项会列出包含这些关键词的软件包。

```
[root@centos~]#yum search keyword
```

（5）remove：用于删除已安装的软件包。使用 remove 选项会从系统中删除指定的软件包及其依赖项。

```
[root@centos~]#yum remove package_name
```

（6）update：用于更新已安装的软件包。使用 update 选项会检查所有已安装的软件包是否有更新，若有则安装这些有更新的软件包。

```
[root@centos~]#yum update
```

### 3. 命令示例

```
[root@centos~]#yum install epel-release -y

[root@centos~]#yum install oneko -y  #如图 5-1 所示

[root@centos~]#oneko

[root@centos~]#yum install sl -y #如图 5-2 所示

[root@centos~]#sl    #如图 5-2 所示

[root@centos~]#yum install xeyes -y #如图 5-3 所示

[root@centos~]#xeyes #如图 5-3 所示

[root@centos~]#sudo yum install nsnake -y

[root@centos~]#nsnake

[root@centos~]#sudo yum install boxes -y

[root@centos~]#echo "Tongji Univerisity" | boxes
[root@centos~]#echo "Tongji Univerisity" | boxes -d dog
```

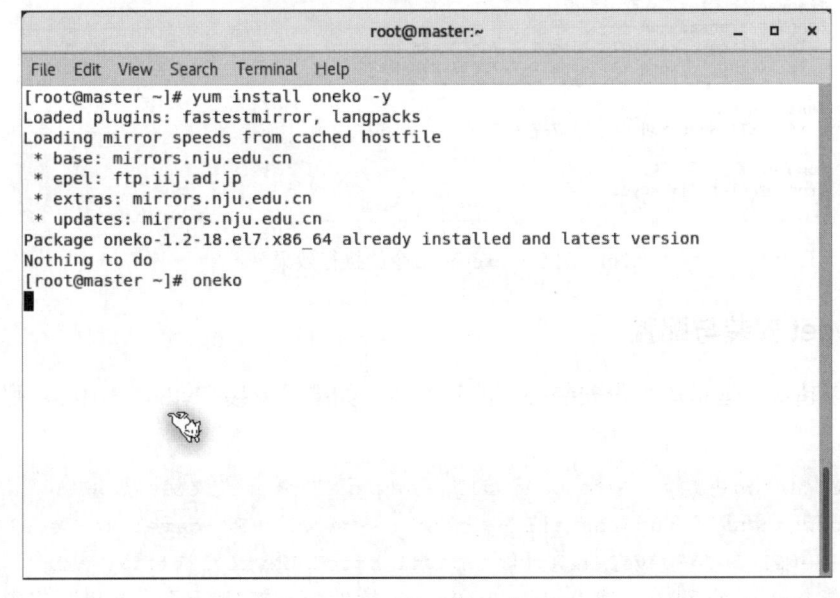

图 5-1　oneko 命令的执行效果

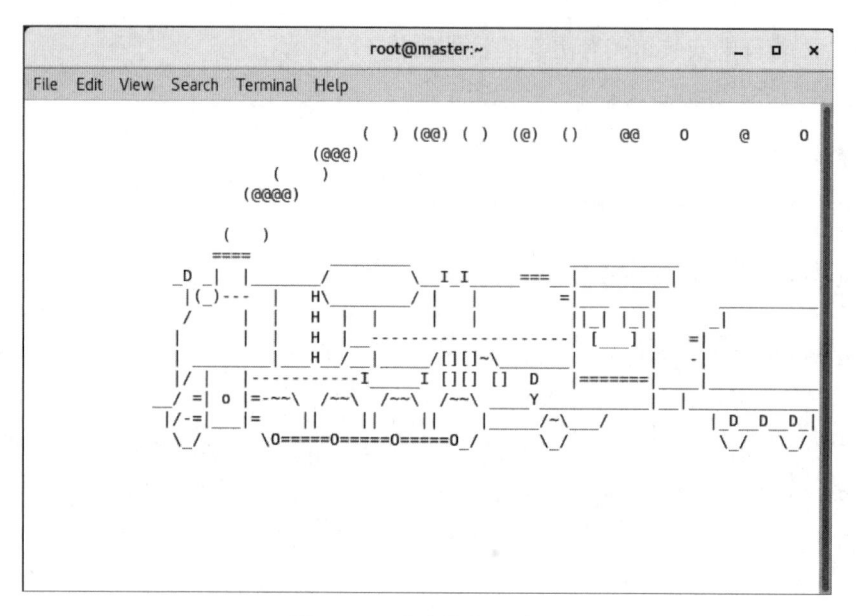

图 5-2  sl 命令的执行效果

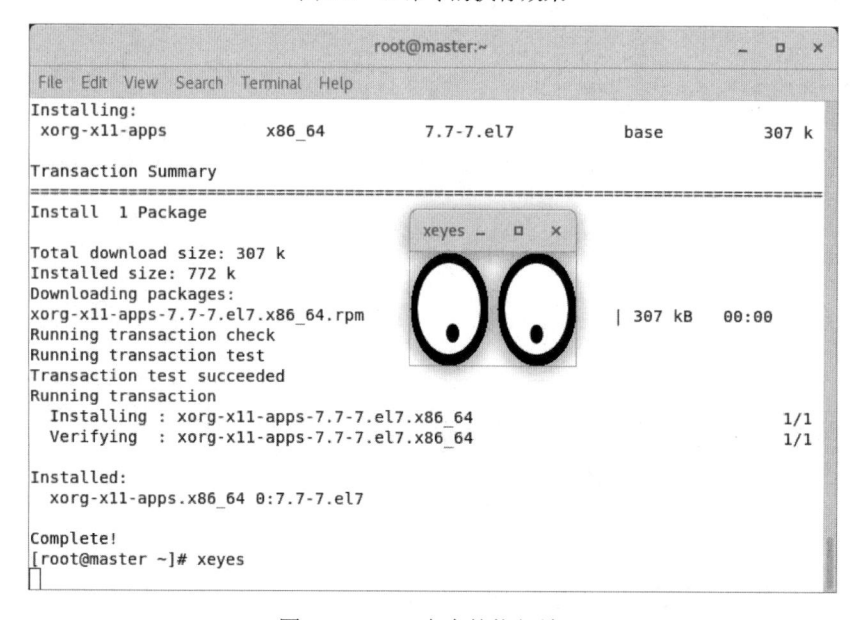

图 5-3  xeyes 命令的执行效果

## 5.2.4  wget 安装与配置

（1）以超级管理员的身份安装必要的软件包。如果已安装 Python 3.10.6，那么此步骤可以省略。

```
[root@centos~]# yum groupinstall -y "Development tools"
[root@centos~]# yum install -y ncurses-devel gdbm-devel xz-devel sqlite-devel tk-devel uuid-devel readline-devel bzip2-devel libffi-devel
```

（2）在 Python 官网中下载 Python-3.10.6.tgz 软件包，新建目录，下载源代码包并解压缩该包。

```
[root@centos~]# mkdir python
[root@centos~]# cd python
[root@centos~]# wget https://www.python.org/ftp/python/3.10.6/Python-3.10.6.tgz
[root@centos~]# tar - xzf Python-3.10.6.tgz
[root@centos~]# cd Python-3.10.6
```

（3）编译与安装。

```
[root@centos~]# ./configure
[root@centos~]# make
[root@centos~]# make install
```

这里使用默认配置安装，安装后可以在/usr/local/bin 目录中执行文件，下面将该目录添加到环境变量中。

```
bash
PATH=$PATH:$HOME/bin:/usr/local/bin
export PATH
```

重新载入环境变量。

```
[root@centos~]#source ~/.bash_profile
[root@centos~]#python
Python 3.10.6 (main, Sep 15 2024, 10:01:37) [GCC 4.8.5 20150623 (Red Hat 4.8.5-44)] on linux
Type "help", "copyright", "credits" or "license" for more information.
>>>
```

出现以上提示，表示 Python 3.10.6 安装完成。

## 5.3 systemctl 操作

Linux 中的 systemctl 命令是系统和服务管理命令，用于控制系统和服务的启动、停止、重启和状态查询等。它通过与 systemd 交互，提供了一种统一的方式来控制服务的启动、停止、重启和状态查询等。

**1. systemctl start[stop |status |disable |enable |restart ]服务和 systemctl list-unit-files**

systemctl start 服务：用于启动指定的系统服务。如果服务已经被配置为在启动时自动运行，那么使用此命令将确保服务正在运行。

systemctl stop 服务：用于停止正在运行的指定服务。使用此命令，将发送一个信号让服务安全地关闭。

systemctl status 服务：用于显示服务状态，包括服务是否正在运行、启动服务对系统启动的依赖情况、主进程的 PID（进程标识符），以及最近的日志条目。

systemctl disable 服务：用于禁用服务的自动启动。使用此命令，将修改系统的启动配置，使服务在下次系统启动时不会自动运行。这通常通过创建或修改/etc/systemd/system 目录中的软链接来实现。

systemctl enable 服务：与 systemctl disable 服务相反。使用此命令，将确保服务在重启系统后自动启动，通过在/etc/systemd/system 目录中创建必要的软链接来实现。

systemctl restart 服务：用于重启服务。使用此命令将先停止服务，再启动它。

systemctl list-unit-files：用于列出所有已安装的服务单元文件。使用此命令，将显示每个服务的状态。- enabled：服务已启动，会自动启动；- disabled：服务已禁用，不会自动启动；- enabled-runtime：服务仅在当前运行时启动，系统重启后不会自动启动；- disabled-runtime：服务在当前运行时被禁用；- indirect：服务由其他服务间接启动。

#### 2．系统管理补充——防火墙

防火墙是一种通过有机结合各类用于安全管理与筛选的软/硬件设备，帮助计算机在内网与外网之间构建一道相对隔绝的保护屏障，以保护用户资料与信息安全的技术。

在 CentOS 7 及以上版本中使用防火墙代替以前的 iptables。

```
[root@centos~]#systemctl status firewalld.service  #查看防火墙状态
[root@centos~]#firewallsystemctl stop firewalld.service  #临时停止
[root@centos~]#systemctl disable firewalld.service  #禁止开机启动防火墙
```

#### 3．补充说明

```
firewall-cmd --state  #查看防火墙状态是否为 running
firewall-cmd --reload  #重新载入配置，如在添加规则之后，需要执行此命令
firewall-cmd --get-zones  #列出支持的 zone
firewall-cmd --get-services  #列出支持的服务
firewall-cmd --query-service ftp  #查看是否支持 FTP 服务
firewall-cmd --add-service=ftp  #临时开放 FTP 服务
firewall-cmd --add-service=ftp --permanent  #永久开放 FTP 服务
firewall-cmd --remove-service=ftp --permanent  #永久移除 FTP 服务
#开启一个端口的正确操作：
#添加 firewall-cmd --zone=public --add-port=80/tcp --permanent
#重新载入 firewall-cmd --reload
#查看 firewall-cmd --zone=public --query-port=80/tcp
#删除 firewall-cmd --zone=public --remove-port=80/tcp --permanent
```

## 5.4 网络操作与管理

Linux 中的网络操作与管理涉及 IP 地址配置、主机名配置，以及文件上传与下载，用于确保数据在网络中的有效流动和网络安全。

### 5.4.1 IP 地址配置

在命令行中可以进行 IP 地址配置。

```
[root@centos~]# vim /etc/sysconfig/network-scripts/ifcfg-eth0(ifcfg-en33)
#输入以下内容，保存并退出
BOOTPROTO=static

ONBOOT=yes

IPADDR=192.168.137.100

GATEWAY=192.168.137.2

DNS1=8.8.8.8
```

在图形化界面中也可以进行 IP 地址配置，如图 5-4 所示。

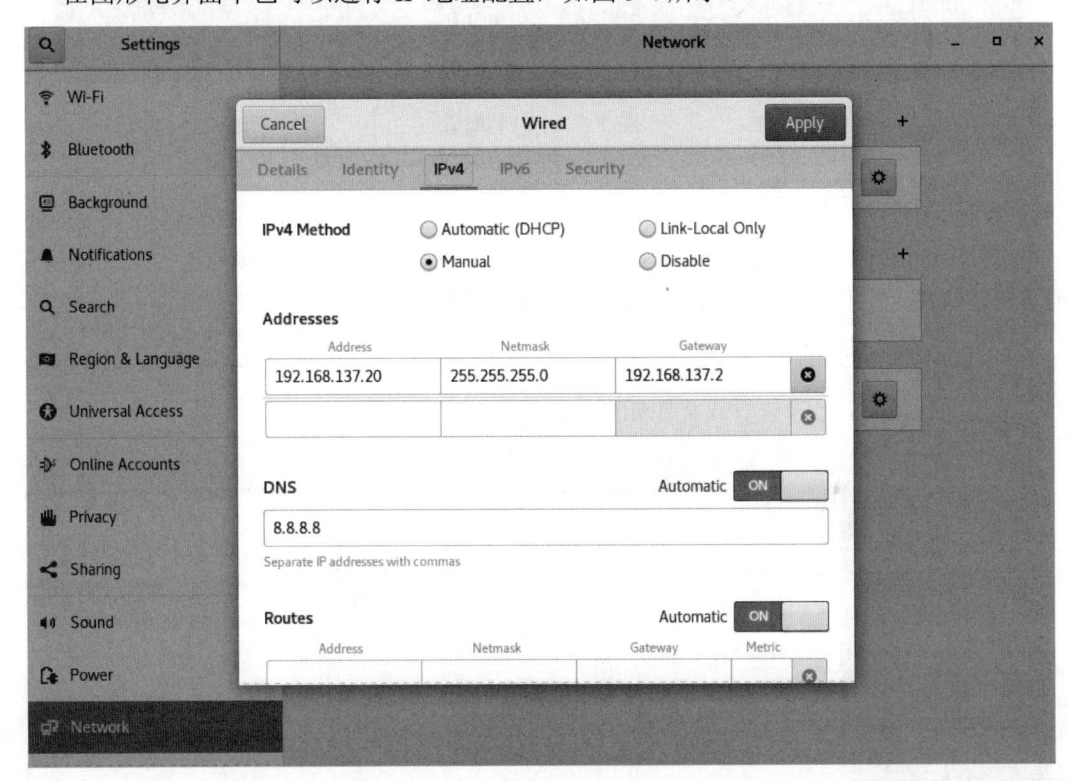

图 5-4 图形化界面中的 IP 地址配置

## 5.4.2 主机名配置

可通过修改/etc/hostname 文件来配置主机名。需要注意的是，在配置完主机名后，只有重启虚拟机操作系统后才会生效。

```
[root@centos7~]#vim /etc/hostname
#输入内容为
#主机名，如 titihost，如图 5-5 所示。
[root@centos7~]#reboot #重启后生效
```

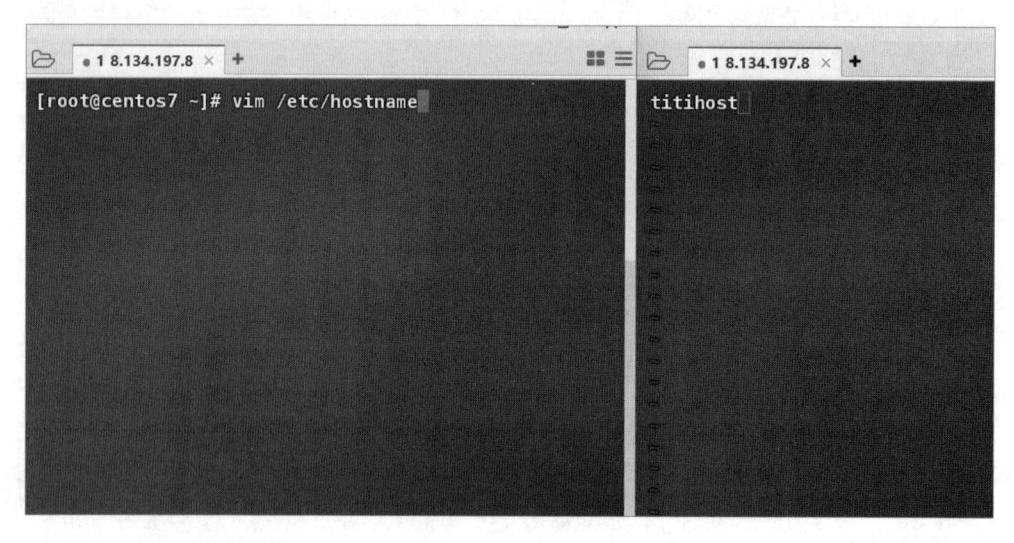

图 5-5 主机名配置

### 5.4.3 文件上传与下载

文件上传与下载通常使用 FinalShell 或 WinSCP 来实现。这些工具通过 SSH 协议来安全地传输文件，确保数据传输过程中的安全性和便捷性。

**1. 使用 FinalShell**

使用 FinalShell 上传与下载文件如图 5-6 所示。

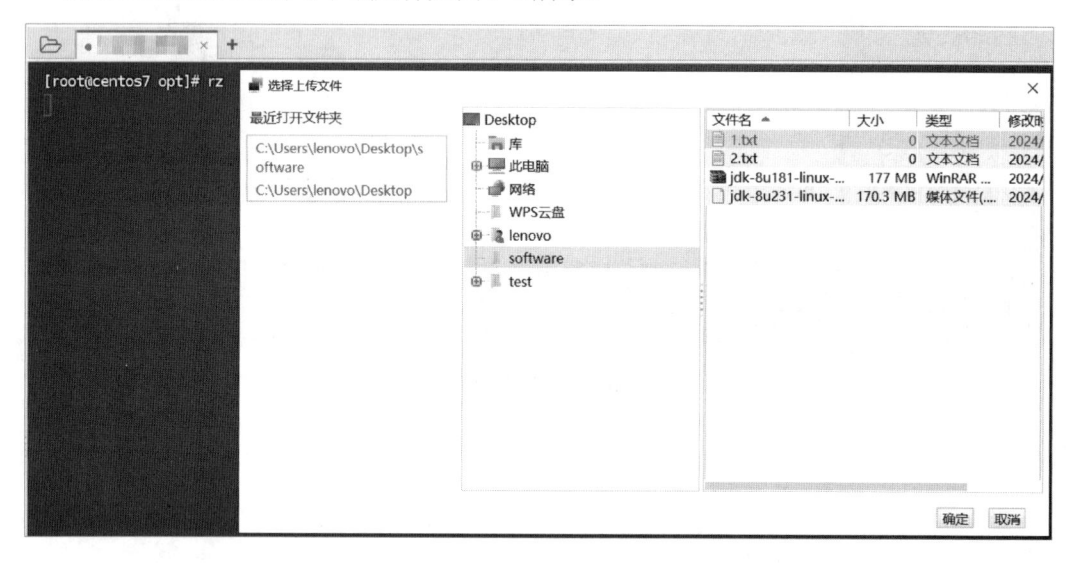

图 5-6 使用 FinalShell 上传与下载文件

**2. 使用 WinSCP**

使用 WinSCP 上传与下载文件如图 5-7 所示。

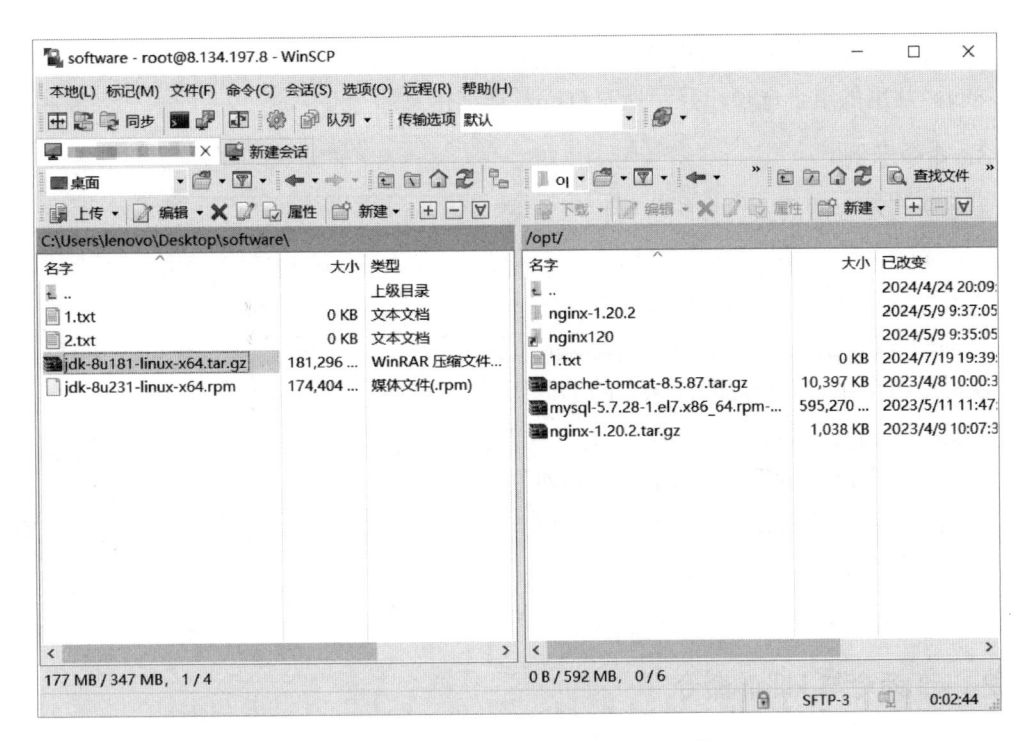

图 5-7　使用 WinSCP 上传与下载文件

## 5.5　进程操作与管理

对于 Linux 中的进程操作与管理，使用 ps 命令查看进程状态，使用 kill 命令向特定进程发送信号以终止，使用 killall 命令终止所有匹配名称的进程，使用 top 命令实时监控系统资源和进程活动，实现对系统性能的监控和进程的有效管理。下面介绍 ps 命令、kill 命令和 killall 命令。

### 5.5.1　ps 命令

#### 1．命令格式

ps 命令的基本格式如下。

```
ps [选项]
```

#### 2．命令选项

-a：显示所有进程。
-u：按用户显示进程。
-p：按指定 PID 显示进程。
-x：显示没有控制终端的进程。
-f：显示完整格式。
-l：显示长格式，与-f 选项的功能类似，但会显示更多信息。
-e：显示所有进程，包括其他用户的进程。

--forest：以树形结构显示进程之间的关系。

-aux：常用的组合选项，显示所有进程及详细信息。

### 3．命令示例

显示所有进程的简要信息的示例代码如下。

```
[root@centos~]#ps -ef
```

按用户显示进程的示例代码如下。

```
[root@centos~]#ps -u root
```

以树形结构显示进程之间的关系的示例代码如下。

```
[root@centos~]#ps --forest
```

显示所有进程及详细信息的示例代码如下。

```
[root@centos~]#ps -aux
```

按指定 PID 显示进程的示例代码如下。

```
[root@centos~]#ps -p PID
```

## 5.5.2 kill 命令与 killall 命令

### 1．kill 命令

kill 命令的基本格式如下。

```
kill PID
```

要终止一个名为 sshd 的系统进程，需要找到这个进程的 PID。可以使用 ps -ef 命令来查找，具体代码如下。

```
[root@centos~]#ps -ef | grep sshd    #找到sshd的PID
```

要终止一个名为 myprocess 的进程，需要找到这个进程的 PID。可以使用 ps 命令来查找，具体代码如下。

```
[root@centos~]# ps -aux | grep myprocess
```

使用这个命令会显示所有名为 myprocess 的进程及它们的详细信息。假设找到了进程的 PID，其是 1234，可以使用 kill 命令发送 SIGTERM 信号，这是一个让进程安全退出的信号，具体代码如下。

```
[root@centos~]# kill 1234 或 [root@centos~]#kill -9 1234
```

其中，kill -9 表示强制杀死进程，不给出任何提示信息。

### 2．killall 命令

假设想要杀死所有名为 myprocess 的进程，不论它们在哪个用户下运行，都可以使用以下代码实现。

```
[root@centos~]# killall myprocess
```

或

```
[root@centos~]# killall -9 myprocess
```

注意，在使用 kill 命令和 killall 命令时，可能需要相应的权限。如果用户是普通用户，那么用户只能杀死属于自己的进程。如果用户是超级管理员或使用了 sudo 命令,那么用户可以杀死系统中的所有进程。在使用 kill 命令和 killall 命令时要谨慎,这是因为强制杀死进程可能导致数据丢失或其他问题。

## 5.6 项目拓展

### 1. 项目要求

安装与配置 MySQL,下面分别安装与配置 MySQL 5.7 和 MySQL 8.0。

### 2. 项目步骤

```
#安装 MySQL 5.7
#----------安装 MySQL 依赖
[root@centos~]#yum install perl net-tools -y
#----------卸载 mariadb
[root@centos~]#rpm -qa | grep mariadb
[root@centos~]#rpm -e --nodeps mariadb-libs-5.5.68-1.el7.x86_64
#----------查看 mariadb 是否卸载成功
[root@centos~]#rpm -qa | grep mariadb
#----------解压缩 mysql-5.7.28-1.el7.x86_64.rpm-bundle.tar 软件包
[root@centos~]#tar -xvf mysql-5.7.28-1.el7.x86_64.rpm-bundle.tar
#----------安装 MySQL
[root@centos~]#rpm -ivh mysql-community-common-5.7.28-1.el7.x86_64.rpm
[root@centos~]#rpm -ivh mysql-community-libs-5.7.28-1.el7.x86_64.rpm
[root@centos~]#rpm -ivh mysql-community-client-5.7.28-1.el7.x86_64.rpm
[root@centos~]#rpm -ivh mysql-community-server-5.7.28-1.el7.x86_64.rpm
#----------启动 MySQL
[root@centos~]#systemctl start mysqld
#----------查找密码并登录 MySQL
[root@centos~]#cat /var/log/mysqld.log | grep password
[root@centos~]#mysql -u root -p

#----------修改密码
sql>set global validate_password_policy=LOW;
sql>set global validate_password_length=6;
sql>alter user root@localhost identified by '123456';
#----------修改链接地址
sql>use mysql;
sql>update user set host='%' where user = 'root';
sql>commit;
sql>exit;
[root@centos~]#systemctl restart mysqld;
#----------使用 Navicat 连接 MySQL,或使用 Webyog SQLyog Ultimate 12.0.8.0.rar
#软件包连接 MySQL
```

```
#======================8.0========
#安装 MySQL 8.0
#----------安装 MySQL 依赖
[root@centos~]#yum install perl net-tools -y
#----------卸载 mariadb
[root@centos~]#rpm -qa | grep mariadb
[root@centos~]#rpm -e --nodeps mariadb-libs-5.5.68-1.el7.x86_64
#----------安装 MySQL
[root@centos~]#tar -xvf mysql-8.0.18-1.el7.x86_64.rpm-bundle.tar
[root@centos~]#rpm -ivh mysql-community-common-8.0.18-1.el7.x86_64.rpm
[root@centos~]#rpm -ivh mysql-community-libs-8.0.18-1.el7.x86_64.rpm
[root@centos~]#rpm -ivh mysql-community-client-8.0.18-1.el7.x86_64.rpm
[root@centos~]#rpm -ivh mysql-community-server-8.0.18-1.el7.x86_64.rpm
#----------修改密码
sql>set global validate_password.policy=LOW;
sql>set global validate_password.length=6;
#----------更改加密方式
sql>ALTER USER 'root'@'localhost' IDENTIFIED BY '123456' PASSWORD EXPIRE NEVER;
#----------更新用户密码
sql>ALTER USER 'root'@'localhost' IDENTIFIED WITH mysql_native_password BY '123456';
#----------刷新权限
sql>FLUSH PRIVILEGES;
#----------修改链接地址
sql>use mysql;
sql>update user set host='%' where user = 'root';
sql>commit;
sql>exit;
sql>systemctl restart mysqld;
#----------使用 Navicat 连接 MySQL 或使用 Webyog SQLyog Ultimate 12.0.8.0.rar
#软件包连接 MySQL
```

## 5.7 本章练习

一、选择题

1. 在需要强制停止正在运行的进程时,应该按快捷键（　　）。
   A. Ctrl + a　　　　B. Ctrl + c　　　　C. Ctrl + d　　　　D. Ctrl + l
2. 要退出当前终端会话,应该按快捷键（　　）。
   A. Ctrl + a　　　　B. Ctrl + c　　　　C. Ctrl + d　　　　D. Ctrl + l
3. 要想查看之前执行过的命令,应该使用（　　）命令。
   A. ls　　　　　　　B. cd　　　　　　　C. history　　　　　D. pwd

4．按快捷键（　　）可以快速搜索之前执行过的命令。

　　A．Ctrl + a　　　　B．Ctrl + c　　　　C．Ctrl + r　　　　D．Ctrl + l

5．当需要将光标移动到命令行的开始位置时，应该按快捷键（　　）。

　　A．Ctrl + a　　　　B．Ctrl + c　　　　C．Ctrl + l　　　　D．Ctrl + r

6．在使用 yum 命令安装软件时，以下用于查看软件的详细信息而非安装软件的命令是（　　）。

　　A．install　　　　B．info　　　　C．remove　　　　D．update

7．如果需要重启一个服务，那么应该使用 systemctl 命令加上参数（　　）。

　　A．start　　　　B．stop　　　　C．restart　　　　D．status

8．当使用 wget 命令下载一个文件时，以下允许在下载完成后继续留在终端，而不是自动退出的选项是（　　）。

　　A．-q　　　　B．-v　　　　C．-b　　　　D．-c

9．要想查看当前系统的 IP 地址，应该使用（　　）命令。

　　A．ifconfig　　　　B．hostname　　　　C．netstat　　　　D．route

10．要找出占用 CPU 资源最多的进程，应该使用（　　）命令。

　　A．ps　　　　B．kill　　　　C．top　　　　D．killall

## 二、填空题

1．按快捷键_____可以快速退出当前终端会话。

2．当需要清屏时，可以按快捷键_____或使用_____命令。

3．环境变量_____用于存储用户名。

4．使用_____命令可以查看当前系统的进程状态。

5．使用_____命令可以查看当前系统的网络配置。

## 三、判断题

1．ps 命令用于显示系统中所有进程的状态，包括那些不属于当前用户的进程。（　　）

2．环境变量 PATH 用于指定系统搜索可执行文件的目录。（　　）

3．kill 命令只能用于终止进程，不能用于发送其他类型的信号。（　　）

4．systemctl 命令不能用于查看服务的状态。（　　）

5．使用 tar -xvf 命令可以解压缩 TAR 文件。（　　）

## 四、简答题

1．解释 systemctl 命令的基本用途。

2．描述如何使用 yum 命令安装一个软件包。

3．解释环境变量 PATH 的作用及重要性。

4．简要介绍什么是进程管理并列举至少 3 种进程管理的命令。

5．描述如何使用 wget 命令下载网络文件。

# 第 6 章

# Linux Shell 编程

通常情况下在命令行中输入一次命令就能够得到系统响应,当只有一个接着一个地输入命令才能够得到系统响应时,使用 Shell 脚本可以很好地解决这个问题。

## 6.1 Shell 入门

### 6.1.1 Shell 概述

#### 1. Shell 的概念

Shell 是一种具有特殊功能的软件,处于用户和操作系统之间,提供用户与操作系统进行交互的接口。换而言之,Shell 可以接收用户输入的命令,将命令送入操作系统中执行。操作系统接收用户输入的命令后调度硬件完成操作,并将结果返回给用户。用户、Shell、操作系统与硬件之间的关系如图 6-1 所示。

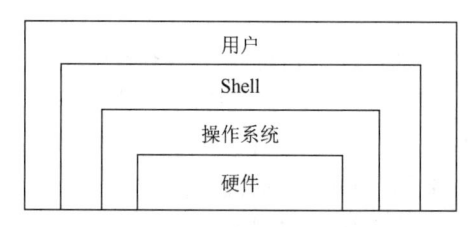

图 6-1 用户、Shell、操作系统与硬件之间的关系

Shell 在帮助用户与操作系统完成交互的过程中,还提供了解释功能。在传递命令时,Shell 将命令解释为二进制形式;在返回结果时,Shell 将结果解释为字符形式,因此 Shell 又被称为命令解释器。Shell 拥有内建的命令集,第 2 章中介绍的命令实际上都是该命令集中的命令。

总而言之,Shell 就是一种命令翻译工具。

#### 2. Shell 的分类

Linux 中 Shell 的种类有很多,常见的 Shell 有 Bourne Shell（sh）、C Shell（csh/tcsh）、Korn Shell（ksh/pdksh）、Bourne-Again Shell（bash）、Z Shell（zsh）。

1) Bourne Shell（sh）

sh 是 Linux/UNIX 最初使用的 Shell。sh 在 Shell 编程方面非常优秀，但在用户与操作系统的交互方面不如其他几种 Shell。

2) C Shell（csh/tcsh）

csh 由以 William Joy 为代表的共 47 位作者编写而成（tcsh 是 csh 的扩展）。因为 csh 的语法和 C 语言类似，所以 csh 被很多 C 语言程序员使用，这也是 csh 的由来。

csh 提供了友好的用户界面，且增强了与用户的交互功能，如作业控制、命令行历史和别名等。虽然 csh 的功能很强大，但它的运行速度非常慢。

3) Korn Shell（ksh/pdksh）

ksh 结合了 csh 的交互性，并融入了 sh 的语法，除此之外，ksh 还新增了一些功能，如数学计算、进程协作、行内编辑等。pdksh 是 ksh 的扩展，支持任务控制，可以在命令行中挂起、在后台执行、唤醒或终止程序。

4) Bourne-Again Shell（bash）

bash 是 sh 的扩展，在 sh 的基础上，bash 增加了许多特性且融合了 csh 和 ksh 的功能，如作业控制、命令行历史、支持任务控制等。相比 sh，bash 具有以下优势。

（1）支持使用方向键查阅、输入、修改命令。

（2）支持命令补齐功能。

（3）支持帮助功能，用户只要在 Shell 提示符位置输入"help"就可以得到相关的帮助信息。

bash 有非常灵活和强大的编程接口，同时有非常友好的用户界面，是 Linux 默认的 Shell。

5) Z Shell（zsh）

zsh 是 Linux 中最大的 Shell，包含 84 个内置命令。在完全兼容 bash 的同时，zsh 还有很多性能方面的提升，如更高效、更好的自动补全功能等。然而，zsh 需要手动安装，比较麻烦。一般的 Linux 都不会使用 zsh。

Linux 中的每种 Shell 都有各自的优势和不足，用户在使用时，可以根据具体情况酌情选择。

使用 cat 命令查看/etc/shells 文件中的内容，可以确定主机支持的 Shell 的类型，具体操作与命令输出结果如下。

```
[root@centos7 ~]# cat /etc/shells
/bin/sh
/bin/bash
/usr/bin/sh
/usr/bin/bash
```

由输出结果可知，本机中支持的 Shell 的类型有 sh 和 bash 两种。用户可以使用 echo 命令，通过打印环境变量$SHELL（它是一个环境变量，记录了 Linux 当前用户所使用的 Shell 的类型）的值来查看当前本机正在使用的 Shell，具体操作与命令输出结果如下。

```
[root@centos7 ~]#echo $SHELL
/bin/bash
```

由输出结果可知，当前本机正在使用的 Shell 是 bash，即 Linux 默认的 Shell。接下来的内容中提到的 Shell，如没有特殊说明，一般都指 bash。

用户使用的 Shell 是可以更改的，直接输入各种 Shell 的文件名，就可以开启一个新的 Shell。以开启 sh 为例，具体操作与命令输出结果如下。

```
[root@centos7 ~]#/bin/sh
sh-4.2# /bin/bash
```

此命令启动了一个新的 Shell，即 sh，这个 Shell 在 bash 之后登录，被称为 bash 的子 Shell。使用 echo $SHELL 只能显示用户登录的 Shell，无法显示子 Shell，用户可以使用以下命令显示系统中运行的所有 Shell，包括所有子 Shell。

```
sh-4.2# ps
   PID TTY          TIME CMD
  1877 pts/0    00:00:00 bash
  1911 pts/0    00:00:00 sh
  1912 pts/0    00:00:00 bash
  1923 pts/0    00:00:00 sh
  1925 pts/0    00:00:00 ps
```

由输出结果可知，子 Shell（sh）正在运行，使用 exit 命令可以退出这个子 Shell。

### 6.1.2 Shell 的使用方式

互动式地解释和执行用户输入的命令是 Shell 的功能之一，Shell 也是一种解释型的程序设计语言。使用 Shell 编写的程序被称为 Shell 脚本，又叫 Shell 程序或 Shell 命令文件。Shell 脚本支持变量、数组和控制结构，如选择结构、循环结构等，也支持 Shell 命令。使用 Shell 脚本类似于使用 DOS 中的批处理文件。Shell 简单易学，一旦掌握后，将是最有用的工具。

Shell 提供了两种方式用于实现用户与操作系统的通信：交互方式和脚本方式。

#### 1. 交互方式

交互方式是指用户输入一条命令，Shell 就解释执行一条命令，即逐行输入命令、逐行确认执行。在这种方式下，用户输入的命令可以立即得到响应。

#### 2. 脚本方式

脚本方式是指按照 Shell 规范，编写 Shell 脚本并将其保存，在需要时执行 Shell 脚本，即一次性执行文件中的所有命令。

## 6.2 Shell 脚本的创建

### 6.2.1 基本语法介绍

Shell 脚本的基本语法较为简单，主要由开头、注释及执行命令组成。

#### 1. 开头

Shell 脚本必须以下面的行开始（必须放在文件的第 1 行）。

```
#!/bin/bash
```

"#!"用于告诉系统它后面的参数是用来执行该文件的程序的,上述代码中使用/bin/bash 执行程序。当编辑好 Shell 脚本后,要执行该脚本,必须设置权限使其可执行。

要使脚本可执行,需要赋予文件可执行权限,使用 chmod 命令更改文件的可执行权限后,运行文件即可。

```
chmod u+x [Shell 脚本]
```

### 2. 注释

在编写 Shell 脚本时,有两种注释:单行注释和多行注释。以"#"开头的语句直到该行的结束表示该行的单行注释。多行注释的格式如下:

```
:<<!
   注释的内容
   !
```

建议在程序中使用注释。如果使用注释,那么即使在相当长的时间内没有使用 Shell 脚本,也能在很短的时间内,明白 Shell 脚本的作用及工作原理。

### 3. 执行命令

在编写 Shell 脚本时,可以输入多行命令以得到命令输出结果,这样可以提高系统管理的工作效率。

在编写 Shell 脚本时,开头和执行命令不能省略。

## 6.2.2 Shell 脚本的创建过程

Shell 脚本就是放在一个文件中的一系列 Linux 命令和实用程序,在执行时,通过 Linux 一个接一个地解释和执行各命令,这和 Windows 中的批处理程序非常相似。

### 1. 创建文件

下面以使用 vi 创建/root/date.sh 文件为例,介绍如何创建 Shell 脚本。该文件中的内容如下,共有 3 行命令。

```
#!/bin/bash
#filename:date
:<<!
这是多行注释
这是多行注释
这是多行注释
!
echo "Mr.$USER,Today is "
echo `date`  #注意,``是反引号
echo Wish you a lucky day!
```

在输入完成后,按 Esc 键回到命令模式。输入":wq",保存并退出。

查看该文件属性的具体操作与命令输出结果如下。

```
[root@centos7 ~]# ls -lh /root/date.sh
-rw-r--r-- 1 root root 93 Jan  8 17:13 /root/date.sh
```
由输出结果可知，超级管理员没有/root/date.sh 文件的可执行权限。

### 2．设置可执行权限

在创建完/root/date.sh 文件之后，它还不能执行，需要给它设置可执行权限，具体操作与命令输出结果如下。

```
[root@centos7 ~]# chmod u+x /root/date
[root@centos7 ~]# ls -l /root/date
-rwxr--r-- 1 root root 93 Jan  8 17:13 /root/date
```
由输出结果可知，超级管理员具有/root/date.sh 文件的可执行权限。

### 3．使用绝对路径和相对路径执行 Shell 脚本

可以通过输入整个文件的绝对路径或相对路径来执行 Shell 脚本，该方法需要具有文件的可执行权限，具体操作与命令输出结果如下。

```
[root@centos7 ~]#/root/date
Mr.root,Today is
Mon Jan 8 17:24:46 CST 2024
Wish you a lucky day!
```
还可以使用相对路径./date 执行/root/date.sh 文件，注意/root/date.sh 文件要被存放在当前目录中。

### 4．使用 bash 命令执行 Shell 脚本

如果没有文件的可执行权限，那么需要使用 bash 命令告诉系统它是一个可执行脚本。先将/root/date.sh 文件的可执行权限去掉，再执行 bash/root/date.sh 文件，具体操作与命令输出结果如下。

```
[root@centos7 ~]# chmod u-x /root/date
[root@centos7 ~]# ls -lh /root/date
-rw-r--r-- 1 root root 112 Jan  8 17:28 /root/date
[root@centos7 ~]# bash /root/date
Mr.root,Today is
Mon Jan 8 17:32:44 CST 2024
Wish you a lucky day!
```
还可以使用 sh /root/date、source /root/date、. ./date（两个点之间有空格）执行 Shell 脚本。注意："./"表示当前工作目录，source 命令和 bash 命令可用于执行 Shell 脚本，但不能用于执行二进制文件。

## 6.3 Shell 变量

与高级程序设计语言一样，Shell 也提供说明和使用变量的功能。Shell 中常用的变量有 4 种：用户变量、环境变量、位置变量和特殊变量。

## 6.3.1 用户变量

### 1. 用户变量的定义

用户变量是 Shell 中常用的变量,变量名是由以字母或下画线开头的字母、数字及下画线组成的,且大、小写字母的意义不同。例如,dir 与 Dir 是两个不同的变量名。变量名的长度不受限制。

用户可以按照以下 3 种格式自定义变量。

**格式 1:**

变量名=变量值

变量值必须是一个整体,中间没有特殊字符。

**格式 2:**

变量名='变量值'

将单引号中的内容原样赋给自定义变量。

**格式 3:**

变量名="变量值"

如果双引号中有其他变量,那么会先对双引号中的变量值进行拼接再将其赋给自定义变量。

### 2. 用户变量的引用

用户可以按照以下 4 种格式引用变量。

**格式 1:**

$变量名

**格式 2:**

"$变量名"

**格式 3:**

${变量名}

**格式 4:**

"${变量名}"

**示例 1:** 定义一个变量 NAME,其值为 Rose,在输出时,可以以$NAME 形式输出。

```
[root@centos7 ~]# NAME=Rose
[root@centos7 ~]# echo $NAME
Rose
[root@centos7 ~]# echo ${NAME}
Rose
[root@centos7 ~]# echo "${NAME}"
Rose
[root@centos7 ~]# echo "$NAME"
Rose
[root@centos7 ~]# echo My name is $NAME
My name is Rose
```

在定义变量时，还可以使用 read 命令从标准输入中读取变量值，其中使用 read 命令中的 -p 选项可以设置输入提示信息。

```
[root@centos7 ~]# read -p "please input an int number:" NUM
please input an int number:300
[root@centos7 ~]# echo $NUM
300
```

使用下面的命令可以设置一个变量为只读属性。

```
readonly 变量名
```

要删除所定义的变量，可以使用下面的命令。

```
unset 变量名
```

**示例 2**：使用用户变量，具体操作及命令输出结果如下。

```
[root@centos7 ~]# AA='Hello Linux'
#变量值中包含了空格，要用单引号引起来
[root@centos7 ~]# echo $AA
Hello Linux
[root@centos7 ~]# NUM=10
[root@centos7 ~]# echo $NUM
10
[root@centos7 ~]# TEST='10'
[root@centos7 ~]# echo $TEST
10
[root@centos7 ~]# TEST='$NUM'
[root@centos7 ~]# echo $TEST
$NUM
[root@centos7 ~]# TEST="$NUM"
[root@centos7 ~]# echo $TEST
10
[root@centos7 ~]# readonly TEST
#将变量 TEST 设置为只读属性后，无法修改其值
[root@centos7 ~]# TEST=200
-bash: TEST: readonly variable
[root@centos7 ~]# unset NUM
[root@centos7 ~]# echo $NUM
#显示为空，因为变量 NUM 已经被删除
```

在定义用户变量时，可以将命令输出结果赋给变量，有以下两种方式。

**方式 1**：

```
变量名=`命令`      #注意，``是反引号，在 Esc 键的下面
```

**方式 2**：

```
变量名=$(命令)
```

其执行流程如下。

（1）执行``或$()内的命令。

（2）将命令输出结果赋给变量。

**示例 3**：使用命令输出结果定义用户变量，具体操作及命令输出结果如下。

```
[root@centos7 ~]# DT1=`date`
[root@centos7 ~]# echo $DT1
Tue Jan 9 16:42:34 CST 2024
[root@centos7 ~]# DT2=$(date)
[root@centos7 ~]# echo $DT2
Tue Jan 9 16:42:54 CST 2024
```

## 6.3.2 环境变量

环境变量是 Shell 中非常重要的一种变量，用于初始化 Shell 的启动环境。Shell 脚本在开始执行时就已经定义了一些与系统工作环境有关的变量，用户还可以重新定义这些变量。

### 1. 环境变量的定义与删除

环境变量在 Shell 编程和 Linux 系统管理方面都起着非常重要的作用，一般用来存储目录，这些目录可用于搜索可执行文件、库文件等。定义环境变量的格式如下。

```
export 环境变量名=环境变量值
```

环境变量必须使用关键字 export 导出，关键字 export 的作用是声明某变量为环境变量。例如，定义变量 APPSPATH 并为其赋值/usr/local，使用关键字 export 将变量 APPSPATH 声明为环境变量。

```
[root@centos7 ~]# export APPSPATH=/usr/local
[root@centos7 ~]# echo $APPSPATH
/usr/local
```

使用 env 命令查看所有环境变量，包括用户自定义的环境变量。

```
[root@centos7 ~]# env
```

删除环境变量和删除用户变量的方式相同，都是使用 unset 命令。

```
[root@centos7 ~]# unset APPSPATH
[root@centos7 ~]# echo $APPSPATH
```

在命令行中使用关键字 export 声明的环境变量只在当前 Shell 与子 Shell 中有效，重启 Shell 后将丢失这些环境变量。首次启动的终端是父 Shell，在父 Shell 中，再次输入"bash"，就可以启动子 Shell，输入"exit"就可以退出子 Shell。

**示例 1**：在使用关键字 export 声明变量 AA 的前、后，观察父 Shell 与子 Shell 对变量 AA 的可见性，具体操作及命令输出结果如下。

```
[root@centos7 ~]AA=230
[root@centos7 ~]echo $AA
[root@centos7 ~]bash
#进入子 Shell
[root@centos7 ~]echo $AA

#在子 Shell 中，没有显示变量 AA 的值
```

```
[root@centos7 ~]exit
#退出子 Shell
[root@centos7 ~]echo $AA
[root@centos7 ~]230
[root@centos7 ~]export AA
#使用关键字 export 声明变量
[root@centos7 ~]env|grep AA
[root@centos7 ~]bash
[root@centos7 ~]echo $AA
[root@centos7 ~]230
#有值显示
[root@centos7 ~]exit
```

由输出结果可知，使用关键字 export 声明的变量在 Shell 以后运行的所有命令或程序中都可以访问到。

### 2. 常用的环境变量与环境变量的修改

Shell 中常用的环境变量如表 6-1 所示。

表 6-1　Shell 中常用的环境变量

| Shell 中常用的环境变量 | 描述 |
| --- | --- |
| HOME | 保存用户的主目录的绝对路径名 |
| PATH | 保存使用冒号分隔的目录名，Shell 将按环境变量 PATH 中给出的顺序搜索这些目录，找到的第一个与命令名一致的可执行文件将被执行 |
| SHELL | 当前使用的 Shell 的类型 |
| USER | 当前登录的用户名 |
| UID | 当前用户的 UID，由数字构成 |
| PWD | 当前目录的绝对路径名，该变量的取值随 cd 命令的使用而变化 |
| PS1 | 一级提示符，又称主提示符，在使用超级管理员的身份时，默认的主提示符是"#"；在使用普通用户的身份时，默认的主提示符是"$" |
| PS2 | 二级提示符，在 Shell 接收用户输入命令的过程中，如果用户在末尾输入"\"并按 Enter 键，或当用户按 Enter 键时 Shell 判断出用户输入的命令没有结束，那么显示这个二级提示符，提示用户继续输入命令的其余部分，默认的二级提示符是">" |

**示例 2**：查看当前用户定义的环境变量的值，具体操作及命令输出结果如下。

```
[root@centos7 ~]#echo $HOME
/root
[root@centos7 ~]#echo $PATH
/usr/local/sbin:/usr/local/bin:/usr/sbin:/usr/bin:/root/bin
 [root@centos7 ~]#echo $USER $UID
root 0
```

由输出结果可知，当前用户的主目录是/root。环境变量 PATH 中包含了多个目录，它们之间使用冒号分隔，这些目录中保存着命令的可执行程序。例如，输入 ls 命令，环境变量 PATH 就会去这些目录中查找 ls 命令的可执行程序，在/usr/loca/bin 目录中查找，若找到则执行 ls 命令；若没找到则继续查找，直到找到为止。如果环境变量 PATH 的值存储的目录列表中的所有目录都不包含相应文件，那么 Shell 会提示"未找到命令……"。

环境变量 PATH 的值可以被修改，但在修改时要注意不可以直接为其赋新值，否则环境变量 PATH 现有的值将会被覆盖。要在环境变量 PATH 中添加新目录，可以使用以下命令格式。

```
PATH=$PATH:/添加的新目录
```

以上格式中的$PATH 表示原来的环境变量 PATH，"添加的新目录"表示要添加的新目录，中间使用冒号分隔，旧的环境变量 PATH 加上新目录被赋值给环境变量 PATH。

PS1 和 PS2 被称为提示符变量，用于设置提示符格式。例如，"[root@centos7 ~]#"就是 Shell 提示符，方括号中包含了当前用户名、主机名和目录名等信息，这些信息并不是固定不变的，可以通过 PS1 和 PS2 的设置而改变。

PS1 用于设置主提示符。下面使用 echo 命令查看 PS1 的值。

```
[root@centos7 ~]#echo $PS1
[\u@\h \W]\$
```

由以上输出结果可知，PS1 中包含 4 个值，这 4 个值的含义分别如下。

（1）\u 表示当前用户名。

（2）\h 表示主机名。

（3）\W 表示目录名。

（4）\$表示命令提示符。如果是普通用户，那么命令提示符使用"$"；如果是超级管理员，那么命令提示符使用"#"。

修改 PS1 的值，具体操作及命令输出结果如下。

```
[root@centos7 ~]\#PS1="[\e[32;40m\u@\h \W]\$\e[0m"
[root@centos7 ~]\#
```

其中，\e[32;40m 表示设置文本颜色，e[0m 表示文本颜色设置结束。这样的修改只是临时的修改，关闭终端将失去作用。可以修改用户级的环境变量配置文件.bashrc（位于主目录中），先将设置语句添加到其后，再使用 source.bashrc 命令使设置生效。

### 6.3.3 位置变量

位置变量主要用于接收传入 Shell 脚本的参数。因此，位置变量也被称为位置参数。位置变量名由"$"与整数组成。位置变量的命名格式如下。

```
$n
```

$n 用于接收传入 Shell 脚本的第 n 个参数，如$1 用于接收传入 Shell 脚本的第 1 个参数。当位置变量中的整数大于 9 时，需要使用花括号将其括起来，如 Shell 脚本中的第 10 个位置变量应被表示为${10}。位置变量是 Shell 中唯一全部使用数字命名的变量。需要注意的是，n 是从 1 开始的，$0 表示脚本名。

接下来通过示例来介绍 Shell 脚本中位置变量的使用方法。

**示例**：编写脚本 test.sh，其内容如下。

```
#! /bin/bash
echo "脚本名是: $0"
```

```
echo "参数 1 的值是: $1"
echo "参数 2 的值是: $2"
echo "参数 3 的值是: $3"
echo "参数 4 的值是: $4"
echo "参数 5 的值是: $5"
echo "参数 6 的值是: $6"
echo "参数 7 的值是: $7"
echo "参数 8 的值是: $8"
echo "参数 9 的值是: $9"
echo "参数 10 的值是: ${10}"
```

执行上述脚本,并传入相应的参数,输出结果如下。

```
[root@centos7 ~]# bash test.sh a b c d e f g h i j
脚本名是: test.sh
参数 1 的值是: a
参数 2 的值是: b
参数 3 的值是: c
参数 4 的值是: d
参数 5 的值是: e
参数 6 的值是: f
参数 7 的值是: g
参数 8 的值是: h
参数 9 的值是: i
参数 10 的值是: j
```

在接收参数时,位置变量只根据位置接收相应的参数。如果传入的参数不足 10 个,那么${10}的值为空。

### 6.3.4 特殊变量

除上述几种变量之外,Shell 还定义了一些特殊变量,主要用于查看 Shell 脚本的运行信息。特殊变量和环境变量类似,所不同的是,用户只能根据 Shell 的定义来使用这些变量,而不能修改这些变量。

Shell 中常用的特殊变量如表 6-2 所示。

表 6-2 Shell 中常用的特殊变量

| Shell 中常用的特殊变量 | 描述 |
| --- | --- |
| $# | 传入 Shell 脚本的参数数量 |
| $*和$@ | 传入 Shell 脚本的所有参数 |
| $? | 命令执行后返回的状态,0 表示没有错误,非 0 表示有错误 |
| $$ | 当前进程的进程号 |
| $! | 后台运行的最后一个进程号 |
| $0 | 当前执行的进程名 |

接下来通过修改 6.3.3 节示例中的脚本 test.sh 来介绍特殊变量的使用方法。

**示例**：修改脚本 test.sh 的最后一行后，新增几行代码，具体如下。

```
#新增代码
echo "传入 Shell 脚本的参数数量是：$#"
echo "传入 Shell 脚本的所有参数是：$*"
echo "传入 Shell 脚本的所有参数是：$@"
echo "本程序的 PID 是：$$"
```

在脚本 test.sh 中使用特殊变量显示该脚本的运行状态。执行修改后的脚本 test.sh，并传入相应参数，输出结果如下。

```
[root@centos7 ~]# bash test.sh a b c d e f g h i j
脚本名是：test.sh
参数 1 的值是：a
参数 2 的值是：b
参数 3 的值是：c
参数 4 的值是：d
参数 5 的值是：e
参数 6 的值是：f
参数 7 的值是：g
参数 8 的值是：h
参数 9 的值是：i
参数 10 的值是：j
传入 Shell 脚本的参数数量是：10
传入 Shell 脚本的所有参数是：a b c d e f g h i j
传入 Shell 脚本的所有参数是：a b c d e f g h i j
本程序的 PID 是：2367
```

## 6.4 Shell 数组

### 6.4.1 数组的定义及赋值

#### 1．定义数组并给整个数组赋值

用户可以按照下面的语法格式，定义数组并给整个数组赋值。注意，各值之间使用空格分隔。

```
数组名=(值1或'值1' 值2或'值2' … 值n或'值n')
```

例如，定义一个数组 arr，并给它赋初始值的语句是：

```
arr=(1 2 3 4 5)
```

#### 2．给单个数组元素赋值

给单个数组元素赋值的语法格式为：

```
数组名[下标]=值或'值'
```

例如，arr[0]=1，就是给下标为 0 的数组元素赋值为 1。

### 3. 给部分数组元素赋值

给部分数组元素赋值的语法格式为：

```
数组名=([下标i]=值i或'值i' [下标j]=值j或'值j'…)
```

例如，arr=([3]=30 [5]=50 [7]=70)，就是分别给下标为 3、5、7 的数组元素赋值 30、50、70。

**示例**：使用不同的方式定义数组并为数组元素赋值，具体操作及命令输出结果如下。

```
[root@centos7 ~]# name=('s1' 's2' 1 2 3)
[root@centos7 ~]# a[0]=1
[root@centos7 ~]# a[1]=s1
[root@centos7 ~]# a[2]=2
[root@centos7 ~]# a[3]=s2
[root@centos7 ~]# sc=([3]=30 [5]=50 [7]=70)
```

## 6.4.2 数组的引用

### 1. 整体引用数组

整体引用数组的语法格式为：

```
${数组名[@]}
```

或

```
${数组名[*]}
```

### 2. 引用数组元素

引用数组元素的语法格式为：

```
${数组名[下标]}
```

**示例**：使用不同的方式引用数组，具体操作及命令输出结果如下。

```
[root@centos7 ~]# echo ${name[@]}
s1 s2 1 2 3
[root@centos7 ~]# echo ${name[*]}
s1 s2 1 2 3
[root@centos7 ~]# echo ${sc[*]}
30 50 70
[root@centos7 ~]# echo ${sc[2]}

[root@centos7 ~]# echo ${sc[3]}
30
[root@centos7 ~]# echo ${a[@]}
1 s1 2 s2
[root@centos7 ~]# echo ${a[1]}
s1
[root@centos7 ~]# echo ${name[0]}
s1
```

## 6.4.3 长度的获取

### 1．获取数组的长度

数组的长度是指数组中包含的元素个数。获取数组的长度的语法格式为：

```
${#数组名[@]}
```

或

```
${#数组名[*]}
```

**示例 1**：获取数组 name、sc、a 的长度，具体操作及命令输出结果如下。

```
[root@centos7 ~]# echo ${#name[@]}
5
[root@centos7 ~]# echo ${#sc[@]}
3
[root@centos7 ~]# echo ${#a[@]}
4
```

### 2．获取数组元素的长度

数组元素的长度是指数组元素中包含的字符数。获取数组元素的长度的语法格式为：

```
${#数组名[下标]}
```

**示例 2**：获取数组元素的长度，具体操作及命令输出结果如下。

```
[root@centos7 ~]# echo ${#name[0]}   #name[0]='s1'，长度为 2
2
[root@centos7 ~]# echo ${#name[2]}   #name[2]=1，长度为 1
1
[root@centos7 ~]# echo ${#sc[2]}     #没有 sc[2]，长度为 0
0
[root@centos7 ~]# echo ${#sc[3]}     #sc[3]=30，长度为 2
2
[root@centos7 ~]# echo ${#a[3]}      #a[3]=s2，长度为 2
2
```

## 6.5 Shell 运算符

在介绍 Shell 运算符之前，下面先介绍测试命令。测试命令用于判断表达式的真假。通常测试命令和 Shell 提供的 if 条件语句等相结合，可以很方便地测试文件是否存在、是否具有某种属性，比较字符串，比较整数，以及进行逻辑运算等。测试命令的格式有两种。

**格式 1：**

```
test 表达式
```

**格式 2：**

```
[ 表达式 ]
```

注意，表达式的两边要有空格。

表达式由操作符和操作对象组成，表示对特定操作对象执行相应的操作。常用的操作有判断对象是否存在、对象大小等。操作对象包括文件、字符串、整数及其他表达式。

Shell 运算符包括算术运算符、字符串运算符、关系运算符、布尔运算符、逻辑运算符。

## 6.5.1 算术运算符

算术运算符的语法格式为：

```
let 参数 ...
```

其中，"参数"是单独的算术表达式。这里的算术表达式使用 C 语言中表达式的语法、优先级和结合性。除 "++" "--" ","之外，所有整型运算符都将获得支持。此外，还支持"**"。

let 命令的替代表示形式是：

```
((算术表达式))
```

例如，let "j=i*6+2"等价于（(j=i*6+2)），let 命令并不能显示输出结果，可以使用 echo 命令显示输出结果。

假设 a=1，b=2，常用的算术运算符如表 6-3 所示。

表 6-3　常用的算术运算符

| 常用的算术运算符 | 说明 | 举例 |
| --- | --- | --- |
| + | 进行加法运算 | echo $((a+b)) |
| - | 进行减法运算 | echo $((a-b)) |
| * | 进行乘法运算 | echo $((a*b)) |
| / | 进行除法（整除）运算 | echo $((a/b)) |
| % | 取余 | echo $((a%b)) |
| = | 赋值 | a=$b |
| ++/-- | 进行自增/自减运算 | ((a++)) |

接下来通过示例来介绍算术运算符的使用方法。

**示例**：新建脚本 **mathop.sh**，其内容如下。

```
#!/bin/bash
#算术运算符
#整数相加
let num1=2+2
echo "整数 2+2 的结果为$num1"
#整数相减
((num2=5-3))
echo "整数 5-3 的结果为$num2"
#整数相乘
let num3=2*3
echo "整数 2*3 的结果为$num3"
#变量相除
a=10
b=20
```

```
((num4=b/a))
echo "变量 b 除以变量 a 的结果为$num4"
a=2
b=3
#变量取余
((num5=a%b))
echo "变量 a 和 b 相除的余数为$num5"
#自增
e=1
((e++))
echo "变量 e 自增的结果为$e"
```

执行上述脚本，输出结果如下。

```
[root@centos7 ~]# bash mathop.sh
整数 2+2 的结果为 4
整数 5-3 的结果为 2
整数 2*3 的结果为 6
变量 b 除以变量 a 的结果为 2
变量 a 和 b 相除的余数为 2
变量 e 自增的结果为 2
```

### 6.5.2 字符串运算符

假设 a=Linux，b=CentOS，常用的字符串运算符如表 6-4 所示。

表 6-4 常用的字符串运算符

| 常用的字符串运算符 | 说明 | 举例 |
| --- | --- | --- |
| = | 检测两个字符串是否相等，若相等则返回值为真 | [ $a = $b ] |
| != | 检测两个字符串是否不相等，若不相等则返回值为真 | [ $a != $b ] |
| -z | 检测字符串的长度是否为 0，若为 0 则返回值为真 | [ -z $a ] |
| -n | 检测字符串的长度是否不为 0，若不为 0 则返回值为真 | [ -n "$a" ] |
| $ | 检测字符串是否为空，若不为空返回值为真 | [ $$a ] |

接下来通过示例来介绍字符串运算符的使用方法。

示例：新建脚本 charop.sh，其内容如下。

```
#!/bin/bash
#字符串运算符
a="Linux "
b="CentOS7"
#判断两个字符串是否相等
#$?可以获取上一条语句的执行结果
[ "${a}" = "${b}" ]
echo "判断两个字符串是否相等，0 为真，1 为假：$?"
[ "${a}" != "${b}" ]
echo "判断两个字符串是否不相等，0 为真，1 为假：$?"
```

```
# 判断字符串的长度是否为0
[ -z "${a}" ]
echo "判断字符串的长度是否为0,0为真,1为假: $?"
# 判断字符串的长度是否不为0
[ -n "${a}" ]
echo "判断字符串的长度是否不为0,0为真,1为假: $?"
#判断字符串是否为空
#[ $$a ] 如果不为空,那么为0
[ $"${a}" ]
echo "判断字符串是否不为空,0为真,1为假: $?"
#获取字符串的长度
echo "获取字符串的长度 ${#a}"
```

执行上述脚本,输出结果如下。

```
[root@centos7 ~]# bash charop.sh
[root@centos7 ~]# bash charop.sh
判断两个字符串是否相等,0为真,1为假:1    #值是1说明两个字符串不相等
判断两个字符串是否不相等,0为真,1为假:0   #值是0说明两个字符串不相等
判断字符串的长度是否为0,0为真,1为假:1    #值是1说明a的长度不为0
判断字符串的长度是否不为0,0为真,1为假:0  #值是0说明a的长度不为0
判断字符串是否不为空,0为真,1为假:0      #值是0说明a不为空
获取字符串的长度 6     #值是6说明a的长度为6
```

### 6.5.3 关系运算符

关系运算符只支持整数,不支持字符串,除非字符串的值为数字。

假设 a=1,b=2,常用的关系运算符如表 6-5 所示。

表6-5 常用的关系运算符

| 常用的关系运算符 | 说明 | 举例 |
| --- | --- | --- |
| -eq | 检测两个数字是否相等,若相等则返回值为真 | [ $a -eq $b ] |
| -ne | 检测两个数字是否不相等,若不相等则返回值为真 | [ $a -ne $b ] |
| -gt | 检测左边的数字是否大于右边的数字。若是则返回值为真 | [ $a -gt $b ] |
| -lt | 检测左边的数字是否小于右边的数字。若是则返回值为真 | [ $a -lt $b ] |
| -ge | 检测左边的数字是否大于或等于右边的数字。若是则返回值为真 | [ $a -ge $b ] |
| -le | 检测左边的数字是否小于或等于右边的数字。若是则返回值为真 | [ $a -le $b ] |

接下来通过示例来介绍关系运算符的使用方法。

**示例**:测试两个数字的大小关系,观察测试结果,具体操作及命令输出结果如下。

```
[root@centos7 ~]# a=10
[root@centos7 ~]# b=20
[root@centos7 ~]# [ "${a}" -eq "${b}" ]
[root@centos7 ~]# echo "a 和 b 两个数字比较的结果为: $?"
a 和 b 两个数字比较的结果为:1
[root@centos7 ~]# [ "${a}" -ne "${b}" ]
```

```
[root@centos7 ~]# echo "a 和 b 两个数字比较的结果为：$?"
a 和 b 两个数字比较的结果为：0
[root@centos7 ~]# [ "${a}" -gt "${b}" ]
[root@centos7 ~]# echo "a 和 b 两个数字比较的结果为：$?"
a 和 b 两个数字比较的结果为：1
[root@centos7 ~]# [ "${a}" -lt "${b}" ]
[root@centos7 ~]# echo "a 和 b 两个数字比较的结果为：$?"
a 和 b 两个数字比较的结果为：0
[root@centos7 ~]# [ "${a}" -ge "${b}" ]
[root@centos7 ~]# echo "a 和 b 两个数字比较的结果为：$?"
a 和 b 两个数字比较的结果为：1
[root@centos7 ~]# [ "${a}" -le "${b}" ]
[root@centos7 ~]# echo "a 和 b 两个数字比较的结果为：$?"
a 和 b 两个数字比较的结果为：0
```

### 6.5.4 布尔运算符

假设 a=1，b=2，常用的布尔运算符如表 6-6 所示。

表 6-6　常用的布尔运算符

| 常用的布尔运算符 | 说明 | 举例 |
| --- | --- | --- |
| ! | 进行取反运算 | [ ! ${a} -eq 10 ] |
| -a | 进行与运算，若两个表达式都为真则返回值为真 | [ $a -lt 20 -a $b -gt 100 ] |
| -o | 进行或运算，若有一个表达式为真则返回值为真 | [ $a -lt 20 -o $b -gt 100 ] |

接下来通过示例来介绍布尔运算符的使用方法。

**示例**：测试布尔运算符的使用，观察测试结果，具体操作及命令输出结果如下。

```
[root@centos7 ~]# a=10
[root@centos7 ~]# b=20
[root@centos7 ~]# [ "${a} -eq 10" ]
[root@centos7 ~]# echo $?
0  #返回 0，说明 a 与 10 相等
[root@centos7 ~]# [ ! "${a} -eq 10" ]
[root@centos7 ~]# echo $?
1  #返回 1，说明 0 取反为 1
[root@centos7 ~]# [ "${a}" -lt 20 -o "${b}" -gt 100 ]
[root@centos7 ~]# echo $?
0  #返回 0，说明表达式的返回值为真
[root@centos7 ~]# [ "${a}" -lt 20 -a "${b}" -gt 100 ]
[root@centos7 ~]# echo $?
1  #返回 1，说明表达式的返回值为假
```

### 6.5.5 逻辑运算符

假设 a=10，b=20，常用的逻辑运算符如表 6-7 所示。

表 6-7 常用的逻辑运算符

| 常用的逻辑运算符 | 说明 | 举例 |
| --- | --- | --- |
| && | 逻辑与 | [ "${a}" -lt 20 ] && [ "${b}" -gt 100 ] |
| \|\| | 逻辑或 | [ "${a}" -lt 20 ] \|\| [ "${b}" -gt 100 ] |

接下来通过示例来介绍逻辑运算符的使用方法。

**示例**：测试逻辑运算符的使用，观察测试结果，具体操作及命令输出结果如下。

```
[root@centos7 ~]# a=10
[root@centos7 ~]# b=20
[root@centos7 ~]# [ "${a}" -lt 20 ] || [ "${b}" -gt 100 ]
[root@centos7 ~]# echo $?
0
[root@centos7 ~]# [ "${a}" -lt 20 ] && [ "${b}" -gt 100 ]
[root@centos7 ~]# echo $?
1
```

### 6.5.6 文件操作测试符

文件操作测试采用"操作符 文件"的形式，表示对文件执行相应操作。Shell 中常用的文件操作测试符如表 6-8 所示。

表 6-8 Shell 中常用的文件操作测试符

| Shell 中常用的文件操作测试符 | 说明 | 举例 |
| --- | --- | --- |
| -e | 如果对象存在，那么返回值为真 | -e <文件> |
| -d | 如果对象存在且为目录，那么返回值为真 | -d <文件> |
| -f | 如果对象存在且为文件，那么返回值为真 | -f <文件> |
| -L | 如果对象存在且为软链接，那么返回值为真 | -L <文件> |
| -r | 如果对象存在且可读，那么返回值为真 | -r <文件> |
| -w | 如果对象存在且可写，那么返回值为真 | -w <文件> |
| -x | 如果对象存在且可执行，那么返回值为真 | -x <文件> |
| -s | 如果对象存在且长度不为0，那么返回值为真 | -s <文件> |

接下来通过示例来介绍文件操作测试符的使用方法。

**示例**：测试文件操作测试符的使用，观察测试结果，具体操作及命令输出结果如下。

```
[root@centos7 ~]# cat /dev/null>empty
[root@centos7 ~]# cat empty
[root@centos7 ~]# [ -r empty ]
[root@centos7 ~]# echo $?
1    #结果为1，表示empty文件存在且可读
[root@centos7 ~]# [ -s empty ]
[root@centos7 ~]# echo $?
1    #结果为1，表示empty文件存在且长度不为0
```

## 6.6 Shell 条件判断语句

Shell 提供了用于控制程序和执行流程的语句，包括条件判断语句和循环控制语句，用户可以使用这些语句创建非常复杂的程序。Shell 提供的条件判断语句包括 if 条件语句和 case 条件语句。

### 6.6.1 if 条件语句

#### 1．if-then-fi 语句

if-then-fi 语句的语法格式为：

```
if [ 表达式 ];then
    命令
fi
```

或

```
if [ 表达式 ]
then
    命令
fi
```

**示例 1**：新建脚本 score.sh，使用 if-then-fi 语句对成绩进行等级判断，其内容如下。

```
#!/bin/bash
echo -n "请输入一个分数："
read score
if [ "$score" -lt 60 ];then
    echo "$score 分属于不及格"
fi
if [ "$score" -lt 70 -a "$score" -ge 60 ];then
    echo "$score 分属于及格"
fi
if [ "$score" -lt 80 -a "$score" -ge 70 ];then
    echo "$score 分属于中等"
fi
if [ "$score" -lt 90 -a "$score" -ge 80 ];then
    echo "$score 分属于良好"
fi
if [ "$score" -le 100 -a "$score" -ge 90 ];then
    echo "$score 分属于优秀"
fi
```

执行上述脚本，输出结果如下。

```
[root@centos7 ~]# bash score.sh
请输入一个分数：89
89 分属于良好
```

## 2. if-then-else-fi 语句

if-then-else-fi 语句的语法格式为：

```
if [ 表达式 ];then
    命令1
else
    命令2
fi
```

**示例 2**：新建脚本 check_file.sh，判断某个文件是否存在，其内容如下。

```
#!/bin/bash
echo -n "请输入一个文件名及目录："
read FILE
if [ -e $FILE ];then
    echo "$FILE 存在"
else
    echo "$FILE 不存在"
fi
```

执行上述脚本，输出结果如下。

```
[root@centos7 ~]# bash check_file.sh
请输入一个文件名及目录：score.sh
score.sh 存在
[root@centos7 ~]# .../check_file.sh
请输入一个文件名及目录：sscore.sh
sscore.sh 不存在
```

## 3. if-then-elif-fi 语句

if-then-elif-fi 语句的语法格式为：

```
if [ 表达式 ];then
    命令1
elif [ 表达式 ];then
    命令2
elif [ 表达式 ];then
    命令3
…
else
    命令n
fi
```

**示例 3**：新建脚本 elif.sh，对用户输入的成绩进行等级判断，其内容如下。

```
#!/bin/bash
echo -n "请输入一个分数："
read score
if [ "$score" -lt 60 ];then
    echo "$score 分属于不及格"
```

```
    elif [ "$score" -lt 70 ];then
        echo "$score 分属于及格"
    elif [ "$score" -lt 80 ];then
        echo "$score 分属于中等"
    elif [ "$score" -lt 90 ];then
        echo "$score 分属于良好"
    else
        echo "$score 分属于优秀"
    fi
```

执行上述脚本，输出结果如下。

```
[root@centos7 ~]# bash elif.sh
请输入一个分数：89
89 分属于良好
[root@centos7 ~]# bash elif.sh
请输入一个分数：55
55 分属于不及格
```

#### 4．if 条件语句更一般的语法格式

if 条件语句更一般的语法格式为：

```
if 命令 1
then
命令 2
[else
命令 3]
fi
```

其中，各命令可以由一条或多条命令组成。如果命令 1 是由多条命令组成的，那么测试条件以其中最后一条命令是否执行成功为准。

**示例 4**：新建脚本 if 20.sh，对用户输入的用户名进行等级判断，若用户已登录系统，则显示该用户已经登录系统，否则显示该用户未登录系统，其内容如下。

```
#!/bin/bash
echo "Type in the user name. "
read user
if  grep $user  /etc/passwd >/tmp/null
    who |grep $user
then
    echo "$user has logged in the system."
else
    echo "$user has not logged in the system"
fi
```

执行上述脚本，输出结果如下。

```
[root@centos7 ~]# bash if20.sh
Type in the user name.
```

```
root
root      pts/0          2024-07-31 18:15 (112.39.8.146)
root      pts/1          2024-07-31 18:15 (112.39.8.146)
root has logged in the system.
```

### 6.6.2 case 条件语句

case 条件语句为用户提供了根据字符串或变量的值从多个选项中选择一个的方法。

case 条件语句的语法格式为：

```
case 变量 in
变量值 1)
    若干个命令行 1
    ;;
变量值 2)
    若干个命令行 2
    ;;
…
*)
    其他命令行
    ;;
esac
```

Shell 通过计算 case 后面变量的值，将结果依次与变量值 1、变量值 2 等进行匹配，直到找到一个匹配项为止。如果找到了匹配项，那么执行它后面的若干个命令行，直到遇到";;"为止。通常"*"用于在前面找不到任何匹配项时执行"其他命令行"的命令。

**示例 1**：新建脚本 case1.sh，使用 case 条件语句创建用于菜单选择的 Shell 脚本，其内容如下。

```
#!/bin/bash
#filename:case1.sh
#Display a menu
echo
echo "1 Restore"
echo "2 Backup"
echo "3 Unload"
echo
#Read and excute the user's selection
echo -n "Enter a Choice:"
read CHOICE
case "$CHOICE" in
1)echo "Restore";;
2)echo "Backup";;
3)echo "Unload";;
*)echo "Sorry $CHOICE is not a valid choice"
esac
```

执行上述脚本，输出结果如下。

```
[root@centos7 ~]# bash case1.sh

1 Restore
2 Backup
3 Unload

Enter a Choice:1
Restore
[root@centos7 ~]# bash case1.sh

1 Restore
2 Backup
3 Unload

Enter a Choice:2
Backup
[root@centos7 ~]# bash case1.sh

1 Restore
2 Backup
3 Unload

Enter a Choice:3
Unload

[root@centos7 ~]# bash case1.sh

1 Restore
2 Backup
3 Unload

Enter a Choice:4
Sorry 4 is not a valid choice
```

**示例 2**：新建脚本 case2.sh，使用 case 条件语句判断本机操作系统类型的 Shell 脚本，其内容如下。

```
#!/bin/bash
OS=`uname -s`
case $OS in
FreeBSD) echo "这是FreeBSD";;
CYGWIN_NT-5.1) echo "这是Cygwin";;
SunOS) echo "这是Solaris";;
Darwin) echo "这是macOS X";;
```

```
AIX) echo "这是 AIX";;
Minix) echo "这是 Minix";;
Linux) echo "这是 Linux";;
*)echo "无法识别这种操作系统";;
esac
```

执行上述脚本，输出结果如下。

```
[root@centos7 ~]# bash case2.sh
这是 Linux
```

## 6.7 Shell 循环控制语句

Shell 提供的循环控制语句用于脚本命令的重复处理。Shell 提供的循环控制语句包括 for 循环语句、while 循环语句及 until 循环语句。

### 6.7.1 for 循环语句

for 循环语句对一个变量可能的值执行一个命令序列。赋予变量的几个值既可以在程序中以数值列表的形式出现，又可以在程序以外以位置变量的形式出现。

for 循环语句的语法格式为：

```
for 变量名 [in 数值列表]
do
    若干个命令行
done
```

其中，变量名可以是用户定义的任何字符串，如果变量名是 var，那么在 in 后面给出的数值将按顺序替换循环列表中的$var。如果省略了 in，那么变量 var 的值将是位置变量。对变量的每个可能的值都将执行 do 和 done 之间的循环列表。

示例 1：新建脚本 for1.sh，使用枚举的、简单的循环列表形式，输出当前循环变量的值，其内容如下。

```
#!/bin/bash
echo "方法1："
for var in 1 2 3 4 5
do
    echo "当前循环变量的值=$var。"
done
echo "方法2："
i="1 2 3 4 5"
for var in $i
do
    echo "当前循环变量的值=$var。"
done
```

执行上述脚本，输出结果如下。

```
[root@centos7 ~]# bash for1.sh
方法 1：
当前循环变量的值=1。
当前循环变量的值=2。
当前循环变量的值=3。
当前循环变量的值=4。
当前循环变量的值=5。
方法 2：
当前循环变量的值=1。
当前循环变量的值=2。
当前循环变量的值=3。
当前循环变量的值=4。
当前循环变量的值=5。
```

**示例 2**：新建脚本 for2.sh，使用变量替换作为循环列表的内容，求 1～100 的整数和，其内容如下。

```
#!/bin/bash
sum=0
for VAR in `seq 1 100` #注意，``是反引号，不是单引号
do
    ((sum=sum+VAR))
done
echo "1～100 的整数和是$sum。"
```

执行上述脚本，输出结果如下。

```
[root@centos7 ~]# bash for2.sh
1～100 的整数和是 5050。
```

**示例 3**：新建脚本 for3.sh，使用变量替换作为循环列表的内容，求 1～100 的奇数和，其内容如下。

```
#!/bin/bash
sum=0
for VAR in `seq 1 2 100` #注意，``是反引号，不是单引号
do
    ((sum=sum+VAR))
done
echo "1～100 的奇数和是$sum。"
```

执行上述脚本，输出结果如下。

```
[root@centos7 ~]# bash for3.sh
1～100 的奇数和是 2500。
```

**示例 4**：新建脚本 for4.sh，逐个查看/root 目录中文件的属性，其内容如下。

```
#!/bin/bash
cd /root
for VAR in $(ls)
do
```

```
    ls -l $VAR
    sleep 1
done
cd
```

执行上述脚本，输出结果如下。

```
[root@centos7 ~]# bash for4.sh
-rw-r--r-- 1 root root 306 Jan 16 14:20 case1.sh
-rw-r--r-- 1 root root 383 Jan 16 15:01 case2.sh
-rw-r--r-- 1 root root 306 Jan 16 14:13 case.sh
-rw-r--r-- 1 root root 147 Jan 16 11:30 check_file.sh
-rw-r--r-- 1 root root 352 Jan 16 12:45 elif.sh
-rw-r--r-- 1 root root 0 Jan 16 10:59 empty
-rw-r--r-- 1 root root 206 Jan 16 16:15 for1.sh
-rw-r--r-- 1 root root 184 Jan 16 16:24 for2.sh
-rw-r--r-- 1 root root 202 Jan 16 16:29 for3.sh
-rw-r--r-- 1 root root 65 Jan 16 16:44 for4.sh
-rw-r--r-- 1 root root 365 Jan 16 14:55 OS_TYPE.sh
-rw-r--r-- 1 root root 464 Jan 16 10:30 score.sh
```

**示例 5**：新建脚本 for5.sh，从命令行中获取循环列表，其内容如下。

```
#!/bin/bash
for var
do
    echo -n "$var "
done
    echo
```

执行上述脚本，输出结果如下。

```
[root@centos7 ~]# bash for5.sh 1 2 3
1 2 3
```

**示例 6**：新建脚本 for6.sh，使用 C 语言的 for 循环语句的格式，输出循环变量的值，其内容如下。

```
#!/bin/bash
for ((i=1;i<=10;i++))
do
    echo -n "$i "
done
echo
```

执行上述脚本，输出结果如下。

```
[root@centos7 ~]# bash for6.sh
1 2 3 4 5 6 7 8 9 10
```

**示例 7**：新建脚本 for7.sh，使用 C 语言的 for 循环语句的格式，分别计算 1～100 的整数和及 1～100 的奇数和，其内容如下。

```
#!/bin/bash
sumi=0
sumj=0
for ((i=1,j=1;i<=100;i++,j+=2))
do
   ((sumi+= i))
   if [ $j -lt 100 ];then
      ((sumj+=j))
   fi
done
echo "1~100 的整数和, sumi=$sumi"
echo "1~100 的奇数和, sumj=$sumj"
```

执行上述脚本，输出结果如下。

```
[root@centos7 ~]# bash for7.sh
1~100 的整数和, sumi=5050
1~100 的奇数和, sumj=2500
```

### 6.7.2 while 循环语句

while 循环语句是用命令的返回状态值来控制循环的。

while 循环语句的语法格式为：

```
while 表达式
do
    若干个命令行
done
```

若满足表达式，则执行 do 和 done 之间的若干个命令行，否则跳出循环，执行 done 后面的语句。

**示例 1**：新建脚本 while1.sh，计算 1~5 的平方，其内容如下。

```
#!/bin/bash
int=1
while [ $int -le 5 ]
do
    ((sq=int*int))
    echo $sq
    ((int++))
done
```

执行上述脚本，输出结果如下。

```
[root@centos7 ~]# bash while1.sh
1
4
9
16
```

25

**示例2**：新建脚本while2.sh，使用while循环语句，分别计算1~100的整数和及1~100的奇数和，其内容如下。

```
#!/bin/bash
sumi=0
sumj=0
i=1
while [ $i -le 100 ]
do
    ((sumi+=i))
    ((j=i % 2))
    if [ $j -ne 0 ];then
        ((sumj+=i))
    fi
    ((i++))
done
echo "1~100 的整数和, sumi=$sumi"
echo "1~100 的奇数和, sumj=$sumj"
```

执行上述脚本，输出结果如下。

```
[root@centos7 ~]# bash while2.sh
1~100 的整数和, sumi=5050
1~100 的奇数和, sumj=2500
```

**示例3**：新建脚本while3.sh，使用while循环语句，猜测1~10的整数，其内容如下。

```
#!/bin/bash
gnum=`echo $((RANDOM%10+1))`
echo "请输入1~10 的整数："
while read guess
do
    if [ $guess -eq $gnum ];then
        echo "你猜中了"
        break
    else
        echo "错误，请重试！"
    fi
done
```

执行上述脚本，输出结果如下。

```
[root@centos7 ~]# bash while3.sh
请输入1~10 的整数：
0
错误，请重试！
1
错误，请重试！
```

```
6
错误,请重试!
3
你猜中了
```

**示例 4**:新建脚本 while4.sh,使用 while 循环语句,进行无限循环,其内容如下。

```
#!/bin/bash
while ((1))
do
    echo "无限循环"
done
```

执行上述脚本,按快捷键 Ctrl+z 退出无限循环,输出结果如下。

```
[root@centos7 ~]# bash while4.sh
无限循环
无限循环
无限循环
无限循环
无限循环
^C
```

### 6.7.3 until 循环语句

until 循环语句是另外一种循环控制语句。它和 while 循环语句的区别在于,while 循环语句在条件为真时继续循环,而 until 循环语句则在条件为假时继续循环,在条件为真时跳出循环。

until 循环语句的语法格式为:

```
until 表达式
do
    若干个命令行
done
```

若不满足表达式,则执行 do 和 done 之间的若干个命令行,否则跳出循环,执行 done 后面的语句。

**示例 1**:新建脚本 until1.sh,使用 until 循环语句,分别计算 1~100 的整数和及 1~100 的奇数和,其内容如下。

```
#!/bin/bash
sumi=0
sumj=0
i=1
until [ $i -gt 100 ]
do
    ((sumi+=i))
    ((j=i%2))
    if [ $j -ne 0 ];then
```

```
        ((sumj+=i))
    fi
    ((i++))
done
echo "1～100 的整数和，sumi=$sumi"
echo "1～100 的奇数和，sumj=$sumj"
```

执行上述脚本，输出结果如下。

```
[root@centos7 ~]# bash until1.sh
1～100 的整数和，sumi=5050
1～100 的奇数和，sumj=2500
```

**示例 2**：新建脚本 until2.sh，使用 until 循环语句，进行无限循环，其内容如下。

```
#!/bin/bash
until ((0))
do
    echo "无限循环"
done
```

执行上述脚本，按快捷键 Ctrl+z 退出无限循环，输出结果如下。

```
[root@centos7 ~]# bash until2.sh
无限循环
无限循环
无限循环
无限循环
无限循环
^C
```

### 6.7.4 嵌套循环语句

循环语句可以嵌套，以实现更为复杂的功能。

**示例**：新建脚本 cf99.sh，使用多重循环打印九九乘法口诀表，其内容如下。

```
#!/bin/bash
for ((i=1;i<=9;i++))
do
    for((j=1;j<=i;j++))
    do
      ((cj=i*j))
      echo -n "$j*$i=$cj  "
    done
    echo
done
```

执行上述脚本，输出结果如下。

```
[root@centos7 ~]# bash cf99.sh
1*1=1
```

```
1*2=2    2*2=4
1*3=3    2*3=6    3*3=9
1*4=4    2*4=8    3*4=12   4*4=16
1*5=5    2*5=10   3*5=15   4*5=20   5*5=25
1*6=6    2*6=12   3*6=18   4*6=24   5*6=30   6*6=36
1*7=7    2*7=14   3*7=21   4*7=28   5*7=35   6*7=42   7*7=49
1*8=8    2*8=16   3*8=24   4*8=32   5*8=40   6*8=48   7*8=56   8*8=64
1*9=9    2*9=18   3*9=27   4*9=36   5*9=45   6*9=54   7*9=63   8*9=72   9*9=81
```

## 6.8 Shell 函数

函数是 Shell 中的命令模块。在调用函数之前必须先定义函数。
定义函数的语法格式为：

```
[function] 函数名( )
{
    函数体
}
```

其中，function 可以省略，函数体可以由一个或若干个命令组成。
调用函数的语法格式为：

```
函数名 可选的参数列表
```

**示例 1**：新建脚本 func1.sh，示范无参数无返回值函数的定义与调用，其内容如下。

```
#!/bin/bash
f()
{
  echo "这是一个简单的Shell 函数"
}
echo "下面调用Shell 函数f"
f
```

执行上述脚本，输出结果如下。

```
[root@centos7 ~]# bash func1.sh
下面调用Shell 函数f
这是一个简单的Shell 函数
```

上述示例实现了无参数无返回值函数的定义与调用。
**示例 2**：新建脚本 func2.sh，示范有参数无返回值函数的定义与调用，其内容如下。

```
#!/bin/bash
czbk()
{
    echo "第1个参数$1"
    echo "第2个参数$2"
}
czbk $1 $2
```

执行上述脚本,输出结果如下。

```
[root@centos7 ~]#../func2.sh 2 5
第1个参数2
第2个参数5
```

**示例3**:新建脚本func3.sh,示范有参数有返回值函数的定义与调用,其内容如下。

```
#!/bin/bash
sum()
{
   echo "接收到的参数为$1 和$2"
   return $(($1+$2))
}
sum $1 $2
echo $?
```

执行上述脚本,输出结果如下。

```
[root@centos7 ~]#../func3.sh 10 20
接收到的参数为10 和20
30
```

**示例4**:新建脚本func4.sh,通过键盘输入一个文件名,判断其是否存在,其内容如下。

```
#!/bin/bash
echo -n "请输入一个文件名:"
read FILE
checkfileexist()
{
   if [ -f $FILE ];then
      return 0
   else
      return 1
   fi
}
echo "调用Shell函数checkfileexist"
checkfileexist
if [ $? -eq 0 ];then
   echo "$FILE 存在"
else
   echo "$FILE 不存在"
fi
```

执行上述脚本,输出结果如下。

```
[root@centos7 ~]#../func4.sh
请输入一个文件名:func4.sh
调用Shell 函数checkfileexist
func4.sh 存在
[root@centos7 ~]# bash func4.sh
```

```
请输入一个文件名：f
调用 Shell 函数 checkfileexist
f 不存在
```

**示例 5**：新建脚本 func5.sh，通过键盘输入一个文件名，判断其是否存在，其内容如下。

```
#!/bin/bash
checkfileexist()
{
   if [ -f $FILE ];then
      return 0
   else
      return 1
   fi
}
echo "调用 Shell 函数 checkfileexist"
echo "$#"
if [ $# -lt 1 ];then
   echo -n "请输入一个文件名："
   read FILE
else
   FILE=$1
fi
checkfileexist $FILE
if [ $? -eq 0 ];then
   echo "$FILE 存在"
else
   echo "$FILE 不存在"
fi
```

执行上述脚本，输出结果如下。

```
[root@centos7 ~]# bash func5.sh
调用 Shell 函数 checkfileexist
0
请输入一个文件名：/etc/passwd
/etc/passwd 存在
[root@centos7 ~]# bash func5.sh func4.sh
调用 Shell 函数 checkfileexist
1
func4.sh 存在
```

**示例 6**：新建脚本 func6.sh，通过键盘输入一个整数，计算其阶乘，其内容如下。

```
#!/bin/bash
jc()
{
   p=1
   for ((i=1;i<=$1;i++))
```

```
    do
      ((p=p*i))
    done
    return $p
}
jc $1
echo "$1 的阶乘是$?"
```

执行上述脚本，输出结果如下。

```
[root@centos7 ~]# bash func6.sh 5
5 的阶乘是 120
```

## 6.9 项目拓展

### 6.9.1 项目拓展 1

#### 1．项目要求

编写一个 Shell 脚本 hoststatus.sh，监测某个主机是否启动成功，可以通过执行 3 次 ping 命令，每次向一个主机（假设其 IP 地址为 192.168.126.12）发送一个数据包，如果 3 次 ping 命令均执行失败，那么显示主机启动失败，否则显示主机启动成功。其中，IP 地址通过参数列表传递。

#### 2．项目步骤

（1）进入 CentOS，打开一个终端。在命令行中输入 vim 命令启动 vim。
（2）在命令模式下输入 "i" 进入插入模式，输入如下内容。

```
#!/bin/bash
for ((i=1;i<=3;i++))
do
  #测试主机状态，主机 IP 地址将被作为参数给出
  if ping -c 1 $1 &> /dev/null
  then
    export ping_count"$i"=1
  else
    export ping_count"$i"=0
  fi
#时间间隔为 1 秒
  sleep 1
done
#3 次 ping 命令执行失败后报警
if [ $ping_count1 -eq 1 ] || [ $ping_count2 -eq 1 ] || [ $ping_count3 -eq 1 ]
then
  echo "$1 is up"
```

```
    else
      echo "$1 is down"
    fi
unset ping_count1
unset ping_count2
unset ping_count3
```

(3) 执行脚本 hoststatus.sh，输出结果如下。

```
[root@centos7 ~]# bash hoststatus.sh 192.168.126.12
192.168.126.12 is up
[root@centos7 ~]# bash hoststatus.sh 192.168.126.13
192.168.126.13 is down
```

## 6.9.2 项目拓展 2

### 1. 项目要求

新建一个 Shell 脚本 useradd.sh，批量添加用户名和密码，所有要添加的用户名和密码均被保存在 userlist.txt 文件中。

### 2. 项目步骤

(1) 进入 CentOS，打开一个终端。在命令行中输入"cd /root"，切换到/root 目录中，在该目录中新建 userlist.txt 文件，在命令行中输入"vim userlist.txt"启动 vim。

(2) 在命令模式下输入"i"进入插入模式，输入如下内容。

```
u001 p001
u002 p002
u003 p003
u004 p004
u005 p005
u006 p006
```

(3) 保存并退出。
(4) 在命令行中输入"vim useradd.sh"启动 vim。
(5) 在命令模式下输入"i"进入插入模式，输入如下内容。

```
#!/bin/bash
Userfile=/root/userlist.txt
Useradd=/usr/sbin/useradd
Cut=/usr/bin/cut
while read LINE
do
    Username=`echo $LINE|cut -f1 -d' '`
    Password=`echo $LINE|cut -f2 -d' '`
    $Useradd $Username &>/dev/null
    if [ $? -ne 0 ]
    then
```

```
            echo "$Username 已经存在，跳过密码设置"
        else
            echo "$Username:$Password" | chpasswd
            echo "$Username $Password creates successfully!"
        fi
done<$Userfile
```

（6）保存并退出。

（7）执行脚本 useradd.sh，输出结果如下。

```
[root@rhel ~]# bash useradd.sh
u001 p001 creates successfully!
u002 p002 creates successfully!
u003 p003 creates successfully!
u004 p004 creates successfully!
u005 p005 creates successfully!
u006 p006 creates successfully!
[root@rhel ~]# bash useradd.sh    #再次执行，提示用户已经存在
u001 已经存在，跳过密码设置
u002 已经存在，跳过密码设置
u003 已经存在，跳过密码设置
u004 已经存在，跳过密码设置
u005 已经存在，跳过密码设置
u006 已经存在，跳过密码设置
```

### 6.9.3 项目拓展 3

#### 1. 项目要求

新建一个 Shell 脚本 nginx_install.sh，在该脚本中创建 4 个函数：check、install_pre、install、nginx_test。依次调用上述 4 个函数，实现在/usr/local/nginx 目录中安装 Nginx 的功能。注意，要实现上述功能需要 CentOS 能连通外网，并配置好网络 yum 源。

上述 4 个函数的功能分别如下。

（1）check 函数：用于检查当前用户是否为超级管理员（如果不是，那么退出 Shell 脚本），之后检查是否已安装 wget 命令（如果没有安装，那么退出 Shell 脚本）。

（2）install_pre 函数：用于安装前的准备，安装相关依赖包（gcc-* pcre-devel zlib-devel elinks）。若无法安装，则提示"ERROR: yum install error"，并退出 Shell 脚本。先使用 wget 命令到官网下载相应版本的 Nginx 源代码包（nginx-1.24.0.tar.gz），将其放入当前文件夹，再使用 tar 命令将该包解压缩到当前文件夹中。若不能成功下载或解压缩失败，则退出 Shell 脚本。

（3）install 函数：用于创建 Nginx 管理用户，并进行源代码包的安装。若在配置和安装的过程中出现错误，则给出错误提示，并退出 Shell 脚本。

（4）nginx_test 函数：用于启动 Nginx，并测试是否启动成功。

## 2. 项目步骤

（1）进入 CentOS，打开一个终端。在命令行中输入"vim nginx_install.sh"启动 vim。
（2）在命令模式中输入"i"进入插入模式，输入如下内容。

```bash
#!/bin/bash
# 安装用户  root
#安装前准备  依赖包 源代码包获得
#安装
#启动   测试

#variables
nginx_pkg="nginx-1.24.0.tar.gz"
nginx_source_dir=`echo $nginx_pkg|cut -d "." -f1-3`
nginx_install_dir="/usr/local/nginx"
nginx_user="www"    #Nginx 的用户名
nginx_group="www"   #Nginx 的用户组名

check(){
    #监测当前用户，要求为超级管理员
    if [ $USER != 'root' ];then
        echo "The user must be root to do that "
        exit 1
    fi

    #检查是否已安装 wget 命令
    if [ ! -x /usr/bin/wget ];then
        echo "not found command /usr/bin/wget"
        exit 1
    fi
}

install_pre(){
#安装依赖包
#0 stdin 表示标准输入；1 stdout 表示标准输出；2 stderr 表示标准错误
if ! (yum -y install gcc-* pcre-devel zlib-devel elinks 1>/dev/null);then
    echo "ERROR: yum install error"
    exit 1
else
    echo "依赖包已安装成功！"
fi
#下载 Nginx 的源代码包
if wget https://nginx.org/download/$nginx_pkg &>/dev/null;then
   tar xzf $nginx_pkg
   if [ ! -d $nginx_source_dir ];then
```

```
            echo "ERROR:not found $nginx_source_dir"
            exit 1
        fi
    else
        echo "ERROR:download file $nginx_pkg fail"
        exit 1
    fi
}

install(){
    #创建管理用户
    useradd -r -s /sbin/nologin www
    #安装 Nginx 的源代码包
    cd $nginx_source_dir
    echo "nginx configure......"
    if ./configure --prefix=$nginx_install_dir --user=$nginx_user --group=$nginx_group 1>/dev/null;then
        echo "nginx make......"
        if make 1>/dev/null;then
            echo "nginx install....."
            if make install 1>/dev/null;then
                echo "nginx install success"
            else
                echo "ERROR:nginx make install fail";exit 1
            fi
        else
            echo "ERROR:nginx make fail";exit 1
        fi
    else
        echo "ERROR:nginx configure fail";exit 1
    fi
}
nginx_test(){
    if $nginx_install_dir/sbin/nginx;then
        echo "nginx start SUCCESS!"
        elinks http://localhost -dump
    else
        echo "nginx start FAIL!"
    fi
}
check;install_pre;install;nginx_test
```

(3) 保存并退出。

(4) 执行脚本 nginx_install.sh,输出结果如图 6-2 所示。

图 6-2　输出结果

## 6.10　本章练习

### 一、选择题

1. 在下列选项中，按（　　）键可以补齐 Shell 命令。
   A. Tab　　　　　　　　　　B. Shift
   C. Esc　　　　　　　　　　D. Ctrl

2. 在下列选项中，（　　）是管道符。
   A. \`\`　　　　　　　　　　B. $
   C. &　　　　　　　　　　　D. |

3. 在下列选项中，（　　）不是 Shell 的特殊变量。
   A. $#　　　　　　　　　　B. $$
   C. $&　　　　　　　　　　D. $@

4. 关于 Shell 脚本，下列描述错误的是（　　）。
   A. 第 1 行以 "#!" 开头，用于指定命令解释器
   B. source 命令用于运行 Shell 脚本
   C. 注释可以使用 "#" 标识
   D. Shell 脚本在编写完成后就具有了执行权限

5. 在下列选项中，环境变量（　　）用于保存当前用户的主目录。
   A. SHELL　　　　　　　　　B. HOME
   C. PATH　　　　　　　　　 D. PWD

### 二、填空题

1. 在 Shell 脚本中，使用_____声明一个变量。
2. 在 Shell 脚本中，获取第 1 个参数的变量是_____。

3. 在 Shell 脚本中，注释的开头是_____。
4. 使用_____运算符，可以判断字符串是否为空。
5. 使用_____运算符，可以判断文件是否存在。
6. 使用_____运算符，可以比较两个整数是否相等。
7. 使用_____运算符，可以检查用户是否具有某个文件的执行权限。
8. 在 Shell 脚本中，使用_____可以声明一个数组。
9. 假设数组名为 array，使用_____可以获取该数组中的所有元素。
10. 使用_____可以在 Shell 脚本中实现条件判断。
11. 使用_____可以获取上一个命令的退出状态。
12. 使用_____可以获取 Shell 脚本的参数个数。

### 三、判断题

1. Shell 变量的值不能被修改。（    ）
2. Shell 中的双引号可以屏蔽所有字符的功能。（    ）
3. case 条件语句的判断条件只能是常量或正则表达式。（    ）
4. until 循环语句只在循环条件不成立时才会执行循环体。（    ）
5. Shell 脚本中可以定义函数。（    ）

### 四、简答题

1. 简述一个简单的 Shell 脚本的创建过程。
2. 简述执行 Shell 脚本的几种方法。

### 五、Shell 脚本编写

1. 新建一个 Shell 脚本 lx1.sh，其功能是：定义变量 AK 的值为 200，并使用引用变量的 4 种方法，将其显示在屏幕上。

2. 新建一个 Shell 脚本 lx2.sh，其功能是：显示运行脚本时所有参数数量、脚本的名称、第 1 个参数、第 2 个参数、第 3 个参数、所有参数的内容。

3. 新建一个 Shell 脚本 lx3.sh，其功能是：显示当前系统的用户名、bash 类型、命令搜索目录、日期和时间。

4. 新建一个 Shell 脚本 userdel.sh，其功能是：使用循环控制语句，批量删除用户名和密码，用户名和密码被保存在 6.9.2 节的项目拓展 2 中新建的 userlist.txt 文件中，在 userlist.txt 文件的第 1 行中添加记录 a001 pa001，输出结果如图 6-3 所示。

```
[root@RHEL shelljb]# bash userdel.sh
a001不存在，无法删除
u001 deleted successfully!
u002 deleted successfully!
u003 deleted successfully!
u004 deleted successfully!
u005 deleted successfully!
u006 deleted successfully!
```

图 6-3　输出结果

# 第 7 章

# Linux Web 服务器与数据库服务器应用

在数字化时代的浪潮中，互联网已成为连接世界的"桥梁"，而 Web 服务器与数据库服务器则是这座"桥梁"上不可或缺的基石。随着技术的飞速发展，Linux 作为开放源代码的操作系统，凭借自身的灵活性、安全性及高度的可定制性，在 Web 服务器与数据库服务器领域占据了举足轻重的地位。编写本章正是为了引领读者深入这一广阔而精彩的领域，揭开这一领域的神秘面纱，让读者领略其背后的强大力量与无限潜力。

## 7.1 Java 环境

为了能运行 Java 开发的 Web 程序，需要在 Linux 中安装 JDK（Java 开发工具包）。

### 7.1.1 查看 Linux 服务器版本

在 Linux 服务器中输入如下命令，查看 Linux 服务器版本，如图 7-1 所示。因为 Linux 服务器版本为 64 位，所以后续被安装在 Linux 服务器中的其他软件也要对应为 64 位的版本。

```
getconf LONG_BIT
```

```
[root@centos7 ~]# getconf LONG_BIT
64
[root@centos7 ~]#
```

图 7-1  查看 Linux 服务器版本

## 7.1.2　下载 JDK

在 Oracle 官网主界面中，先单击"Products"菜单，再选择"Java"选项，在打开的"Java"界面中单击"Download Java"按钮，在打开的"Java downloads"界面的"JDK 21"选项卡的"Linux"栏中单击"x64 Compressed Archive"选项后面的链接，下载 JDK（因为 JDK 21 是 Java SE 平台最新的长期支持版本，所以这里选择 JDK21），如图 7-2～图 7-4 所示。

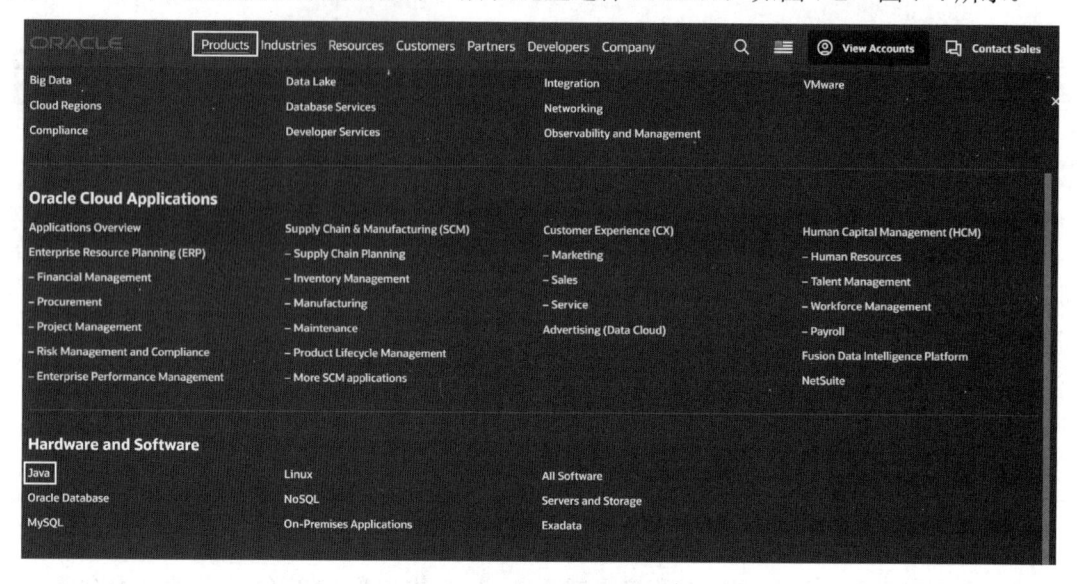

图 7-2　Oracle 官网主界面

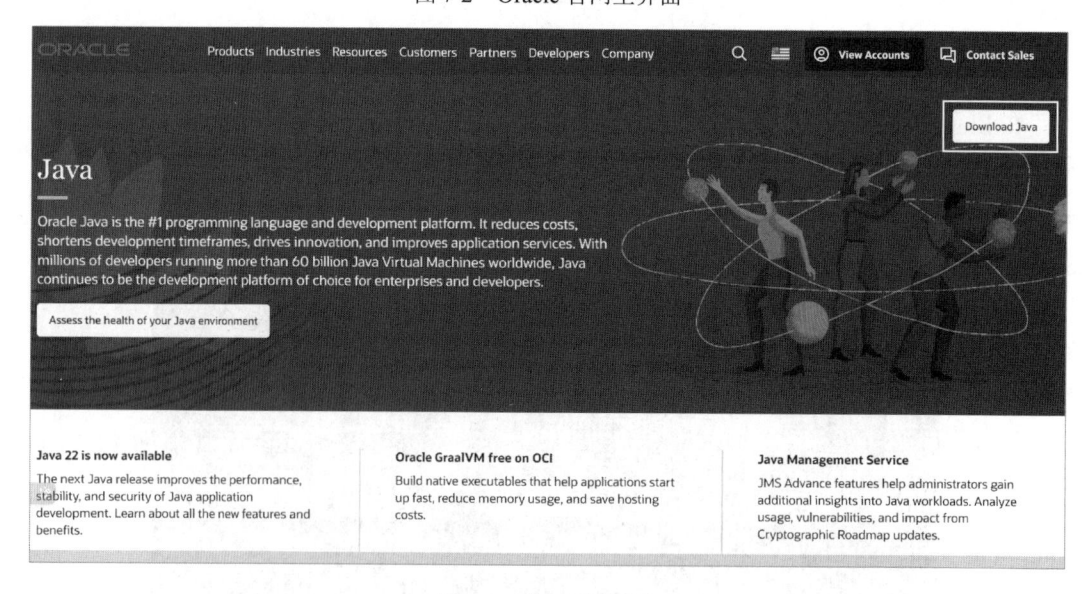

图 7-3　"Java"界面

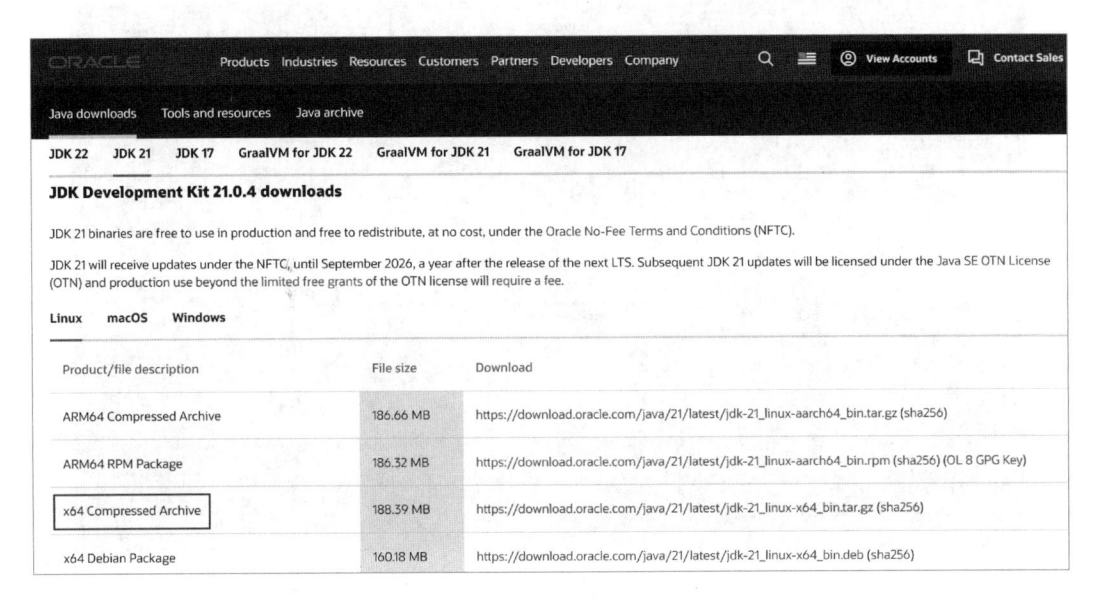

图 7-4　"Java downloads"界面的"JDK 21"选项卡的"Linux"栏

## 7.1.3　上传并解压缩 JDK

使用 FTP 工具将刚刚下载的 JDK 上传到 Linux 服务器的/usr/local/jdk 目录中，如图 7-5 所示。若 Linux 服务器中没有/usr/local/jdk 目录，则创建该目录。

```
[root@centos7 local]# pwd
/usr/local
[root@centos7 local]# ls
aegis  bin  etc  games  include  lib  lib64  libexec  nginx  sbin  share  src
[root@centos7 local]# mkdir jdk
[root@centos7 local]# ls
aegis  bin  etc  games  include  jdk  lib  lib64  libexec  nginx  sbin  share  src
[root@centos7 local]# cd jdk
[root@centos7 jdk]# ls
jdk-21_linux-x64_bin.tar.gz
[root@centos7 jdk]#
```

图 7-5　将 JDK 上传到 Linux 服务器的/usr/local/jdk 目录中

使用 tar-zxf jdk-21_linux-x64_bin.tar.gz 命令解压缩 JDK 并进入解压缩后的文件夹，如图 7-6 所示。

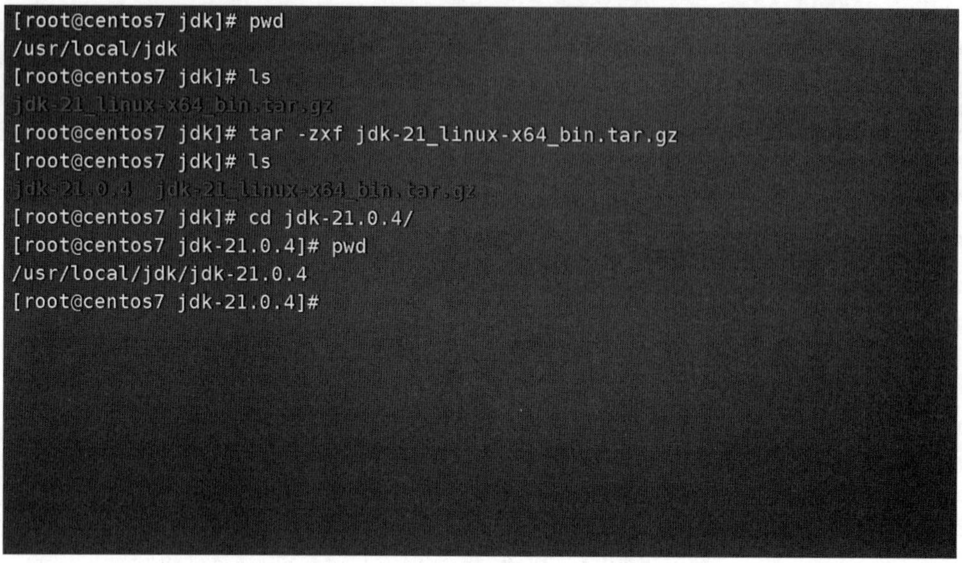

```
[root@centos7 jdk]# pwd
/usr/local/jdk
[root@centos7 jdk]# ls
jdk-21_linux-x64_bin.tar.gz
[root@centos7 jdk]# tar -zxf jdk-21_linux-x64_bin.tar.gz
[root@centos7 jdk]# ls
jdk-21.0.4  jdk-21_linux-x64_bin.tar.gz
[root@centos7 jdk]# cd jdk-21.0.4/
[root@centos7 jdk-21.0.4]# pwd
/usr/local/jdk/jdk-21.0.4
[root@centos7 jdk-21.0.4]#
```

图 7-6　解压缩 JDK 并进入解压缩后的文件夹

### 7.1.4　配置环境变量

此时 JDK 安装完成，为了保证能在任何目录中调用 Java 命令，下面配置环境变量。

```
export JAVA_HOME=/usr/local/jdk/jdk-21.0.4
export PATH=${JAVA_HOME}/bin:${PATH}
```

注意，上述代码中的 jdk-21.0.4 为刚刚解压缩的文件夹名，具体操作以实际文件夹名为准。

使用 vim 打开/etc/profile 文件，在该文件中添加上述代码，输入"i"进入插入模式，代码添加完成后按 Esc 键，输入":wq"保存并退出，如图 7-7 和图 7-8 所示。

```
[root@centos7 jdk-21.0.4]# vim /etc/profile
```

图 7-7　使用 vim 打开/etc/profile 文件

```
for i in /etc/profile.d/*.sh /etc/profile.d/sh.local ; do
    if [ -r "$i" ]; then
        if [ "${-#*i}" != "$-" ]; then
            . "$i"
        else
            . "$i" >/dev/null
        fi
    fi
done

unset i
unset -f pathmunge

export JAVA_HOME=/usr/local/jdk/jdk-21.0.4
export PATH=${JAVA_HOME}/bin:${PATH}


:wq
```

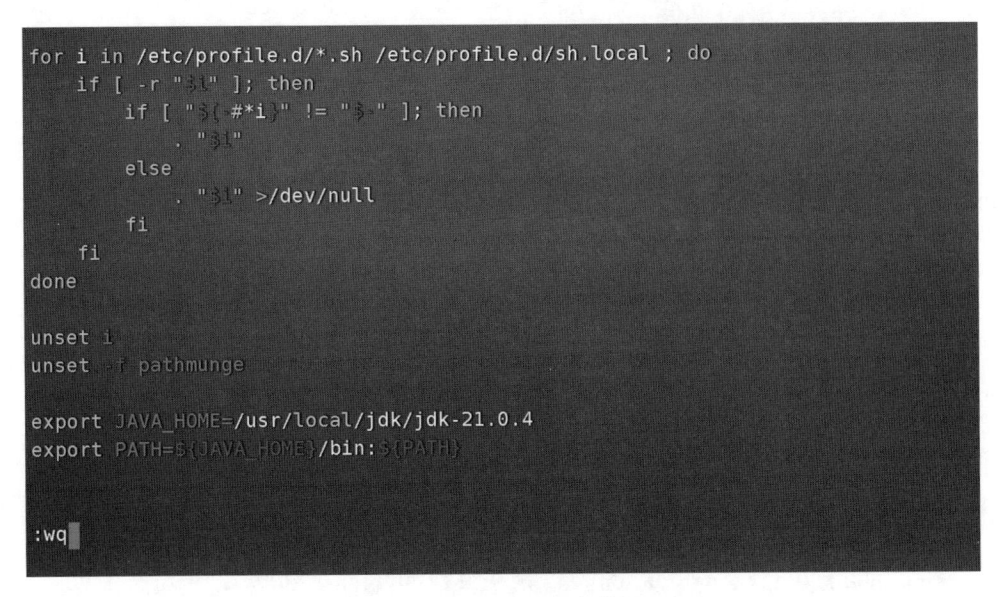

图 7-8　添加代码及保存并退出

输入如下代码，重新加载/etc/profile 文件并查看 Java 版本，如图 7-9 所示。此时，环境变量配置成功。

```
source /etc/profile
java -version
```

```
[root@centos7 jdk-21.0.4]# source /etc/profile
[root@centos7 jdk-21.0.4]# java -version
java version "21.0.4" 2024-07-16 LTS
Java(TM) SE Runtime Environment (build 21.0.4+8-LTS-274)
Java HotSpot(TM) 64-Bit Server VM (build 21.0.4+8-LTS-274, mixed mode, sharing)
[root@centos7 jdk-21.0.4]# 1
```

图 7-9　重新加载/etc/profile 文件并查看 Java 版本

## 7.2　Web 服务器

在 Linux 中部署 Web 服务器是构建 Web 应用的基础。在 Linux 中部署的 Web 服务器常见的有 Tomcat 和 Nginx。以下是在 Linux 中部署 Tomcat 和 Nginx 的步骤。

### 7.2.1 Tomcat

Tomcat 是一款开源的 Java 应用服务器，由 Apache 软件基金会（Apache Software Foundation，ASF）开发和维护。它为基于 Java 的 Web 应用提供了一个运行环境，可以作为独立的 Web 服务器来运行静态内容。

#### 1. 下载 Tomcat

在 Tomcat 官网主界面中，选择"Download"→"Tomcat 10"命令，在打开的界面中单击"Core"选项组中的"tar.gz（pgp.sha512）"链接，如图 7-10 所示。

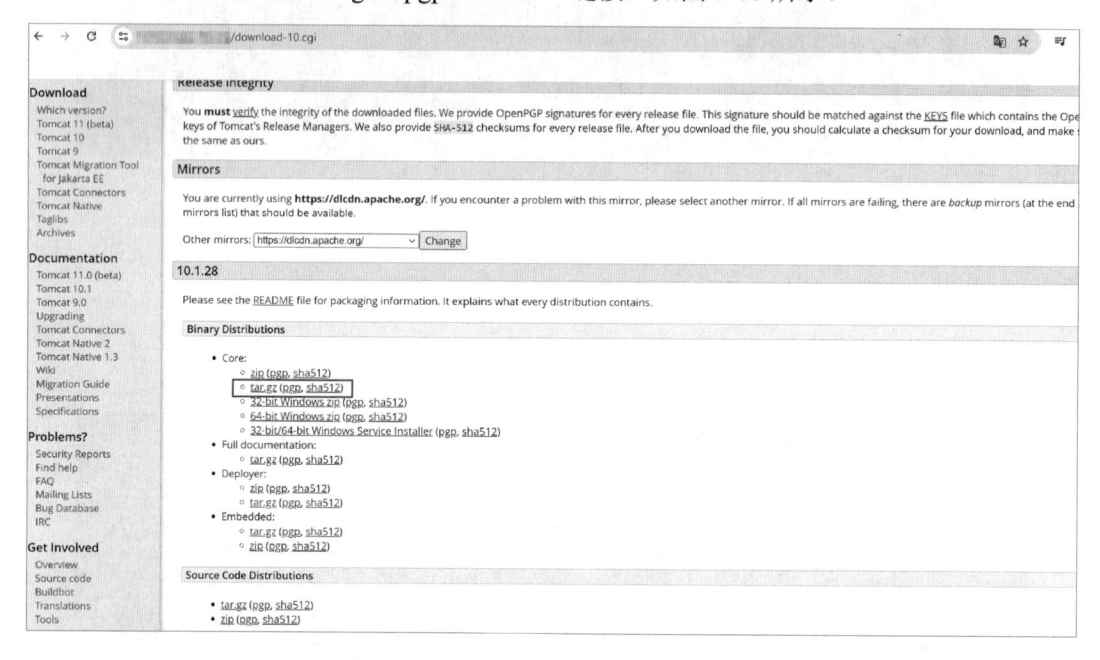

图 7-10　单击"tar.gz（pgp.sha512）"链接

注意，在选择 Tomcat 的版本前，需要确定其依赖的 JDK 版本是否支持，单击图 7-10 中的"README"链接，可以看到 Tomcat 依赖的是 JDK 11 或以上版本。

#### 2. 上传并解压缩 Tomcat

使用 FTP 工具将刚刚下载的 Tomcat 上传到 Linux 服务器的/usr/local/tomcat 目录中，如图 7-11 所示。若 Linux 服务器中没有/usr/local/tomcat 目录，则创建该目录。

使用 tar -zxvf apache-tomcat-10.1.28.tar.gz 命令解压缩 Tomcat 并进入解压缩后的 bin 文件夹，如图 7-12 和图 7-13 所示。

使用 ll 命令列举 bin 文件夹中的文件，运行 startup.sh 文件启动 Tomcat 服务，如图 7-14 和图 7-15 所示。

```
[root@centos7 tomcat]# pwd
/usr/local/tomcat
[root@centos7 tomcat]# ls
apache-tomcat-10.1.28.tar.gz
[root@centos7 tomcat]#
```

图 7-11  将 Tomcat 上传到 Linux 服务器的 /usr/local/tomcat 中

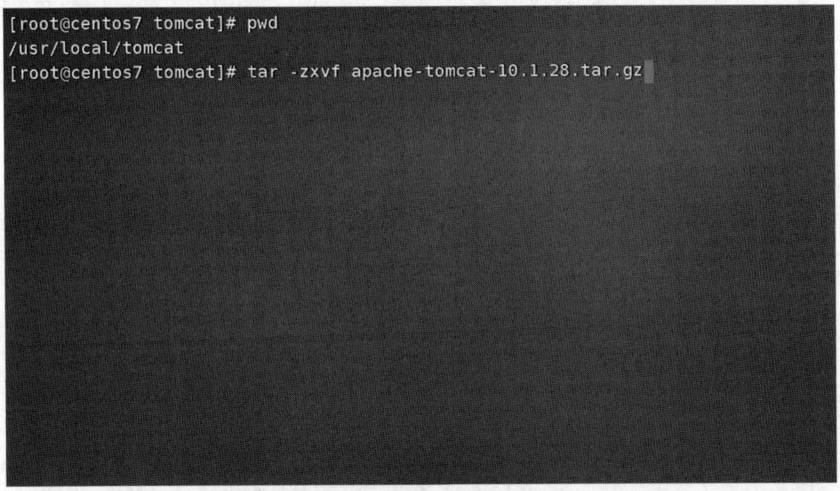

```
[root@centos7 tomcat]# pwd
/usr/local/tomcat
[root@centos7 tomcat]# tar -zxvf apache-tomcat-10.1.28.tar.gz
```

图 7-12  解压缩 Tomcat

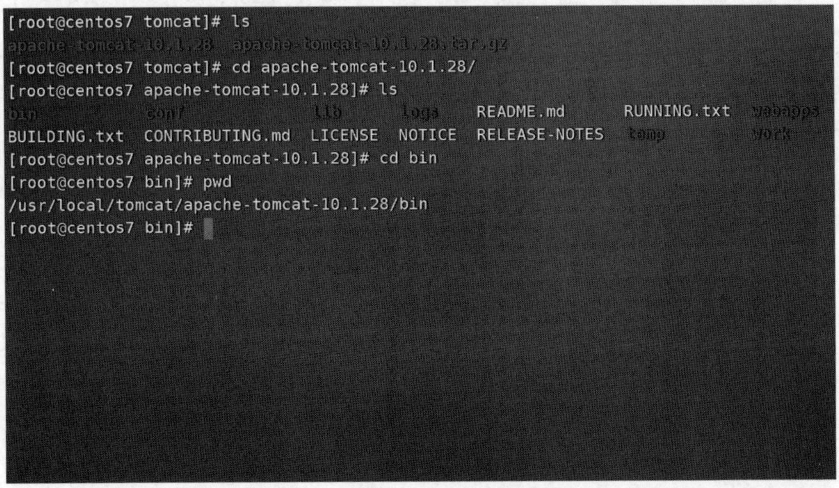

```
[root@centos7 tomcat]# ls
apache-tomcat-10.1.28    apache-tomcat-10.1.28.tar.gz
[root@centos7 tomcat]# cd apache-tomcat-10.1.28/
[root@centos7 apache-tomcat-10.1.28]# ls
bin            conf            lib        logs      README.md        RUNNING.txt    webapps
BUILDING.txt   CONTRIBUTING.md LICENSE    NOTICE    RELEASE-NOTES    temp           work
[root@centos7 apache-tomcat-10.1.28]# cd bin
[root@centos7 bin]# pwd
/usr/local/tomcat/apache-tomcat-10.1.28/bin
[root@centos7 bin]#
```

图 7-13  进入解压缩后的 bin 文件夹

```
[root@centos7 bin]# pwd
/usr/local/tomcat/apache-tomcat-10.1.28/bin
[root@centos7 bin]# ll
总用量 928
-rw-r----- 1 root root  36142 8月   2 23:14 bootstrap.jar
-rw-r----- 1 root root  15127 8月   2 23:14 catalina.bat
-rwxr-x--- 1 root root  23445 8月   2 23:14 catalina.sh
-rw-r----- 1 root root   1664 8月   2 23:14 catalina-tasks.xml
-rw-r----- 1 root root   2123 8月   2 23:14 ciphers.bat
-rwxr-x--- 1 root root   1997 8月   2 23:14 ciphers.sh
-rw-r----- 1 root root  25834 8月   2 23:14 commons-daemon.jar
-rw-r----- 1 root root 214459 8月   2 23:14 commons-daemon-native.tar.gz
-rw-r----- 1 root root   2040 8月   2 23:14 configtest.bat
-rwxr-x--- 1 root root   1922 8月   2 23:14 configtest.sh
-rwxr-x--- 1 root root   8319 8月   2 23:14 daemon.sh
-rw-r----- 1 root root   2091 8月   2 23:14 digest.bat
-rwxr-x--- 1 root root   1965 8月   2 23:14 digest.sh
-rw-r----- 1 root root   3606 8月   2 23:14 makebase.bat
-rwxr-x--- 1 root root   3382 8月   2 23:14 makebase.sh
-rw-r----- 1 root root   2096 8月   2 23:14 migrate.bat
-rwxr-x--- 1 root root   1970 8月   2 23:14 migrate.sh
-rw-r----- 1 root root   3382 8月   2 23:14 setclasspath.bat
-rwxr-x--- 1 root root   3941 8月   2 23:14 setclasspath.sh
-rw-r----- 1 root root   2020 8月   2 23:14 shutdown.bat
-rwxr-x--- 1 root root   1902 8月   2 23:14 shutdown.sh
-rw-r----- 1 root root   2022 8月   2 23:14 startup.bat
```

图 7-14　使用 ll 命令列举 bin 文件夹中的文件

```
-rw-r----- 1 root root   3606 8月   2 23:14 makebase.bat
-rwxr-x--- 1 root root   3382 8月   2 23:14 makebase.sh
-rw-r----- 1 root root   2096 8月   2 23:14 migrate.bat
-rwxr-x--- 1 root root   1970 8月   2 23:14 migrate.sh
-rw-r----- 1 root root   3382 8月   2 23:14 setclasspath.bat
-rwxr-x--- 1 root root   3941 8月   2 23:14 setclasspath.sh
-rw-r----- 1 root root   2020 8月   2 23:14 shutdown.bat
-rwxr-x--- 1 root root   1902 8月   2 23:14 shutdown.sh
-rw-r----- 1 root root   2022 8月   2 23:14 startup.bat
-rwxr-x--- 1 root root   1904 8月   2 23:14 startup.sh
-rw-r----- 1 root root  48827 8月   2 23:14 tomcat-juli.jar
-rw-r----- 1 root root 471386 8月   2 23:14 tomcat-native.tar.gz
-rw-r----- 1 root root   3623 8月   2 23:14 tool-wrapper.bat
-rwxr-x--- 1 root root   4600 8月   2 23:14 tool-wrapper.sh
-rw-r----- 1 root root   2026 8月   2 23:14 version.bat
-rwxr-x--- 1 root root   1908 8月   2 23:14 version.sh
[root@centos7 bin]# ./startup.sh
Using CATALINA_BASE:   /usr/local/tomcat/apache-tomcat-10.1.28
Using CATALINA_HOME:   /usr/local/tomcat/apache-tomcat-10.1.28
Using CATALINA_TMPDIR: /usr/local/tomcat/apache-tomcat-10.1.28/temp
Using JRE_HOME:        /usr/local/jdk/jdk-21.0.4
Using CLASSPATH:       /usr/local/tomcat/apache-tomcat-10.1.28/bin/bootstrap.jar:/usr/local/tomcat/apache
-tomcat-10.1.28/bin/tomcat-juli.jar
Using CATALINA_OPTS:
Tomcat started.
[root@centos7 bin]#
```

图 7-15　运行 startup.sh 文件启动 Tomcat 服务

### 3. 访问 Tomcat 服务

在浏览器中输入网址，使用默认端口 8080 访问 Tomcat 的默认页面，如图 7-16 所示。如果能出现 Tomcat 自带的页面，那么说明 Tomcat 安装与配置成功。

要关闭 Tomcat 服务，使用如下命令即可。

```
./shutdown.sh
```

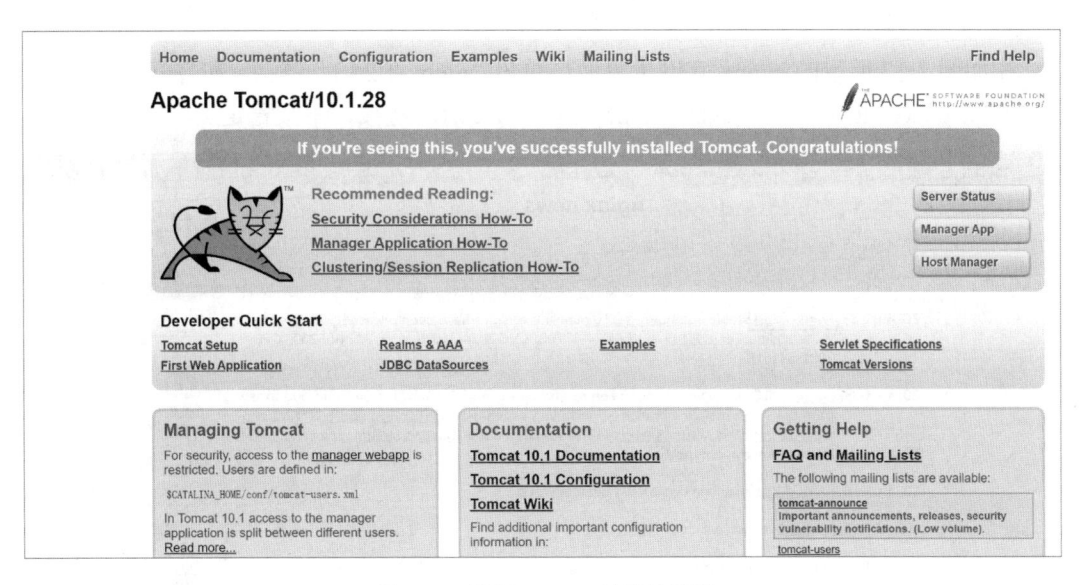

图 7-16 访问 Tomcat 的默认页面

## 7.2.2 Nginx

Nginx 是一款高性能的 HTTP 服务器、反向代理服务器、电子邮件（IMAP/POP3）代理服务器，由伊戈尔·西索夫开发。它可以独立提供 HTTP 服务。

### 1．安装 Nginx 前置环境

因为 Nginx 是由 C 语言编译的，所以需要安装 GCC 编译器，命令如下。

```
Yum install gcc-c++
```

PCRE（Perl Compatible Regular Expressions）库是一个 Perl 库，包括 Perl 兼容的正则表达式库。因为 Nginx 的 HTTP 组件模块使用 PCRE 库解析正则表达式，所以需要在 Linux 中安装 PCRE 库，命令如下。

```
yum install -y pcre pcre-devel
```

注意，pcre-devel 是使用 PCRE 库开发的一个二次开发库。Nginx 也需要此库。

zlib 库提供了多种压缩和解压缩的方式。因为 Nginx 使用 zlib 库对 HTTP 包的内容进行压缩，所以需要在 Linux 中安装 zlib 库，命令如下。

```
yum install -y zlib zlib-devel
```

OpenSSL 库是一个强大的 SSL（安全套接层）密码库，支持主要的密码算法、常用的密钥和证书封装管理功能及 SSL 协议，并提供了丰富的程序供测试或其他目的使用。因为 Nginx 不仅支持 HTTP，还支持 HTTPS（即在 SSL 协议上传输 HTTP），所以需要在 Linux 中安装 OpenSSL 库，命令如下。

```
yum install -y openssl openssl-devel
```

## 2. 下载 Nginx

在如图 7-17 所示的 Nginx 官网主界面中单击 "nginx-1.26.1" 链接，在打开的如图 7-18 所示的 "nginx：download" 界面中单击 "nginx-1.26.1" 链接，下载稳定版。

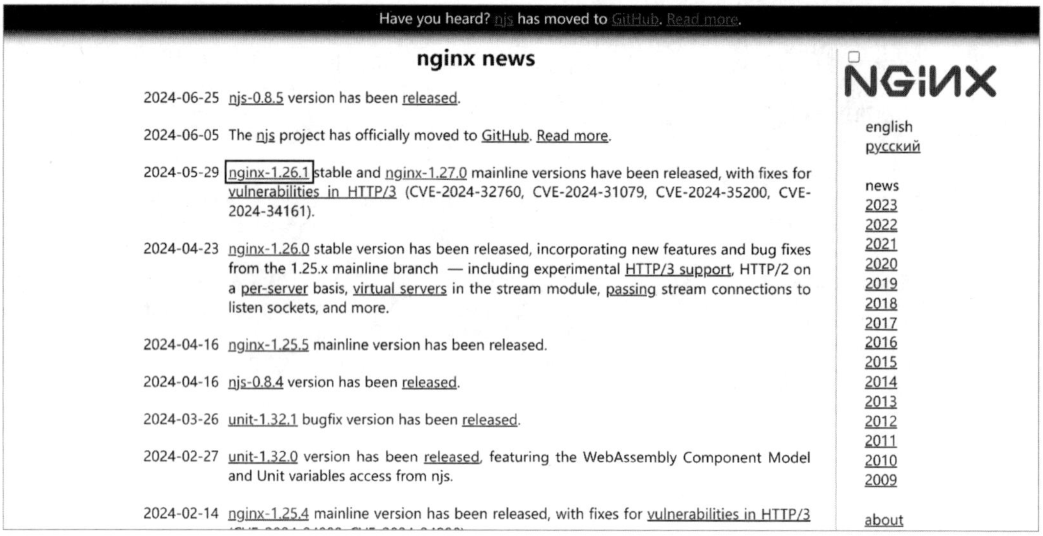

图 7-17  Nginx 官网主界面

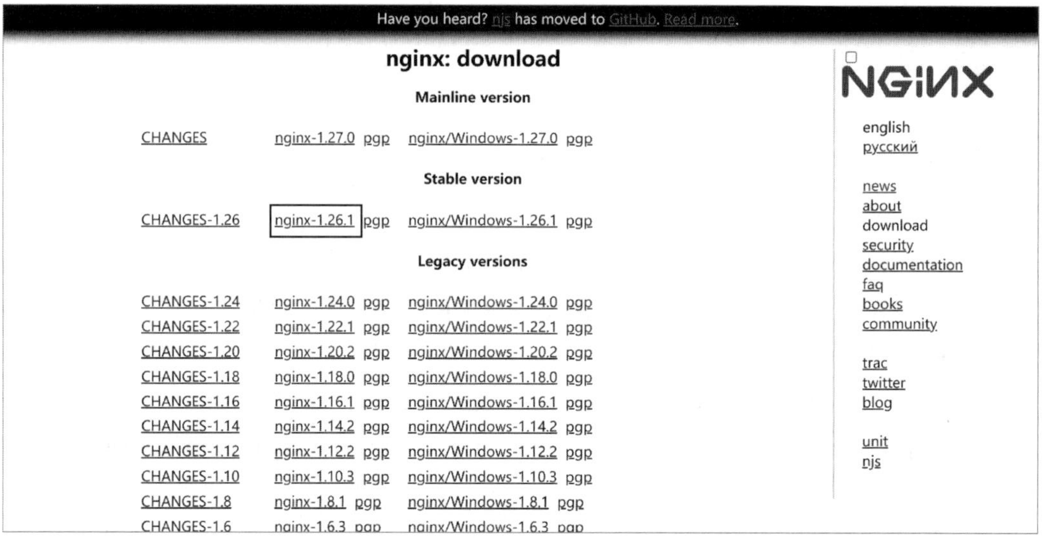

图 7-18  "Nginx：download" 界面

## 3. 上传并解压缩 Nginx

使用 FTP 工具将刚刚下载的 Nginx 上传到 Linux 服务器的/usr/local/nginx 目录中，如图 7-19 所示。若 Linux 服务器中没有/usr/local/nginx 目录，则创建该目录。

使用 tar -zxvf nginx-1.26.1.tar.gz 命令解压缩 Nginx 并进入解压缩后的文件夹，如图 7-20 所示。

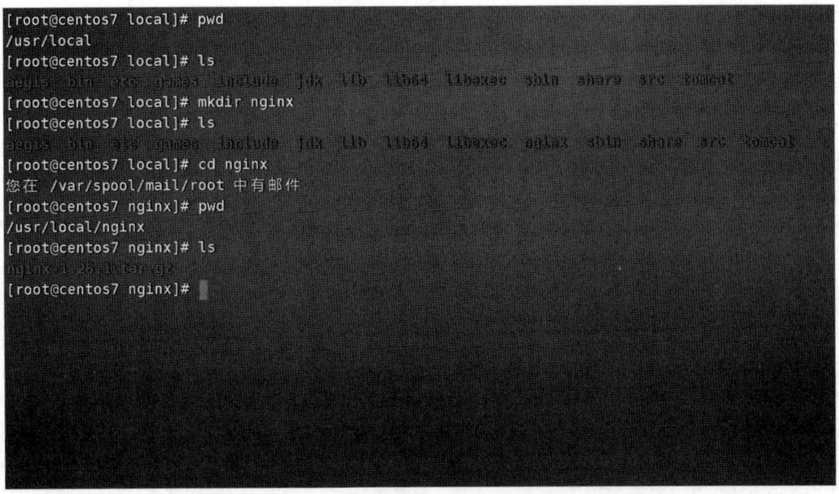

图 7-19　将 Nginx 上传到 Linux 服务器的/usr/local/nginx 目录中

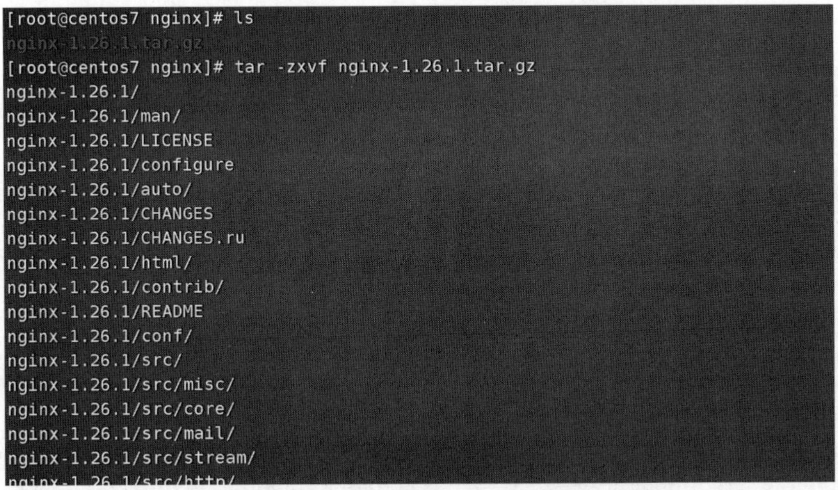

图 7-20　解压缩 Nginx 并进入解压缩后的文件夹

### 4．新建 Makefile 文件

使用如下 configure 命令新建 Makefile 文件，如图 7-21 所示。

```
./configure \
--prefix=/usr/local/nginx \
--pid-path=/var/run/nginx/nginx.pid \
--lock-path=/var/lock/nginx.lock \
--error-log-path=/var/log/nginx/error.log \
--http-log-path=/var/log/nginx/access.log \
--with-http_gzip_static_module \
--http-client-body-temp-path=/var/temp/nginx/client \
--http-proxy-temp-path=/var/temp/nginx/proxy \
--http-fastcgi-temp-path=/var/temp/nginx/fastcgi \
--http-uwsgi-temp-path=/var/temp/nginx/uwsgi \
--http-scgi-temp-path=/var/temp/nginx/scgi
```

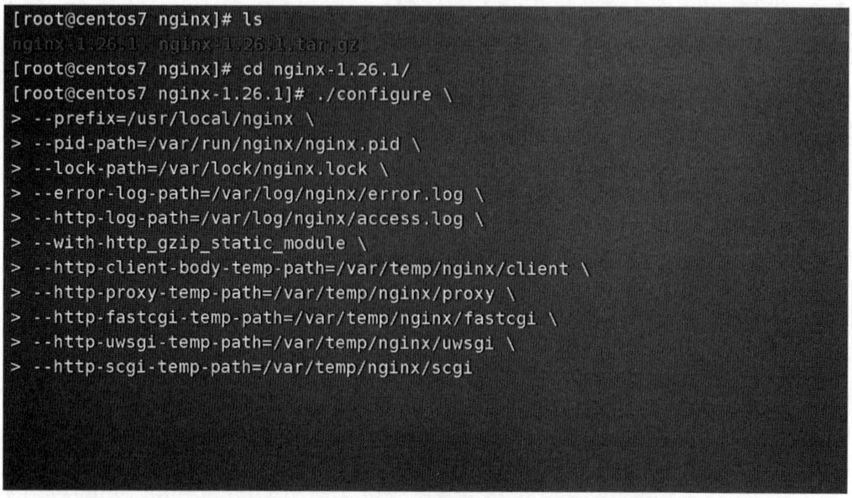

```
[root@centos7 nginx]# ls
nginx-1.26.1  nginx-1.26.1.tar.gz
[root@centos7 nginx]# cd nginx-1.26.1/
[root@centos7 nginx-1.26.1]# ./configure \
> --prefix=/usr/local/nginx \
> --pid-path=/var/run/nginx/nginx.pid \
> --lock-path=/var/lock/nginx.lock \
> --error-log-path=/var/log/nginx/error.log \
> --http-log-path=/var/log/nginx/access.log \
> --with-http_gzip_static_module \
> --http-client-body-temp-path=/var/temp/nginx/client \
> --http-proxy-temp-path=/var/temp/nginx/proxy \
> --http-fastcgi-temp-path=/var/temp/nginx/fastcgi \
> --http-uwsgi-temp-path=/var/temp/nginx/uwsgi \
> --http-scgi-temp-path=/var/temp/nginx/scgi
```

图 7-21  使用 configure 命令新建 Makefile 文件

执行上述命令后，可以看到新建的 Makefile 文件，如图 7-22 所示。

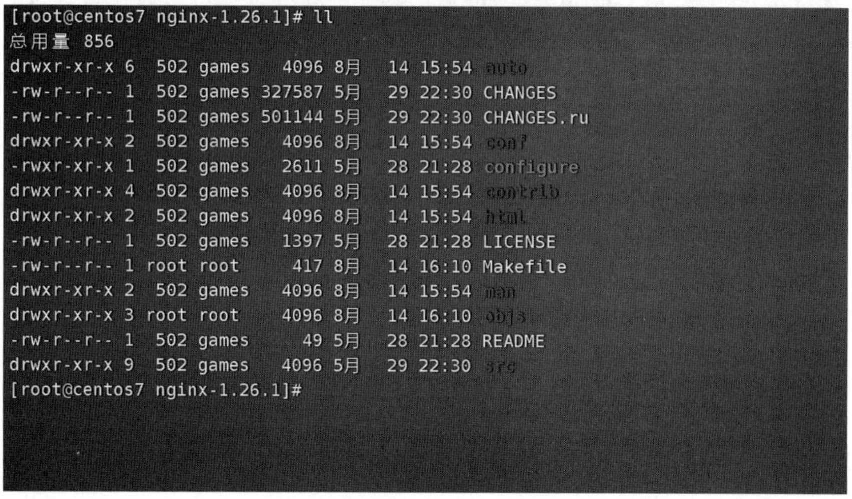

```
[root@centos7 nginx-1.26.1]# ll
总用量 856
drwxr-xr-x 6 502  games      4096 8月  14 15:54 auto
-rw-r--r-- 1 502  games    327587 5月  29 22:30 CHANGES
-rw-r--r-- 1 502  games    501144 5月  29 22:30 CHANGES.ru
drwxr-xr-x 2 502  games      4096 8月  14 15:54 conf
-rwxr-xr-x 1 502  games      2611 5月  28 21:28 configure
drwxr-xr-x 4 502  games      4096 8月  14 15:54 contrib
drwxr-xr-x 2 502  games      4096 8月  14 15:54 html
-rw-r--r-- 1 502  games      1397 5月  28 21:28 LICENSE
-rw-r--r-- 1 root root        417 8月  14 16:10 Makefile
drwxr-xr-x 2 502  games      4096 8月  14 15:54 man
drwxr-xr-x 3 root root       4096 8月  14 16:10 objs
-rw-r--r-- 1 502  games        49 5月  28 21:28 README
drwxr-xr-x 9 502  games      4096 5月  29 22:30 src
[root@centos7 nginx-1.26.1]#
```

图 7-22  新建的 Makefile 文件

### 5．编译和安装

执行如下两条命令，完成编译和安装。

```
make
make install
```

注意，上述两条命令都需要在 Nginx 解压缩后的目录中执行。

### 6．启动与访问 Nginx 服务

注意，在启动 Nginx 服务之前，由于之前将临时文件目录指定为/var/temp/nginx/client，因此需要在/var 目录中创建/temp/nginx/client 目录，命令如下。

```
mkdir /var/temp/nginx/client -p
```

进入/nginx/sbin 目录，命令如下。

```
cd /usr/local/nginx/sbin
```

输入如下命令启动 Nginx 服务，如图 7-23 所示。

```
./nginx
```

```
[root@centos7 nginx-1.26.1]# cd /usr/local/nginx/sbin
[root@centos7 sbin]#   ./nginx
[root@centos7 sbin]#
```

图 7-23　启动 Nginx 服务

在浏览器中输入网址，使用默认端口 80 访问 Nginx 的默认页面，如图 7-24 所示。

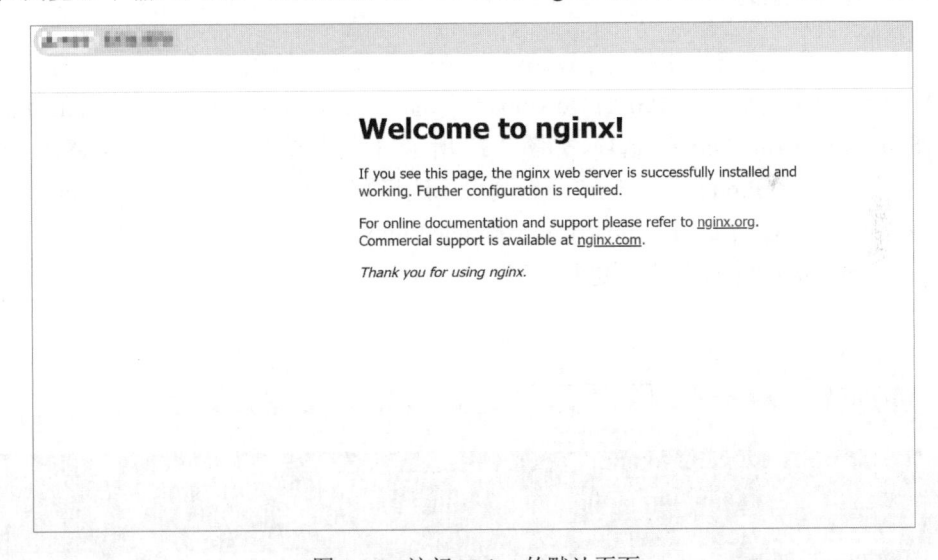

图 7-24　访问 Nginx 的默认页面

要关闭 Nginx 服务，使用如下命令即可。

```
./nginx -s stop
```

## 7.3　数据库服务器

在 Linux 中安装数据库服务器，如 MySQL、PostgreSQL、MongoDB 等，是许多企业

和开发者构建 Web 应用、数据分析平台及其他类型应用的基础,本节以安装 MySQL 为例进行介绍。

## 7.3.1 检测是否为首次安装

在安装 MySQL 之前,需要先检查一下在当前 Linux 中,是否已安装 MySQL 的相关服务,相关命令如下。

```
rpm -qa | grep mysql              #检查当前系统中是否已安装 MySQL
rpm -qa | grep mariadb            #检查当前系统中是否已安装 mariadb
```

很多 Linux 在安装完成后,自带了低版本的 MySQL 的依赖包,如果已安装 MySQL 的相关服务,那么需要将其卸载。

注意,mariadb 是 CentOS 中自带的,因为这个数据库和 MySQL 是冲突的,所以要想保证成功安装 MySQL,需要卸载 mariadb。

如果发现已安装 MySQL 或 mariadb,那么需使用如下命令将其卸载。

```
rpm -ev 需要移除组件的名称
```

或

```
rpm -e --nodeps 需要移除组件的名称    #此命令用于强制卸载
```

## 7.3.2 下载 MySQL

在 MySQL 官网主界面中单击"DOWNLOADS"菜单,如图 7-25 所示。在打开的界面中选择"MySQL Community (GPL) Downloads"选项,如图 7-26 所示。在打开的界面中选择"MySQL Community Server"选项,如图 7-27 所示。打开如图 7-28 所示的"MySQL Product Archives"界面,在"Product Version"下拉列表中选择"5.7.28"选项,在"Operating System"下拉列表中选择"Red Hat Enterprise Linux/Oracle Linux"选项,选择下方的"mysql-5.7.28-1.el7.x86_64.rpm-bundle.tar"选项进行下载。

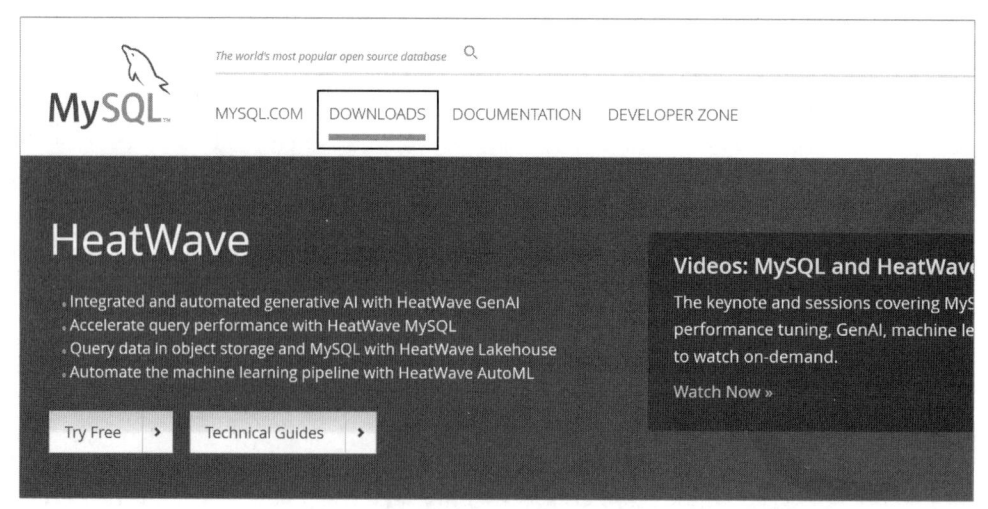

图 7-25 单击"DOWNLOADS"菜单

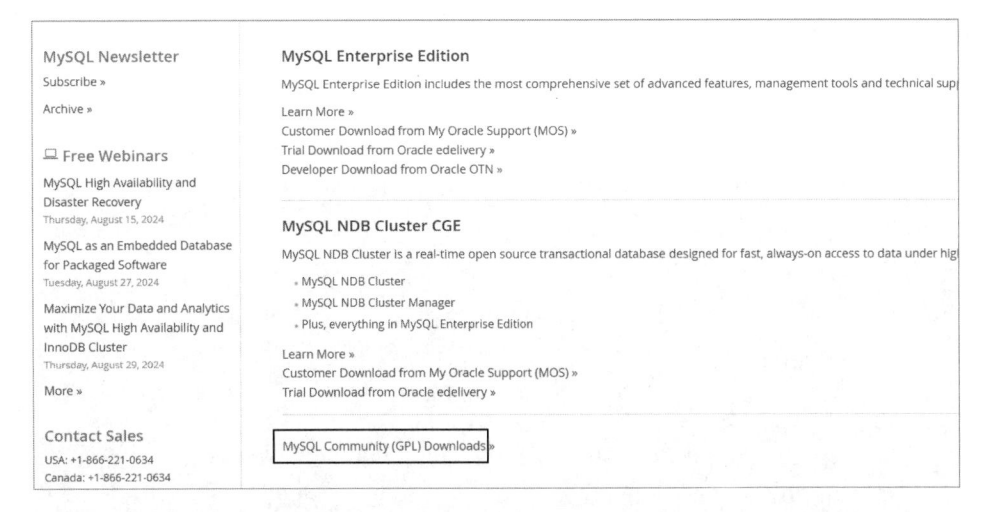

图 7-26 选择"MySQL Community (GPL) Downloads"选项

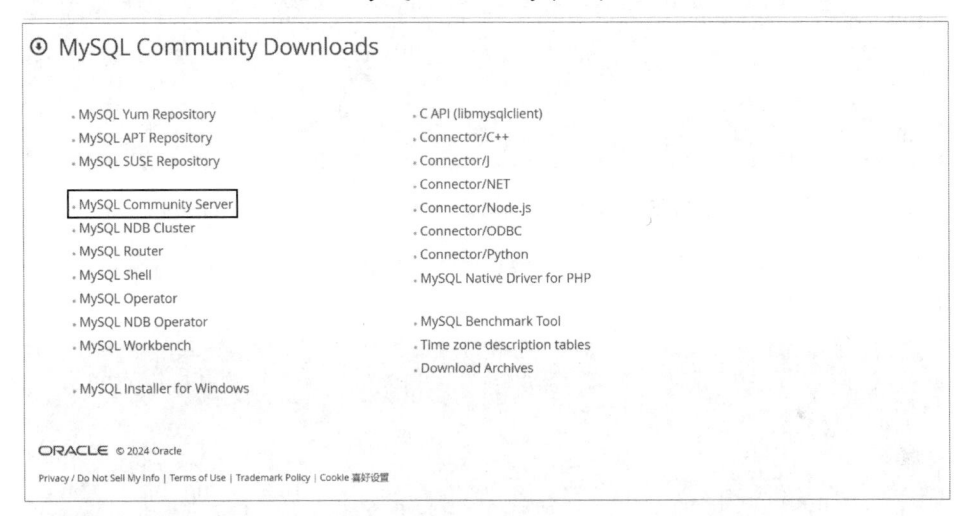

图 7-27 选择"MySQL Community Server"选项

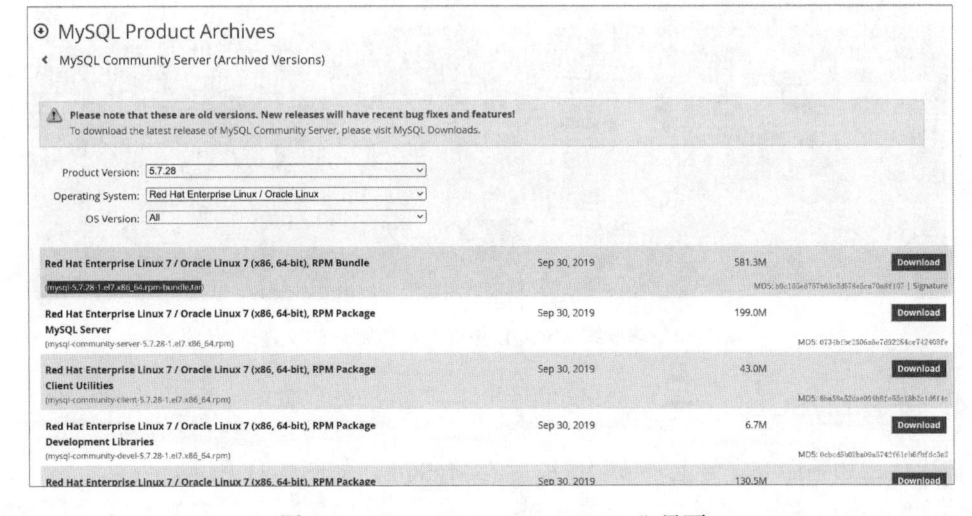

图 7-28 "MySQL Product Archives"界面

### 7.3.3 上传并解压缩 MySQL

使用 FTP 工具将刚刚下载的 MySQL 上传到 Linux 服务器的/usr/local/mysql 目录中，如图 7-29 所示。若 Linux 服务器中没有/usr/local/mysql 目录，则创建该目录。

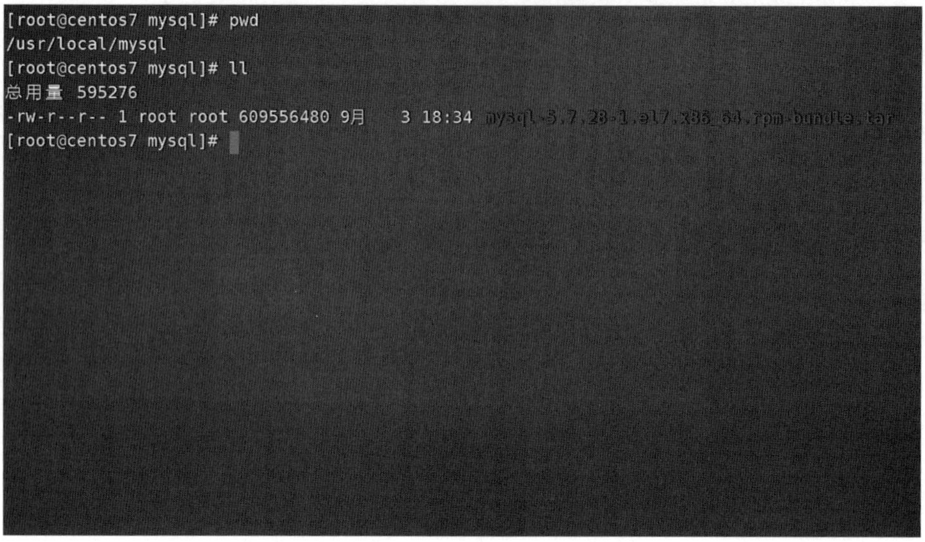

```
[root@centos7 mysql]# pwd
/usr/local/mysql
[root@centos7 mysql]# ll
总用量 595276
-rw-r--r-- 1 root root 609556480 9月   3 18:34 mysql-5.7.28-1.el7.x86_64.rpm-bundle.tar
[root@centos7 mysql]#
```

图 7-29　将 MySQL 上传到 Linux 服务器的/usr/local/mysql 目录中

使用 tar -xvf mysql-5.7.28-1.el7.x86_64.rpm-bundle.tar 命令解压缩 MySQL 并进入解压缩后的文件夹，如图 7-30 所示。

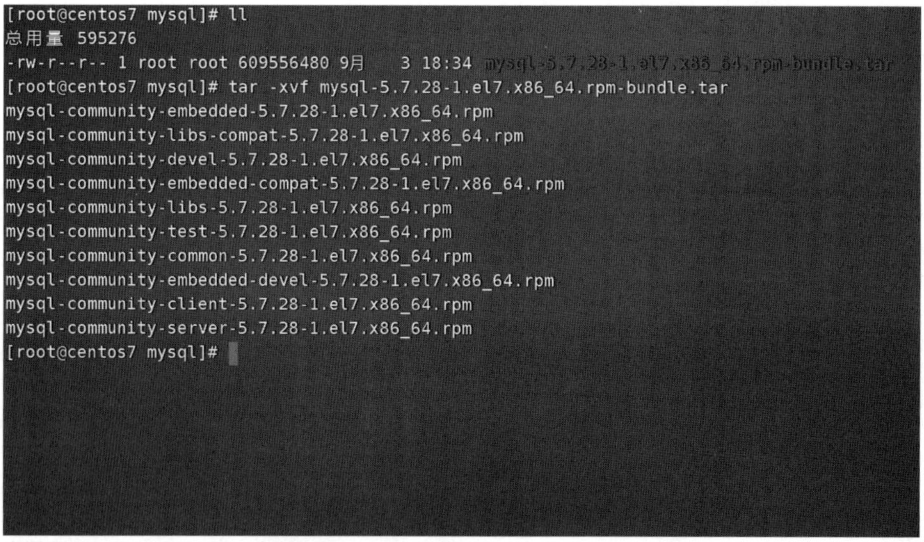

```
[root@centos7 mysql]# ll
总用量 595276
-rw-r--r-- 1 root root 609556480 9月   3 18:34 mysql-5.7.28-1.el7.x86_64.rpm-bundle.tar
[root@centos7 mysql]# tar -xvf mysql-5.7.28-1.el7.x86_64.rpm-bundle.tar
mysql-community-embedded-5.7.28-1.el7.x86_64.rpm
mysql-community-libs-compat-5.7.28-1.el7.x86_64.rpm
mysql-community-devel-5.7.28-1.el7.x86_64.rpm
mysql-community-embedded-compat-5.7.28-1.el7.x86_64.rpm
mysql-community-libs-5.7.28-1.el7.x86_64.rpm
mysql-community-test-5.7.28-1.el7.x86_64.rpm
mysql-community-common-5.7.28-1.el7.x86_64.rpm
mysql-community-embedded-devel-5.7.28-1.el7.x86_64.rpm
mysql-community-client-5.7.28-1.el7.x86_64.rpm
mysql-community-server-5.7.28-1.el7.x86_64.rpm
[root@centos7 mysql]#
```

图 7-30　解压缩 MySQL 并进入解压缩后的文件夹

### 7.3.4 安装 MySQL

依次使用如下命令安装上一节解压缩后的 MySQL，如图 7-31 所示。

```
rpm -ivh mysql-community-common-5.7.28-1.el7.x86_64.rpm
```

```
rpm -ivh mysql-community-libs-5.7.28-1.el7.x86_64.rpm
rpm -ivh mysql-community-client-5.7.28-1.el7.x86_64.rpm
rpm -ivh mysql-community-server-5.7.28-1.el7.x86_64.rpm
```

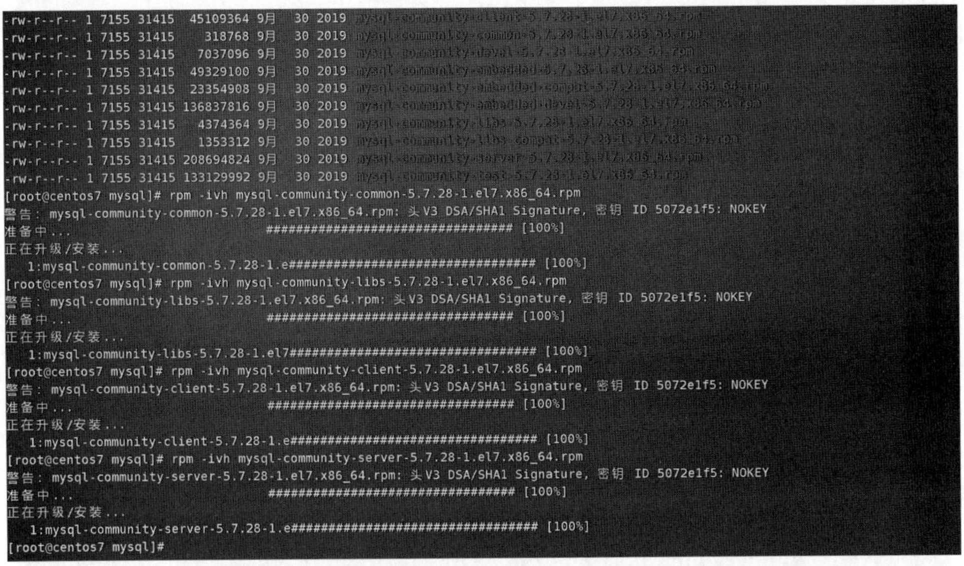

图 7-31　安装 MySQL

### 7.3.5　启动 MySQL 服务并登录 MySQL

使用如下命令启动 MySQL 服务。

```
systemctl start mysqld
```

使用如下命令查看随机生成的密码，如图 7-32 所示。

```
cat /var/log/mysqld.log | grep password
```

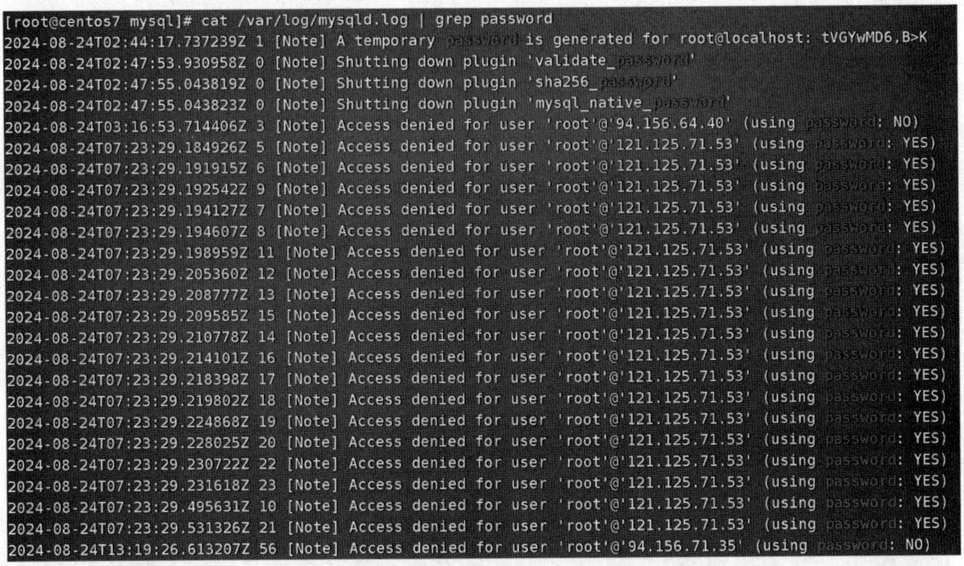

图 7-32　查看随机生成的密码

通过图 7-32 可知，随机生成的密码为"tVGYwMD6,B>K"。

使用如下命令和随机生成的密码登录 MySQL，如图 7-33 所示。

```
mysql -uroot -p
Enter password:
```

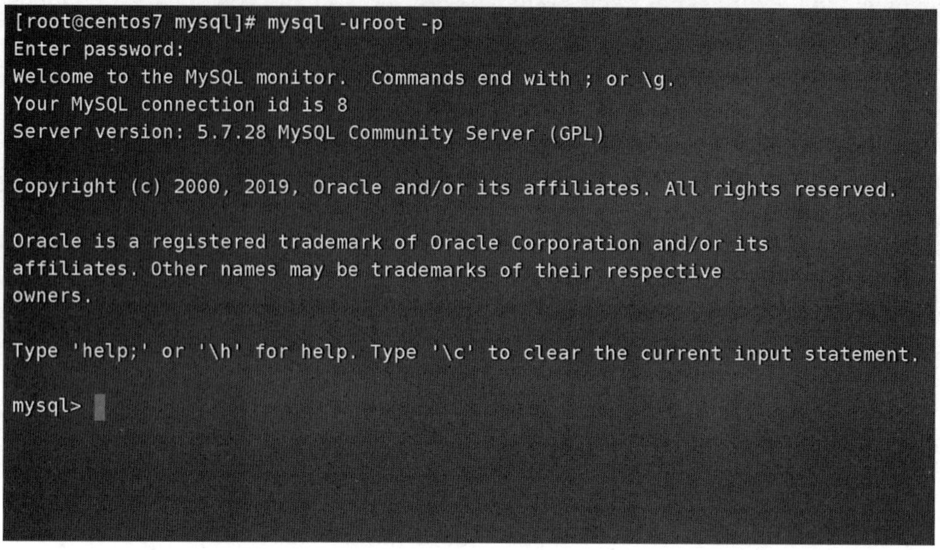

图 7-33　登录 MySQL

### 7.3.6　修改密码展示默认数据库

使用如下命令修改登录 MySQL 的密码，如图 7-34 所示。

```
set global validate_password_policy=low;     #修改密码强度等级为低
set global validate_password_length=6;       #修改密码长度为 6
alter user root@localhost identified by '123456';
```

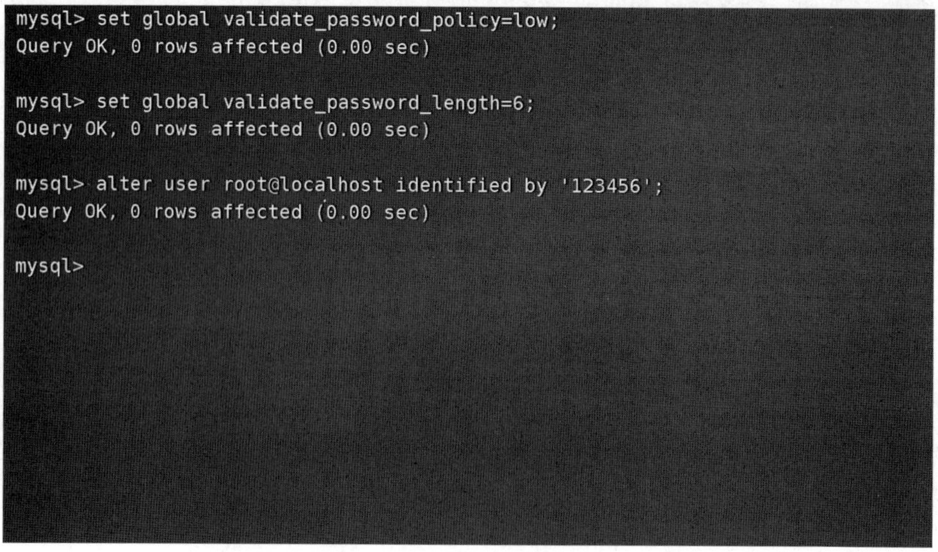

图 7-34　修改登录 MySQL 的密码

使用新密码登录 MySQL，并使用如下命令展示 MySQL 的默认数据库，如图 7-35 所示。

```
show databases;
```

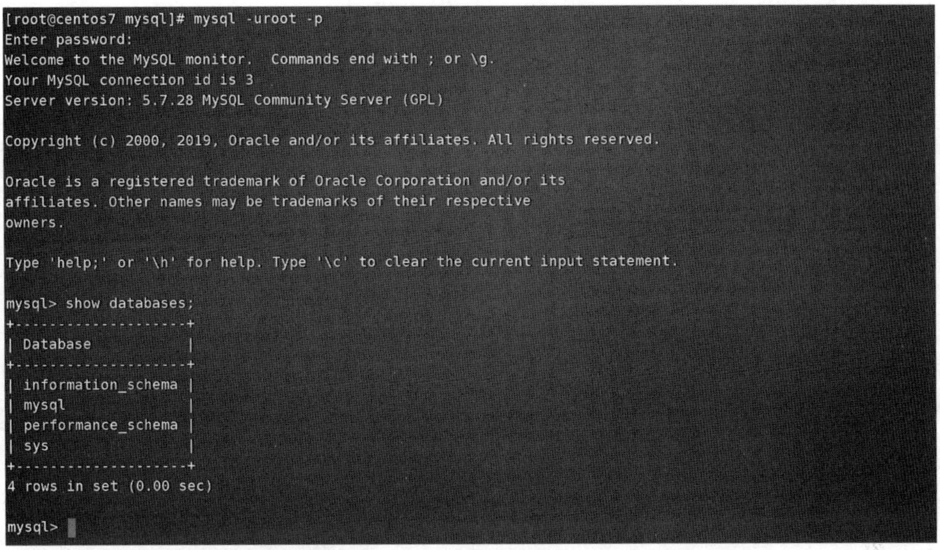

```
[root@centos7 mysql]# mysql -uroot -p
Enter password:
Welcome to the MySQL monitor.  Commands end with ; or \g.
Your MySQL connection id is 3
Server version: 5.7.28 MySQL Community Server (GPL)

Copyright (c) 2000, 2019, Oracle and/or its affiliates. All rights reserved.

Oracle is a registered trademark of Oracle Corporation and/or its
affiliates. Other names may be trademarks of their respective
owners.

Type 'help;' or '\h' for help. Type '\c' to clear the current input statement.

mysql> show databases;
+--------------------+
| Database           |
+--------------------+
| information_schema |
| mysql              |
| performance_schema |
| sys                |
+--------------------+
4 rows in set (0.00 sec)

mysql>
```

图 7-35　展示 MySQL 的默认数据库

注意，在使用 show databases;命令之前一定要先修改登录 MySQL 的密码。

### 7.3.7　远程连接

使用如下命令开放远程连接访问权限，如图 7-36 所示。

```
grant all privileges on *.* to 'root' @'%' identified by '123456';
#授予所有权限
flush privileges;  #刷新
```

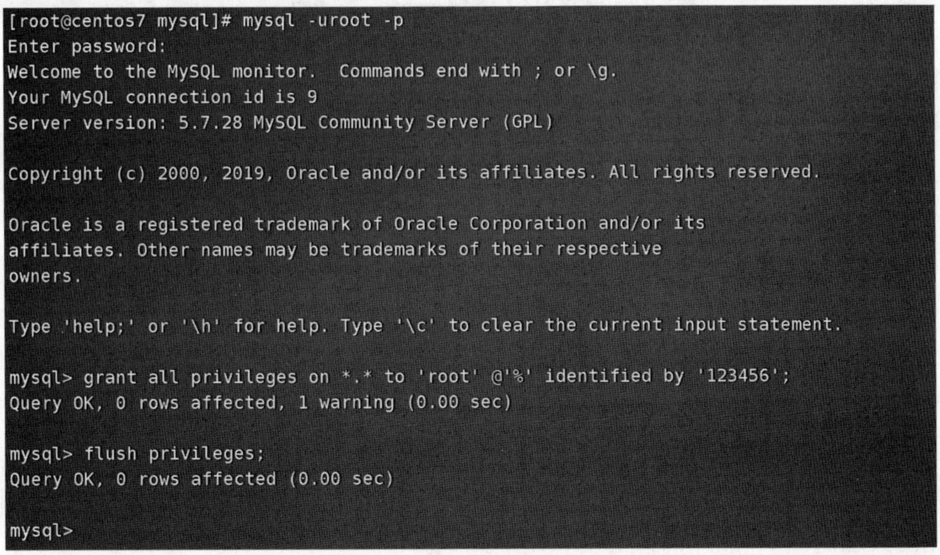

```
[root@centos7 mysql]# mysql -uroot -p
Enter password:
Welcome to the MySQL monitor.  Commands end with ; or \g.
Your MySQL connection id is 9
Server version: 5.7.28 MySQL Community Server (GPL)

Copyright (c) 2000, 2019, Oracle and/or its affiliates. All rights reserved.

Oracle is a registered trademark of Oracle Corporation and/or its
affiliates. Other names may be trademarks of their respective
owners.

Type 'help;' or '\h' for help. Type '\c' to clear the current input statement.

mysql> grant all privileges on *.* to 'root' @'%' identified by '123456';
Query OK, 0 rows affected, 1 warning (0.00 sec)

mysql> flush privileges;
Query OK, 0 rows affected (0.00 sec)

mysql>
```

图 7-36　开放远程连接访问权限

使用远程连接工具输入 MySQL 主机地址，以及用户名和密码，新建远程连接，如图 7-37 所示。

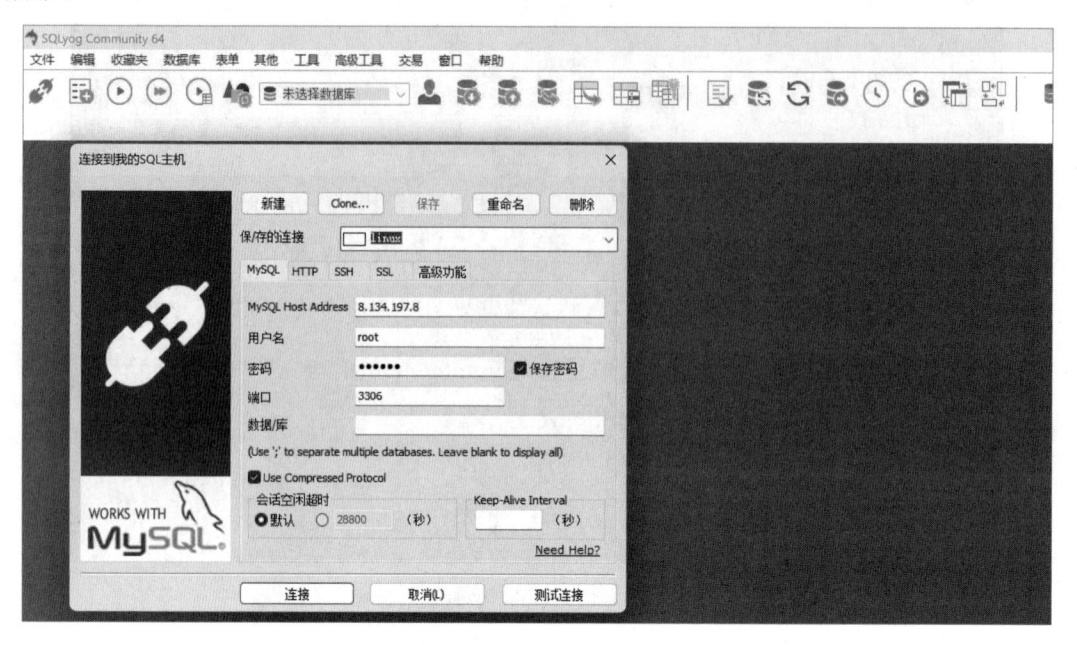

图 7-37　新建远程连接

远程连接数据库，如图 7-38 所示。

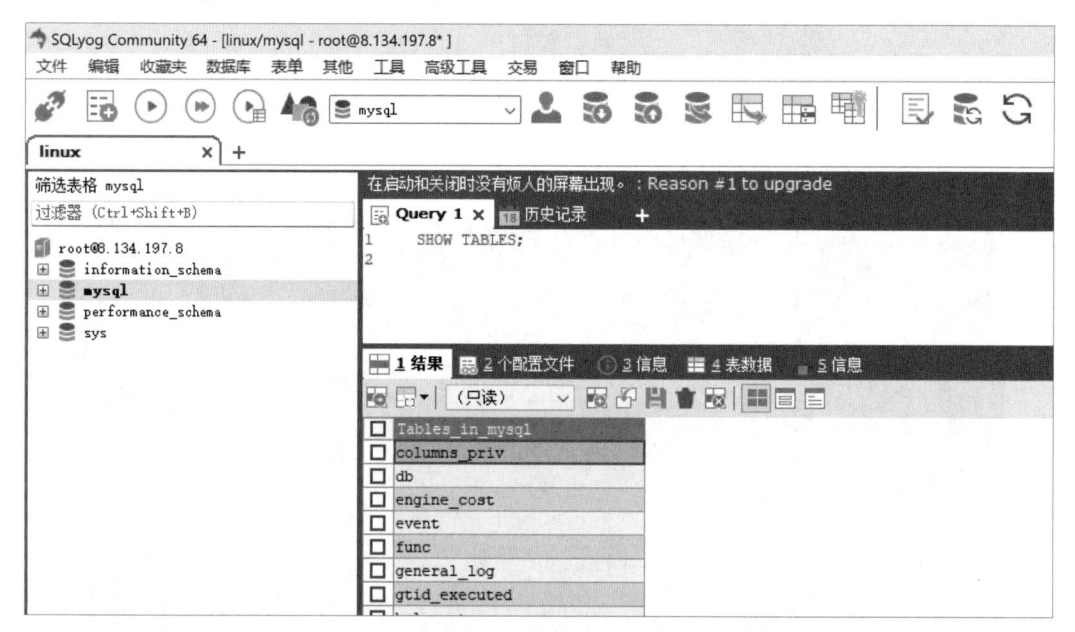

图 7-38　远程连接数据库

注意，在 Linux 中很多软件的端口都会被防火墙限制，如果远程连接不成功，那么需要关闭防火墙。

使用如下命令使防火墙打开端口 3306。

```
/sbin/iptables -I INPUT -p tcp --dport 3306 -j ACCEPT
/etc/rc.d/init.d/iptables save
/etc/init.d/iptables status
```

使用如下命令直接关闭防火墙。

```
service iptables stop;
```

### 7.3.8 停止 MySQL 服务

使用如下命令停止 MySQL 服务。

```
sudo systemctl stop mysqld;
```

## 7.4 项目拓展

Samba 是在 Linux 和 UNIX 中实现 SMB（Server Messages Block，信息服务块）协议的一个免费软件，由服务器及客户端程序构成。SMB 协议是一种在局域网中共享文件和打印机的通信协议。它为局域网中的不同计算机之间提供了文件和打印机等资源的共享服务。SMB 协议是一种基于客户端/服务器的协议，客户端通过该协议可以访问服务器中的共享文件系统、打印机及其他资源。通过设置 NetBIOS over TCP/IP，Samba 不仅能与局域网主机共享资源，还能与全世界的计算机共享资源。

感兴趣的读者可以深入研究 Samba 服务器的搭建与应用。

## 7.5 本章练习

**一、选择题**

1. 以下用于查看安装完成后的 JDK 版本的命令是（  ）。
   A．java -version              B．rpm -qa | grep java
   C．yum -y list java*          D．mkdir /usr/local/java
2. Tomcat 的默认端口是（  ）。
   A．3306                       B．80
   C．8080                       D．21
3. 在安装完成 MySQL 后配置环境变量的目的是（  ）。
   A．启动 MySQL 服务
   B．在任何地方使用 MySQL 命令
   C．停止 MySQL 服务
   D．安装连接软件
4. 以下用于连接 MySQL 的命令是（  ）。
   A．MySQL -p root -u           B．MySQL root -u -p
   C．MySQL -u -p root           D．MySQL -u root -p

5．在执行（　　）命令时可以退出 MySQL。
   A．exit
   B．go 或 quit
   C．go 或 exit
   D．exit 或 quit

## 二、填空题

1．使用_____命令可以更改目录名。

2．用于显示当前目录的命令是_____。

3．使用_____命令可以列出目录中的内容。

4．_____命令的作用是查看是否已安装 JDK。

5．对于文件扩展名为 tar 的源代码发布的软件包的解压缩，正确的 tar 命令的参数是_____。

## 三、判断题

1．在 vi 中强制退出而不保存编辑内容的命令是:wq。　　　　　　　　（　　）

2．rpm -qa|grep mysql 命令的作用是查看是否已安装 MySQL。　　　（　　）

3．在配置 JDK 时，可以将配置添加到/etc/profile 文件中。　　　　　（　　）

4．mkdir dirname 命令的作用是创建以 dirname 命名的目录。　　　　（　　）

5．使用 mkdir 命令创建新目录时，在其父目录不存在时，创建其父目录的选项是-p 选项。　　　　　　　　　　　　　　　　　　　　　　　　（　　）

## 四、简答题

1．简述什么是 JDK。

2．简述在 Linux 中安装 Tomcat 的步骤。

3．简述在 Linux 中安装 MySQL 的步骤。

4．简述在 Linux 中重置 MySQL 的超级管理员密码的步骤。

5．简述 Nginx 的优点。

# 第 8 章

# Linux 时间服务器应用

在 Linux 的实际应用中，可能会经常碰到让系统在某个特定时间点执行某些任务的情况，如定时采集服务器的状态信息、负载状况，定时执行某些任务/脚本以备份重要文件等，这时就需要创建计划任务。在 Linux 中常使用 crond，这个守护进程是开机自启动的，可以使用 ps －aux|grep crond 命令查看。

crond 每分钟都会检查/etc/crontab 文件、/etc/cron.d 目录中的文件，以及/var/spool/cron 目录中的文件是否发生改变。如果已发生改变，那么把它们载入内存。其中，/etc/crontab 文件、/etc/cron.d 目录中的文件，只有超级管理员或有权限的用户可以修改，而/var/spool/cron 目录中的文件是每个用户定义的计划任务存放位置的文件。

另外，对于运维人员来说，保证服务器集群中的每个服务器时间的准确与同步，是一个很重要的任务。这是因为集群需要保证每个服务器的时间都是一致的，这样它们在执行同一个任务时才不会出现有些服务器运行存在提前或滞后的情况，这样集群的状态才是健康的。实际上，即使是单独的 Linux 服务器，时间的准确性也是十分重要的。本章将重点介绍两种常用的时间同步协议：NTP 和 Chrony。

## 8.1 Linux 计划任务实现

要在某个特定时间点触发某个作业，就需要创建计划任务，按时执行该作业。通过编辑/etc/crontab 文件和在/etc/crontab 目录中创建文件实现计划任务，以及使用 crontab 命令实现计划任务的结果是一样的。

### 8.1.1 编辑/etc/crontab 文件和在/etc/crontab 目录中创建文件实现计划任务

超级管理员通过编辑/etc/crontab 文件可以实现计划任务，而普通用户无法编辑该文件。crond 可以在无须人工干预的情况下，根据时间和日期的组合调度并执行重复任务。

#### 1．安装 crontabs 软件包和 cronie 软件包

crontabs 是存储计划任务的软件包。每个用户都可以有自己的/etc/crontab 文件，用于定义在某个特定时间点执行的命令或脚本。

cronie 是 crond 的一种实现，负责读取/etc/crontab 文件，并在某个特定时间点运行任务。cronie 通常包括 crontab 命令，用于管理用户的/etc/crontab 文件，在后台执行定时任务。

总的来说，/etc/crontab 文件定义了计划任务，而 cronie 则是负责执行这些任务的守护进程。

使用如下命令查看系统是否已安装 crontabs 软件包和 cronie 软件包。

```
[root@centos7 ~]# rpm -qa|grep crontabs
crontabs-1.11-6.20121102git.el7.noarch
[root@centos7 ~]# rpm -qa |grep cronie
cronie-1.4.11-19.el7.x86_64
```

如果没有安装，那么使用如下命令进行安装。注意，需要提前配置本地或网络 yum 源。

```
[root@centos7 ~]# yum -y install crontabs cronie
```

#### 2．控制 crond

使用如下命令启动、查看、开机自启动、重启 crond。

```
[root@centos7 ~]#systemctl start crond
[root@centos7 ~]#systemctl status crond
[root@centos7 ~]#systemctl enable crond
[root@centos7 ~]#systemctl restart crond
```

#### 3．/etc/crontab 文件详解

/etc/crontab 文件是 cron 的默认配置文件。/etc/crontab 文件中的内容如图 8-1 所示。其中，以"#"开头的行是注释内容，不会被处理。

```
SHELL=/bin/bash
PATH=/sbin:/bin:/usr/sbin:/usr/bin
MAILTO=root

# For details see man 4 crontabs

# Example of job definition:
# .---------------- minute (0 - 59)
# |  .------------- hour (0 - 23)
# |  |  .---------- day of month (1 - 31)
# |  |  |  .------- month (1 - 12) OR jan,feb,mar,apr ...
# |  |  |  |  .---- day of week (0 - 6) (Sunday=0 or 7) OR sun,mon,tue,wed,thu,fri,sat
# |  |  |  |  |
# *  *  *  *  *  user-name  command to be executed
```

图 8-1 /etc/crontab 文件中的内容

在/etc/crontab 文件中，前 3 行用于配置任务运行环境的变量。变量 SHELL 用于定义执行任务时使用哪种环境。变量 PATH 用于定义执行命令的目录。变量 MAILTO 用于指定任务的输出结果被发送到哪个邮箱中（这里指定被发送到超级管理员的邮箱中）。如果将此变量的值设置为空字符串，那么将不发送邮件。

/etc/crontab 文件中的每行都表示一个任务，其格式如下。

```
minute hour day month day of week user-name command
```

/etc/crontab 文件中的内容及其说明如表 8-1 所示。

表 8-1  /etc/crontab 文件中的内容及其说明

| 内容 | 说明 |
| --- | --- |
| minute | 分钟：任务在每小时的第几分钟执行，范围是 0~59 |
| hour | 小时：任务在每天的第几小时执行，范围是 0~23 |
| day | 日：任务在每月的第几天执行，范围是 1~31 |
| month | 月：任务在每年的几月执行，范围是 1~12 |
| day of week | 星期：任务在每周的星期几执行，范围是 0~7，其中 0 和 7 都表示星期日 |
| user-name | 用户名：执行任务的用户名 |
| command | 命令：要执行的命令或脚本 |

/etc/crontab 文件中可以使用的符号及其说明，如表 8-2 所示。

表 8-2  符号及其说明

| 符号 | 说明 |
| --- | --- |
| * | 表示所有有效值。例如，月份中的"*"，表示在满足其他制约条件后每月都执行该命令 |
| - | 指定一个整数范围。例如，1-3 表示整数 1、2、3 |
| , | 指定隔开的一系列值。例如，2,4,6,8 表示整数 2、4、6、8 |
| / | 指定间隔频率。在范围后加上"/<整数>"，表示在范围内可以间隔的整数，如"0-59/2"用于在分钟字段上定义时间间隔为 2 分钟。间隔的频率值还可以和"*"一起使用，如"*/3"可以用于在月份字段中表示每 3 个月运行一次任务 |

**4．/etc/crontab 文件配置举例**

/etc/crontab 文件中的每个命令都给出了绝对路径，当使用 cron 运行 Shell 脚本时，要由用户给出该脚本的绝对路径，设置相应的环境变量。既然是用户向 cron 提交了这些作业，用户就要向 cron 提供所需的全部环境。cron 其实并不知道所需的特殊环境，因此，除了一些自动设置的全局变量，还要保证在 Shell 脚本中提供所有必要的目录和环境变量。

以下是/etc/crontab 文件中的内容举例。

```
SHELL=/bin/bash
PATH=/sbin:/bin:/usr/sbin:/usr/bin
MAILTO=root


35 23 * * * root /root/backup.sh
#在每天的 23:35 执行脚本/root/backup.sh


42 4 1 * * root run-parts /etc/cron.monthly
#在每月 1 日的 4:42 执行 /etc/cron.monthly 目录中的所有脚本


45 3 5,15,25 * * root /root/backup.sh
```

```
#在每月的 5、15、25 日的 3:45 执行脚本/root/backup.sh

30 2 * * 6,7 root /bin/find / -name aaa -exec rm {} \;
#在每个星期六、星期日的 2:30 执行 find 命令，查找相应的文件

*/2 * * * * touch /root/abc
#每 2 分钟执行 touch /root/abc

* 18-23 * 1,12 * root /root/backup.sh
#在 1 月、12 月每天的 18:00—23:00 执行脚本/root/backup.sh
```

这里需要注意区分 cron 和 crond，cron 是一个广义的概念，表示整个计划任务调度系统，而 crond 是具体实现该系统的守护进程，在后台运行，以执行计划任务。

### 5. /etc/cron.d 目录

除了可以通过编辑/etc/crontab 文件实现计划任务，还可以通过在/etc/cron.d 目录中创建文件实现计划任务。

使用如下命令查看/etc/cron.d 目录。

```
[root@centos7 ~]#cd /etc/cron.d
[root@centos7 cron.d]#ls
0hourly  sysstat
[root@centos7 cron.d]#
```

该目录中的所有文件和/etc/crontab 文件使用一样的配置语法。

以下是/etc/cron.d/sysstat 文件中的默认内容。

```
#每 10 分钟运行一次系统活动记录工具
*/10 * * * * root /usr/lib64/sa/sa1 1 1
# 0 * * * * root /usr/lib64/sa/sa1 600 6 &
#每天 23:53 自动生成一份关于系统进程活动的总结报告
53 23 * * * root /usr/lib64/sa/sa2 -A
```

## 8.1.2 使用 crontab 命令实现计划任务

### 1. crontab 命令简介

普通用户可以使用 crontab 命令实现计划任务。所有用户定义的 crontab 命令都被保存在/var/spool/cron 目录中，并使用创建它们的用户身份来执行。

以某个身份创建一个 crontab 项目，并以该身份登录，输入"crontab -e"，使用由环境变量 VISUAL 或 EDITOR 指定的编辑器编辑定时计划任务内容（如果这两个环境变量都没有设置，那么 crontab 命令将使用默认的编辑器，通常使用 vi）。新编辑的计划任务文件使用的格式和/etc/crontab 文件的格式相同。当将对 crontab 命令所做的更改保存后，/etc/crontab 文件会根据用户名被保存到/var/spool/cron 目录中。

### 2. crontab 命令语法

使用 crontab 命令可以创建、修改、查看及删除 crontab 条目。

crontab 命令的语法格式为：

```
crontab  [选项]
crontab  [选项]  [文件]
```

crontab 命令中的各选项及其含义如表 8-3 所示。

表 8-3　crontab 命令中的各选项及其含义

| 选项 | 含义 |
| --- | --- |
| -u<用户名> | 用户名，如果使用自己的用户名登录，那么不需要使用此选项 |
| -e | 编辑用户的计划任务文件 |
| -l | 列出用户的计划任务文件中的内容 |
| -r | 删除用户的计划任务文件 |
| -i | 在删除用户的计划任务文件前进行提示 |

### 3．创建/etc/crontab 文件

当创建一个/etc/crontab 文件并将其提交给 crond 时，任务会按照计划运行。同时，已创建的/etc/crontab 文件的一个副本会被放在/var/spool/cron 目录中，文件名就是用户名。

**示例 1：**以普通用户 wlm 的身份登录系统，创建相应的/etc/crontab 文件，当时间为 16:08:02（可根据实际情况灵活调整）时，在/home/wlm 目录中新建一个空白的 tt 文件。

```
[root@centos7 cron]# su - wlm
#以普通用户 wlm 的身份登录系统
[wlm@centos7 ~]$ date
Thu Jul 11 16:04:22 CST 2024
#查看当前系统时间
[wlm@centos7 ~]$ crontab -e
#使用 crontab -e 命令打开 vi，编辑普通用户 wlm 的/etc/crontab 文件
8 * * * * touch /home/wlm/tt
#在 vi 中输入/etc/crontab 文件中的内容
[wlm@centos7 ~]$ su - root
Password:
#以超级管理员的身份登录
[root@centos7 ~]# cat /var/spool/cron/wlm
8 * * * * touch /home/wlm/tt
#可以看到，/var/spool/cron/wlm 文件中的内容就是刚才使用 crontab 命令编辑的内容。普
#通用户没有权限打开该文件
[root@centos7 ~]# cd /home/wlm/
[root@centos7 wlm]# date
Thu Jul 11 16:08:02 CST 2024
#查看时间，等到了 16:08:02 时执行/var/spool/cron/wlm 文件中的定时任务，创建一个空白
#的 tt 文件
[root@centos7 wlm]# ll
total 0
-rw-r--r-- 1 wlm root 0 Jul 11 16:08 tt
#可以看到，空白的 tt 文件被创建
```

### 4．编辑/etc/crontab 文件

如果希望添加、修改或编辑/var/spool/cron 目录中的文件，如/var/spool/cron/wlm 文件，那么应该使用 crontab 命令，不建议直接使用 vi 编辑这些文件。这是因为直接使用 vi 编辑可能导致不可预见的问题。正确的做法是使用 crontab 命令管理用户的定时任务。例如，使用 crontab -e -u wlm 命令编辑普通用户 wlm 的/etc/crontab 文件。该命令会使用由环境变量 VISUAL 或 EDITOR 指定的编辑器来打开普通用户 wlm 的/etc/crontab 文件。在编辑器中进行所需的修改或添加新的条目。保存并退出编辑器。保存后，crontab 命令会自动更改应用，并将文件保存到 /var/spool/cron 目录中。

crontab 命令会对文件进行必要的完整性检查，如果某些条目超出了允许范围或存在语法错误，那么 crontab 命令会提示用户并拒绝保存不正确的文件。

最好在/var/spool/cron 目录中的文件的每个条目上都加入一条注释，这样就可以知道它的功能、运行时间，更为重要的是，可以知道这是哪位用户的作业。

### 5．列出/etc/crontab 文件

**示例 2**：以超级管理员的身份列出普通用户 wlm 的/etc/crontab 文件。

```
[root@centos7 ~]# crontab -u wlm -l
8 * * * * touch /home/wlm/tt
```

**示例 3**：以普通用户 wlm 的身份列出自己的/etc/crontab 文件。

```
[root@centos7 ~]# su - wlm
Last login: Thu Jul 11 16:04:12 CST 2024 on pts/0
[wlm@centos7 ~]$ crontab -l
8 * * * * touch /home/wlm/tt
```

**示例 4**：对/var/spool/cron/wlm 文件进行备份。

```
[wlm@centos7 ~]$ crontab -l > /home/wlm/wlmcron
[wlm@centos7 ~]$ ls /home/wlm/wlmcron
/home/wlm/wlmcron
#这样，如果误删除了/var/spool/cron/wlm 文件，那么可以迅速恢复
```

### 6．删除/etc/crontab 文件

在删除/etc/crontab 文件时，也会删除/var/spool/cron 目录中指定用户的文件。

**示例 5**：以超级管理员的身份删除普通用户 wlm 的/etc/crontab 文件。

```
[root@centos7 ~]# crontab -u wlm -r
#在删除普通用户 wlm 的/etc/crontab 文件的同时，也会删除/var/spool/cron/wlm 文件
```

**示例 6**：以普通用户 wlm 的身份删除自己的/etc/crontab 文件。

```
[wlm@centos7 ~]$ crontab -r
[wlm@centos7 ~]$ su
Password:
[root@centos7 wlm]# cd /var/spool/cron
[root@centos7 cron]# ls
```

```
root
#可以看到，自己的/etc/crontab 文件已经被删除
```

#### 7．恢复丢失的/etc/crontab 文件

如果误删了/etc/crontab 文件，且在主目录中还有一个备份文件，那么可以将其复制到/var/spool/cron 目录的文件中。

如果由于权限问题无法完成复制，那么可以使用如下命令，其中需要指定在用户的主目录中复制的副本文件名。

```
crontab [文件]
```

**示例 7**：以普通用户 wlm 的身份登录，恢复丢失的/etc/crontab 文件。

```
[root@centos7 cron]# su - wlm
Last login: Thu Jul 11 16:28:45 CST 2024 on pts/0
[wlm@centos7 ~]$ crontab -r
no crontab for wlm
[wlm@centos7 ~]$ crontab -l
no crontab for wlm
[wlm@centos7 ~]$ crontab /home/wlm/wlmcron
[wlm@centos7 ~]$ crontab -l
8 * * * * touch /home/wlm/tt
#恢复以后，可以看到丢失的/etc/crontab 文件
```

## 8.2 NTP 服务器应用

NTP（Network Time Protocol，网络时间协议）是一种用于在网络中的各计算机之间实现时间同步的协议。它的作用是将计算机的时钟与世界协调时（UTC）同步。在局域网中，NTP 的精度可以达到 0.1 毫秒，而在互联网中，大多数情况下 NTP 的精度为 1～50 毫秒。

NTP 服务器就是利用 NTP 提供时间同步服务的。

### 8.2.1 安装 NTP 软件包

要配置 NTP 服务器，就要在 Linux 中查看是否已安装 NTP 和 ntpdate 软件包。如果没有安装，那么需要事先将其安装好。

使用如下命令查看系统是否已安装 NTP 和 ntpdate 软件包。

```
[root@centos7 ~]# rpm -qa|grep ntp
ntpdate-4.2.6p5-29.el7.centos.2.x86_64
#是一个命令行工具，用于一次性同步系统时间
ntp-4.2.6p5-29.el7.centos.2.x86_64
#是一个持续运行的服务，负责长时间精确维护系统时间
```

执行如下命令事先安装没有安装的 NTP 和 ntpdate 软件包（需要提前配置 yum 源）。

```
[root@centos7 ~]# yum -y install ntp ntpdate
```

## 8.2.2 /etc/ntp.conf 文件

NTP 服务器的主配置文件是/etc/ntp.conf 文件。/etc/ntp.conf 文件定义了 NTP 守护进程如何与时间服务器进行交互，以及如何管理时间同步。该文件通过定义 NTP 服务器、访问控制、日志记录和其他高级选项，帮助 NTP 守护进程正确运行并保持系统时间的准确性。根据具体的网络环境和需求，可以调整这些配置项以优化时间同步效果。

下面是/etc/ntp.conf 文件中常见配置项的详解。

### 1．基本配置项

1）基本配置项 1

```
server [域名或 IP 地址] [选项]
```

其中，server 用于指定 NTP 服务器的域名或 IP 地址，NTP 服务器将从中获取时间同步数据。

上述配置项可以指向公共 NTP 服务器、内部企业 NTP 服务器或其他任何可信的时间源。可以结合使用选项（iburst 选项和 prefer 选项）优化时间同步的速度和准确性。

常用的选项如下。

iburst：如果服务器不可用，那么 iburst 选项将让 NTP 客户端在开始时快速发送多个请求，以更快地获取同步。这对于首次同步特别有用。

prefer：指定优先使用某个服务器作为时间源。如果有多个时间源，那么 prefer 选项会让该服务器成为首选服务器。

例如：

```
server 0.centos.pool.ntp.org iburst
server 1.centos.pool.ntp.org iburst
server 2.centos.pool.ntp.org iburst
server 3.centos.pool.ntp.org iburst
server time.example.com prefer
```

2）基本配置项 2

```
driftfile [path]
```

上述配置项用于指定一个文件，存储时间偏差。

例如：

```
driftfile /var/lib/ntp/drift
```

NTP 守护进程使用上述指定的文件调整系统时间的精度。

3）基本配置项 3

```
logfile [path]
```

上述配置项用于指定 NTP 守护进程的日志文件目录。

例如：

```
logfile /var/log/ntp.log
```

### 2．高级配置项

1）高级配置项 1

```
restrict [IP 地址或子网] [mask] [限制选项]
```

其中，restrict 用于控制和限制对 NTP 服务器的访问权限。它定义了哪些客户端可以访问 NTP 服务器，以及它们可以执行的操作。这是确保 NTP 服务器安全并防止未经授权访问的重要机制。

"IP 地址或子网"用于指定要应用限制规则的单个 IP 地址或 IP 地址范围。

"mask"用于指定匹配的子网掩码，可以定义一个子网范围。若省略，则默认为单个 IP 地址。

"限制选项"用于控制从该地址或子网中可以执行哪些操作。

常用的限制选项如下。

default：表示这是针对所有未明确匹配的客户端的默认限制。

ignore：完全忽略来自某地址的所有 NTP 请求。

kod：当请求被拒绝时，发送 Kiss-o'-Death 包给客户端。

nomodify：阻止客户端修改 NTP 服务器配置，但允许进行时间同步。

noquery：阻止客户端查询 NTP 服务器的状态。

notrap：禁止使用 ntpdc 控制模式下的陷阱功能。

nopeer：阻止客户端尝试与 NTP 服务器建立对等关系。

noserver：完全阻止时间同步服务，拒绝所有时间同步请求。

例如：

```
restrict default kod nomodify notrap nopeer noquery
```

上述配置项表示这是针对所有未明确匹配的客户端的默认限制；当请求被拒绝时发送 Kiss-o'-Death 包给客户端；阻止客户端修改 NTP 服务器配置，但允许时间同步；禁止使用 ntpdc 控制模式下的陷阱功能；阻止客户端尝试与 NTP 服务器建立对等关系；阻止客户端查询 NTP 服务器的状态。

```
restrict 127.0.0.1
restrict ::1
```

上述配置项表示允许本地 IPv4 和 IPv6 环回地址的无限制访问。

```
restrict 192.168.1.0 mask 255.255.255.0 nomodify notrap
```

上述配置项表示允许 192.168.1.0/24 子网内的客户端进行时间同步，但阻止客户端修改 NTP 服务器配置，并禁止使用 ntpdc 控制模式下的陷阱功能。

```
restrict 192.168.1.100 ignore
```

上述配置项表示完全忽略来自 192.168.1.100 的所有 NTP 请求。

2）高级配置项 2

```
includefile [path]
```

上述配置项包含额外的配置文件，通常用于存放密码和其他敏感信息。

例如：

```
includefile /etc/ntp/crypto/pw
```

3）高级配置项 3

```
keys [path]
```

上述配置项用于指定验证身份的密钥文件目录。

例如：

```
keys /etc/ntp/keys
```

### 3. 偏好配置项

```
fudge [127.127.x.x] [选项]
```

上述配置项用于调整本地或硬件参考时钟的行为，确保 NTP 服务器能够以合适的优先级和精度提供时间服务。通过设置层次、时间偏差和参考标识符，管理员可以提高时间同步的可靠性和准确性。

上述配置项通常用于设置本地时钟的层次或对其他特定硬件参考时钟进行调整。fudge 命令通常与特定的伪造设备地址结合使用。

常用的选项如下。

stratum N：设置伪造时钟的层次。N 是一个整数，表示伪造时钟的层次。层次的范围通常是 0~15，数值越小，层次越高，越接近可靠的时间源。通常 NTP 服务器的本地时钟（伪造时钟）被设置为较低的优先级。

例如：

```
fudge 127.127.1.0 stratum 10
```

上述配置项用于将本地时钟的层次设置为 10。

time1 value：应用一个时间偏差（秒）给本地时钟，用于校正参考时钟的误差。

例如：

```
fudge 127.127.20.0 time1 0.004
```

上述配置项用于对指定的硬件时钟应用 0.004 秒的偏移。

## 8.2.3 使用 NTP 同步互联网中的 NTP 服务器

当 NTP 可以访问互联网时，可以使用其同步互联网中的某台或多台 NTP 服务器。常用的几个中文版的 NTP 服务器为 ntp.aliyun.com、cn.pool.ntp.org、ntp.api.bz 等。

在需要进行时间同步的 Linux 中，输入 "ntpdate 网络中的 NTP 服务器域名" 并执行，就可以同步互联网中的 NTP 服务器。如果没有 ntpdate 命令，那么可以通过输入 "yum -y install ntpdate" 并执行来进行安装。

示例：在 Linux 中同步互联网中的某台 NTP 服务器（这里使用 ntp.aliyun.com），具体操作及命令输出结果如下。

```
[root@centos7 ~]#date -s "2015-12-12 15:23:36"  #设置一个错误的时间
[root@centos7 ~]#yum -y install ntpdate  #安装 ntpdate 软件包
[root@centos7~]#ntpdate ntp.aliyun.com  #同步 ntp.aliyun.com
 7 Jun 09:00:22 ntpdate[10332]: step time server 78.46.102.180 offset 272399955.975892 sec
[root@centos7~]# date  #再次显示时间，可以看到时间已被同步到 ntp.aliyun.com 中
2024 年 06 月 07 日 星期五 09:00:29 CST
```

执行如下命令，在需要进行时间同步的 Linux 中，将时间同步设置成周期性的计划任务，以进一步保证时间的准确性。

```
root@centos7 ~]#crontab -e
```
输入如下内容,实现每秒同步一次 ntp.aliyun.com。
```
* * * * * /usr/sbin/ntpdate ntp.aliyun.com
```

### 8.2.4 内网中 NTP 服务器时间同步部署

在内网中部署一个 NTP 服务器(需要连接外网),让内网中的其他服务器通过 NTP 服务器进行时间同步。假设现在有两台虚拟机,其中一台虚拟机的 IP 地址为 192.168.126.12,作为内网的 NTP 服务器;另一台虚拟机的 IP 地址为 192.168.126.13,作为 NTP 客户端,时间需要与 IP 地址为 192.168.126.12 的 NTP 服务器同步。

在部署之前,需要将两台虚拟机的系统时区调整为亚洲/上海,若不调整则会导致时间同步产生偏差。以 NTP 服务器的配置为例,使用如下命令调整时区为亚洲/上海。

```
[root@ntp-server ~]# timedatectl    #查看当前系统的时区信息
[root@ntp-server ~]# timedatectl set-timezone Asia/Shanghai
#调整时区为亚洲/上海
[root@ntp-server ~]# timedatectl  list-timezones   #查看所有时区信息
```

#### 1. 安装 NTP 软件包

使用如下命令查看当前系统中是否已安装 NTP 软件包。如果出现如下结果,那么说明当前系统中已安装 NTP 软件包。

```
[root@ntp-server ~]# rpm -qa|grep ntp
ntpdate-4.2.6p5-28.el7.x86_64
ntp-4.2.6p5-28.el7.x86_64
```
如果没有安装 NTP 软件包,那么可以在 NTP 服务器中使用如下命令进行安装。
```
[root@ntp-server ~]# yum -y install ntp
```
使用如下命令,同步作为 NTP 服务器的虚拟机的时间。
```
[root@ntp-server ~]# ntpdate ntp.aliyun.com
```

#### 2. 启动 NTP 服务

在启动 NTP 服务之前,要先查看是否已启动该服务,可以使用如下命令实现。
```
[root@ntp-server ~]# netstat -anptu|grep ntpd
[root@ntp-server ~]#
```
返回值为空,说明还没有启动该服务,可以使用如下命令启动该服务。
```
[root@ ntp-server ~]# systemctl start ntpd.service
[root@ ntp-server ~]# netstat -anptu |grep 123 #使用 netstat 命令查看
```
使用如下命令将 NTP 服务设置为开机自启动。
```
[root@ntp-server ~]# systemctl enable ntpd.service
```

#### 3. 关闭 NTP 服务器的防火墙和安全策略

使用如下命令临时关闭 NTP 服务器的防火墙和安全策略。

```
[root@ntp-server ~]# systemctl stop firewalld   #临时关闭防火墙
[root@ntp-server ~]# setenforce 0               #临时关闭安全策略
```

使用 systemctl disable firewalld 命令永久关闭 NTP 服务器的防火墙；修改/etc/sysconfig/selinux 文件，将环境变量 SELINUX 设置为 disabled，永久关闭安全策略，但需要重启系统才能生效。

#### 4．编辑 NTP 服务器配置文件

使用 vim /etc/ntp.conf 命令可以查看、修改 NTP 服务器配置文件中的内容，在默认情况下该文件已经设置好 4 个 NTP 服务器的域名，用于提供时间同步服务，如图 8-2 所示。

```
# Use public servers from the pool.ntp.org project.
# Please consider joining the pool (http://www.pool.ntp.org/join.html).
server 0.rhel.pool.ntp.org iburst
server 1.rhel.pool.ntp.org iburst
server 2.rhel.pool.ntp.org iburst
server 3.rhel.pool.ntp.org iburst
```

图 8-2　4 个 NTP 服务器的域名

在其下面添加如图 8-3 所示的内容，表示如果与上面的 4 台 NTP 服务器都无法同步时间，那么和本地系统同步时间，且设置本地系统中的 NTP 服务器处于第 10 层。

```
# Please consider joining the pool (http://www.pool.ntp.org/
server 0.rhel.pool.ntp.org iburst
server 1.rhel.pool.ntp.org iburst
server 2.rhel.pool.ntp.org iburst
server 3.rhel.pool.ntp.org iburst
server 127.127.1.0
fudge  127.127.1.0 stratum 10
#broadcast 192.168.1.255 autokey        # broadcast server
```

图 8-3　添加内容

在配置文件中，还可以限制访问 NTP 服务器的客户端的 IP 地址或网段，如这里可以设置 IP 地址为 192.168.126.13 的客户端或 192.168.126.0/24 子网中的客户端访问 NTP 服务器，允许这些客户端同步时间，但不允许修改服务器配置或建立对等关系。设置可以访问 NTP 服务器的客户端的信息如图 8-4 所示。

```
# the administrative functions.
restrict 127.0.0.1
restrict ::1
restrict 192.168.126.13 nomodify notrap nopeer
restrict 192.168.126.0 mask 255.255.255.0 nomodify notrap nopeer
# Hosts on local network are less restricted.
```

图 8-4　设置可以访问 NTP 服务器的客户端的信息

修改 NTP 服务器配置文件，设置完成后，保存并退出，之后需要重启 NTP 服务。使用如下命令重启、查看 NTP 服务。

```
[root@ntp-server ~]# systemctl restart ntpd
[root@ntp-server ~]# systemctl status ntpd
```

## 5．NTP 服务器时间同步方法 1

先使用 date -s "2020-12-20 20:33:55"命令为 IP 地址为 192.168.126.13 的客户端设置一个错误的系统时间，再使用 ntpdate 命令将该客户端的时间同步到内网中的 NTP 服务器中，最后使用 date 命令查看显示的时间与网络中的 NTP 服务器的同步情况，具体操作及命令输出结果如下。

```
[root@ntp-c ~]#date -s "2020-12-20 20:33:55"
[root@ntp-c ~]#ntpdate 192.168.126.12
 27 Feb 13:57:23 ntpdate[2009]: step time server 192.168.126.12 offset -24294.133596 sec
[root@ntp-c ~]#date
Tue Feb 27 13:57:40 CST 2024
```

在客户端中创建时间计划任务，使客户端可以每秒自动同步内网中的 NTP 服务器，具体操作如下。

```
[root@ntp-c ~]#crontab -e
```

在计划任务文件中输入如下内容。

```
* * * * * /usr/sbin/ntpdate 192.168.126.12
```

## 6．NTP 服务器时间同步方法 2

（1）使用 date -s "2020-12-20 20:33:55"命令为客户端设置一个错误的系统时间。

（2）在 IP 地址为 192.168.126.13 的客户端上安装 NTP 软件包。

```
[root@ntp-c ~]# yum -y install ntp
```

（3）修改客户端的/etc/ntp.conf 文件。使用 vim /etc/ntp.conf 命令可以打开 NTP 服务器配置文件，注释掉 server 0～3，并添加一行命令（server 192.168.126.12）。设置可以访问客户端的 NTP 服务器的信息如图 8-5 所示。设置完成后，保存并退出。

```
# Use public servers from the pool.ntp.org project.
# Please consider joining the pool (http://www.pool.ntp.org/join.html).
#server 0.centos.pool.ntp.org iburst
#server 1.centos.pool.ntp.org iburst
#server 2.centos.pool.ntp.org iburst
#server 3.centos.pool.ntp.org iburst
server 192.168.126.12
```

图 8-5　设置可以访问客户端的 NTP 服务器的信息

（4）使用如下命令重启、查看 NTP 服务。

```
[root@ntp-c ~]# systemctl restart ntpd
[root@ntp-c ~]# systemctl status ntpd
```

至此，客户端可以使用 NTP 服务，并自动同步内网中 IP 地址为 192.168.126.12 的 NTP 服务器的时间了。

等待约 3 分钟，使用 date 命令查看，可以发现时间已经与内网中 IP 地址为 192.168.126.12 的 NTP 服务器同步了。

```
[root@ntp-c ~]# date
```
此外,还可以使用 ntpstat 命令查看客户端使用的上游 NTP 服务器的状态。

```
[root@ntp-c ~]# ntpstat
synchronised to NTP server (192.168.126.12) at stratum 4
   time correct to within 121 ms
   polling server every 64 s
```

注意,在客户端重启 NTP 服务后,要等待约 3 分钟,才能看到同步效果,否则会提示"no server suitable for synchronization found"。在客户端使用 ntpstat 命令后,要等待约 3 分钟,才能看到同步效果,否则会出现如下错误提示。

```
unsynchronised
time server re-starting
polling server every 8 s
```

(5)在服务器和客户端中分别执行如下命令,可以删除服务器和客户端的 NTP 服务。

```
[root@ntp-c ~]# yum -y remove ntp
```

## 8.3 Chrony 服务器应用

Chrony 服务可以替代 NTP 服务。与 NTP 服务不同,使用 Chrony 服务可以更快且更准确地同步系统时间,最大限度地减少时间和频率误差,特别是在网络连接不稳定或虚拟化环境中。

Chrony 服务使用端口 323,包括两个核心组件。

chronyd:是 Chrony 服务的核心守护进程,负责与时间服务器通信并调整系统时间,可以是服务器进程也可以是客户端进程。在服务器模式下,chronyd 会响应客户端的时间请求;在客户端模式下,chronyd 会同步指定的上游 NTP 服务器的时间。

chronyc:是一个命令行工具,允许用户与 chronyd 进行交互,从而监控和管理 chronyd 的运行。

Chrony 服务特别适合用于需要高精度时间同步的各种环境。通过 chronyd 和 chronyc 的协同工作,Chrony 服务提供了强大的时间管理功能,以确保系统时间的准确性和一致性。

### 8.3.1 安装 Chrony 软件包

要配置 Chrony 服务器,就要在 Linux 中查看是否已安装 Chrony 软件包。如果没有安装,那么需要事先将其安装好。

使用如下命令,查看系统是否已安装 Chrony 软件包。

```
[root@centos7 ~]# rpm -qa|grep chrony
chrony-3.4-1.el7.x86_64
```

如果没有安装,那么使用如下命令将其安装好(需要提前配置 yum 源)。

```
[root@centos7 ~]# yum -y install chrony
```

## 8.3.2 /etc/chrony.conf 文件

Chrony 服务器的主配置文件为/etc/chrony.conf 文件。示例代码如下。

```
# Use public servers from the pool.ntp.org project.
# Please consider joining the pool.
server 0.centos.pool.ntp.org iburst
server 1.centos.pool.ntp.org iburst
server 2.centos.pool.ntp.org iburst
server 3.centos.pool.ntp.org iburst
# Allow NTP client access from local network.
allow 192.168.1.0/24
# Serve time even if not synchronized to a time source.
local stratum 10
# Record the rate at which the system clock gains/losses time.
driftfile /var/lib/chrony/drift
# Enable kernel synchronization of the real-time clock (RTC).
rtcsync
# In first three updates step the system clock instead of slew
# if the adjustment is larger than 1.0 seconds.
makestep 1.0 3
# Path to the log file
logdir /var/log/chrony
# Select which information is logged.
log measurements statistics tracking
```

下面是/etc/chrony.conf 文件中常见配置项的详解。

```
server [域名或IP地址] [选项]
```

上述配置项用于定义上游 NTP 服务器。

```
allow [subnet/IP address]
```

上述配置项表示允许特定 IP 地址或子网的客户端访问 Chrony 服务器。在默认情况下，Chrony 服务器只允许本地访问。

例如：

```
allow 192.168.1.0/24
```

上述配置项表示允许 192.168.1.0/24 子网的客户端访问 Chrony 服务器。

```
deny [subnet/IP address]
```

上述配置项表示拒绝特定 IP 地址或子网的客户端访问 Chrony 服务器。

例如：

```
deny 192.168.100.0/24
```

上述配置项表示拒绝 192.168.100.0/24 子网的客户端访问 Chrony 服务器。

```
driftfile [path]
```

上述配置项用于指定存储时间偏差的文件目录，Chrony 服务器会定期将系统时间与理想时间的偏差记录到这个目录中。

例如：

```
driftfile /var/lib/chrony/drift
rtcsync
```

rtcsync 用于在启动时或大幅度调整系统时间时，将系统时间写入硬件时钟。确保在没有外部时间源时，硬件时钟能提供相对准确的时间。在启用 rtcsync 后，每次启动系统时，Chrony 服务器都会在第一次调整系统时间后，将系统时间写入硬件时钟。这有助于确保在重启系统时，硬件时钟能提供相对准确的时间，从而减少启动系统时的偏差。在大多数系统中，rtcsync 是默认启用的配置项，这意味着在启动系统后，系统时间会被自动写入 RTC（Real Time Clock）。

```
logdir [path]
```

上述配置项用于指定日志文件目录。

例如：

```
logdir /var/log/chrony
log [options]
```

上述配置项用于设置记录的日志信息，可以选择记录的内容，如时间源的状态等。

例如：

```
log measurements statistics tracking
```

上述配置项可以根据实际需求进行调整，以帮助 Chrony 服务器在不同的网络环境中实现最佳的时间同步效果。

```
local [stratum]
```

当 Chrony 服务器提供的时间不可用时，将本地时钟作为时间源，并设置层次。

例如：

```
local stratum 10
makestep [threshold] [limit]
```

上述配置项表示允许在时间偏差超过指定阈值时，立即调整系统时间。通常，系统时间的调整是逐渐进行的，但在启动时如果偏差过大，那么可以强制调整时间。

例如：

```
makestep 1.0 3
```

上述配置项表示当时间偏差超过 1 秒，且启动后进行前 3 次同步时强制调整时间。

### 8.3.3　内网中 Chrony 服务器时间同步部署

在公司内部部署 Chrony 服务器，为客户端提供时间同步服务，具体参数如下。

- Chrony 服务器同步的时间服务器：

server ntp.aliyun.com iburst；

server 0.rhel.pool.ntp.org iburst；

server 1.rhel.pool.ntp.org iburst；

server 2.rhel.pool.ntp.org iburst；

server 3.rhel.pool.ntp.org iburst。

- Chrony 服务器的 IP 地址：192.168.126.12。
- Chrony 客户端的 IP 地址：192.168.126.13。
- 当不能访问被同步的 Chrony 服务器时，将 Chrony 服务器作为本地时钟，视为 Stratum10 的时间源。
- Chrony 服务器允许为 192.168.126.0/24 子网中的计算机提供时间同步服务。

### 1. 安装 Chrony 软件包

先使用 rpm -qa|grep chrony 命令查看是否已安装相应的软件包，如果没有安装，那么使用 yum -y install chrony 命令安装。使用 date -s "2019-03-21 15:35:59"命令将系统时间调整成错误的时间，以便观察时间同步的效果。

### 2. 编辑/etc/chrony.conf 文件

（1）使用 vim 打开/etc/chrony.conf 文件，添加一行命令，将 ntp.aliyun.com 作为上游 Chrony 服务器，如图 8-6 所示。

```
server ntp.aliyun.com iburst
server 0.rhel.pool.ntp.org iburst
server 1.rhel.pool.ntp.org iburst
server 2.rhel.pool.ntp.org iburst
server 3.rhel.pool.ntp.org iburst
```

图 8-6　将 ntp.aliyun.com 作为上游 Chrony 服务器

（2）输入"/#allow"，在/etc/chrony.conf 文件中找到"#allow 192.168.126.0/24"，将前面的"#"去掉，使 Chrony 服务器允许为 192.168.126.0/24 子网中的计算机提供时间同步服务；输入"/#local"，在/etc/chrony.conf 文件中找到"#local stratum 10"，将前面的"#"去掉，使当 Chrony 服务器不能访问被同步的服务器时，将 Chrony 服务器作为本地时钟，视为 Stratum10 的时间源。修改 allow 配置项和 local stratum 配置项，如图 8-7 所示。

```
# Allow NTP client access from local network.
allow 192.168.126.0/24

# Serve time even if not synchronized to a time source.
local stratum 10
```

图 8-7　修改 allow 配置项和 local stratum 配置项

（3）保存并退出。

### 3. 关闭 Chrony 服务器的防火墙和安全策略

使用如下命令，临时关闭 Chrony 服务器的防火墙和安全策略。

```
[root@ntp-server ~]# systemctl stop firewalld  #临时关闭防火墙
[root@ntp-server ~]# setenforce 0              #临时关闭安全策略
```

### 4. 启动和开机自启动 Chrony 服务

先使用 date -s "2019-03-21 15:35:59"命令为客户端设置一个错误的系统时间，再使用

systemctl start chronyd 命令和 systemctl enable chronyd 命令实现启动与开机自启动 Chrony 服务。

```
[root@ntp-server ~]#date -s "2019-03-21 15:35:59"
2019 年 03 月 21 日 星期四 15:35:59 CST
[root@ntp-server ~]#systemctl start chronyd
[root@ntp-server ~]#systemctl enable chronyd
[root@ntp-server ~]#date
2024 年 06 月 08 日 星期六 17:44:55 CST
```

大概过几秒后，使用 date 命令，就可以看到已经将系统时间调整为正确的时间。

### 5. Chrony 服务器时间同步方法 1

先使用 date -s "2020-12-20 20:33:55"命令为客户端设置一个错误的系统时间，再使用 ntpdate 命令，将客户端的时间与内网中的 Chrony 服务器同步，最后使用 date 命令，即可看到显示的时间与内网中的 Chrony 服务器的时间同步，具体操作及命令输出结果如下。

```
[root@ntp-c ~]#ntpdate 192.168.126.12
 8 Jun 18:03:01 ntpdate[2149]: step time server 192.168.126.12 offset 181460306.217406 sec
[root@ntp-c ~]#date
Sat Jun  8 18:03:10 CST 2024
```

### 6. Chrony 服务器同步方法 2

（1）使用 date -s "2020-12-20 20:33:55"命令为客户端设置一个错误的系统时间。

（2）在 IP 地址为 192.168.126.13 的客户端上安装 Chrony 软件包。

```
[root@ntp-c ~]# yum -y install chrony
```

（3）接下来修改客户端的/etc/chrony.conf 文件，注释掉 server 0～3，并添加一行命令（server 192.168.126.12 iburst）。设置可以访问客户端的 Chrony 服务器的信息，如图 8-8 所示。设置完成后，保存并退出。

```
server 192.168.126.12 iburst
#server 0.centos.pool.ntp.org iburst
#server 1.centos.pool.ntp.org iburst
#server 2.centos.pool.ntp.org iburst
#server 3.centos.pool.ntp.org iburst
```

图 8-8  设置可以访问客户端的 Chrony 服务器的信息

（4）在 IP 地址为 192.168.126.13 的客户端上关闭防火墙和安全策略。

（5）在 IP 地址为 192.168.126.13 的客户端上启动 Chrony 服务。

（6）使用 date 命令，可以看到系统时间被调整为正确的时间。

```
[root@ntp-c ~]# systemctl start chronyd
[root@ntp-c ~]# systemctl enable chronyd
[root@ntp-c ~]# date
Sat Aug 10 17:08:50 CST 2024
```

## 8.4 项目拓展

### 1．项目要求

编写一个脚本 dbbak.sh，要求在/tmp/dbbak 文件夹中有一个 dbinfo.txt 文件，该文件中的内容包含当前系统日期和/etc 目录的大小，将/etc 目录和 dbinfo.txt 文件压缩为"etc_当前系统日期.tar.gz"文件，放在/tmp/dbbak 文件夹中，并将 dbinfo.txt 文件删除。这个脚本需要在每天 5:00 执行一次。

### 2．项目步骤

（1）进入 CentOS，打开一个终端。在命令行中输入"vim /root/dbbak.sh"。
（2）在命令模式下输入"i"进入插入模式，输入如下内容。

```
#!/bin/bash
DIR="/tmp/dbbak "
# 检查文件夹是否存在
if [ ! -d "$DIR" ]; then
    mkdir /tmp/dbbak
fi
date=$(date +\%y\%m\%d)
size=$(du -hs /etc)
echo "Date: $date!" > /tmp/dbbak/dbinfo.txt
echo "Data size: $size" >> /tmp/dbbak/dbinfo.txt
cd /tmp/dbbak
tar -czf /tmp/dbbak/etc_$date.tar.gz /etc /tmp/dbbak/dbinfo.txt &>/dev/null
#&>输出错误重定向
rm -rf /tmp/dbbak/dbinfo.txt
```

（3）进入末行模式，输入":wq"，保存并退出。
（4）修改脚本 dbbak.sh 的执行权限。

```
[root@centos7 ~]chmod u+x /root/dbbak.sh
```

（5）在命令行中输入"vim /etc/crontab"，编辑/etc/crontab 文件，输入如下内容。

```
0 5 * * * root /root/dbbak.sh
```

（6）修改当前系统时间。

```
[root@centos7 ~]date -s 04:59:30
```

（7）经过 30 秒后，查看定时任务的输出结果。

```
[root@centos7 ~]ls -lh /tmp/dbbak/*.tar.gz
[root@centos7 wlm]# ls -lh /tmp/dbbak/*.tar.gz
-rw-r--r-- 1 root root 11M 7月  12 16:55 /tmp/dbbak/etc_240712.tar.gz
```

可以发现，生成了一个 etc_240712.tar.gz 文件。

## 8.5 本章练习

**一、选择题**

1. 要编辑当前用户的/etc/crontab 文件，可以使用的命令是（    ）。
   A．crontab -l            B．crontab -e
   C．crontab -r            D．crontab -d
2. 在/etc/crontab 文件中，表示每小时运行一次的符号是（    ）。
   A．*          B．0          C．*/1          D．1/*
3. 在/etc/crontab 文件中，表示每天 3:00 运行一个任务的时间表达式是（    ）。
   A．0 3 * * *            B．0 0 3 * *
   C．3 0 * * *            D．* 3 0 * *
4. 在/etc/crontab 文件中，表示每周一 1:00 的时间表达式是（    ）。
   A．1 1 * * 0            B．1 0 * * 1
   C．0 0 1 * *            D．0 1 * * 1
5. 在/etc/crontab 文件中，表示每 10 分钟运行一个任务的时间表达式是（    ）。
   A．10 * * * *           B．10 * * *
   C．*/10 * * * *         D．*/10 * * *
6. 在/etc/crontab 文件中，表示每分钟运行一次的时间表达式是（    ）。
   A．*        B．* * * * *        C．*/1        D．1/* * * * *

**二、填空题**

1. 在/etc/crontab 文件中，表示每月第 1 天 3:00 运行一个任务的时间表达式是_____。
2. 使用_____命令可以列出当前用户的 crontab 任务。
3. 要删除当前用户的所有 crontab 任务，可以使用_____命令。
4. 在/etc/crontab 文件中，表示每周三 2:00 的时间表达式是_____。
5. 在/etc/crontab 文件中，表示每 5 分钟运行一个任务的时间表达式是_____。

**三、判断题**

1. 在/etc/crontab 文件中，时间表达式的顺序是：分钟、小时、日、月、星期。（    ）
2. 在/etc/crontab 文件中，月份字段的值可以使用 1~12 表示。（    ）
3. 0 12 * * 1-5 表示每个工作日的中午 12 点运行任务。（    ）
4. */2 * * * * 表示每 2 小时运行一次任务。（    ）
5. 0 9-17 * * 1-5 表示每个工作日的 9:00~17:00 整点运行一次任务。（    ）
6. crontab -u username -l 命令用于编辑指定用户的 crontab 任务。（    ）

**四、简答题**

1. 简述在 Linux 中使用 Chrony 服务器进行时间同步的基本步骤。
2. 简述 Chrony 服务器和 NTP 服务器的主要区别，包括它们的适用场景和优缺点。

# 第 9 章

# Linux 服务器安装与配置

Linux 在构建网络应用服务器方面扮演着至关重要的角色，能够为网络中的计算机提供一系列的网络服务。本章将深入探讨 Linux 中几种关键的网络服务器安装与配置的过程。通过学习本章，读者将能够安装与配置 DNS 服务器，确保域名与 IP 地址之间的正确解析；安装与配置 DHCP 服务器，为网络设备自动分配 IP 地址；安装与配置 FTP 服务器，实现文件的安全传输和共享。

## 9.1 DNS 服务器安装与配置

### 9.1.1 DNS 概述

#### 1. 什么是 DNS 服务器

在互联网中，信息是通过 TCP/IP 来传输的。在 TCP/IP 中，网络中的每台计算机都有自己的门牌号码，又称 IP 地址。要访问网络中的特定计算机，就需要输入正确的 IP 地址，人们每天访问的互联网应用就是通过 IP 地址来定位服务器的。但对大多数人来说，IP 地址是一串没有意义的数字，而互联网中的计算机又是如此之多，人们不可能记住这么多的 IP 地址，为了便于人们识别和记忆，就需要为这些计算机提供有含义的名称。

DNS（Domain Name System，域名系统）服务是一种计算机网络的核心基础服务。它可以将一个有含义的主机名（也就是域名）转换为实际的 IP 地址，以便人们识别和记忆要访问的网站和应用服务器。通过 DNS 服务，人们能够轻松地访问和使用互联网应用。

DNS 服务器就是提供上述 DNS 服务的设备。当人们在浏览器中输入网站域名后，该域名会被发送给 DNS 服务器，DNS 服务器会将该域名转换为相应的 IP 地址返回给浏览器，这时浏览器可以将请求发送到正确的计算机中。

#### 2. DNS 服务器的特点

DNS 服务器作为互联网的核心基础设施，主要具有以下特点。

1）层次化的树形结构

DNS 服务器采用层次化的树形结构管理域名空间，从根域开始，之后是顶级域、二级域等，以便对域名进行分布式存储和管理。

2）冗余备份

在通常情况下，每个域都有多台 DNS 服务器，重要的 DNS 服务器会被部署在不同的地理区域，以实现冗余备份。

3）缓存机制

DNS 服务器和本地客户端都可以进行缓存，首次访问时获得的域名记录会被缓存一段时间，该段时间内的反复查询可以被直接返回，从而减轻上游服务器的负担，提高解析效率。

4）扩展协议

DNS 服务器不仅支持 IPv4，还支持 IPv6，能够适应互联网的发展。

5）弹性扩展

DNS 服务器可以通过泛播等手段实现弹性扩展，以应对查询流量的增长。

DNS 作为一个高性能、安全、扩展性强的分布式域名系统，对互联网的运行至关重要。

### 3．域名与层次分级结构

在互联网中，主机名又被称为域名，这是因为网络中的主机名是按照区域和层次被管理的。互联网中的计算机有很多，如果直接给计算机取名，那么很容易出现重名的情况，这时就需要先在网络中划分区域。例如，我国很多城市都有一条"北京路"，要说清楚具体的地点，就需要加上区域信息，如"广州的北京路""昆明的北京路"等。互联网中的情况也类似，如"百度知道"这个网站的主机名是"zhidao.baidu.com"，在这个主机名中，"com"是顶级域名，"baidu.com"是一级域名，通过这些域名的划分可以确定主机名为"zhidao.baidu.com"的服务器在互联网中的位置。

域名信息被分散和分层地存储在不同的计算机中，这些计算机构成了 DNS 服务器的树形结构，如图 9-1 所示。

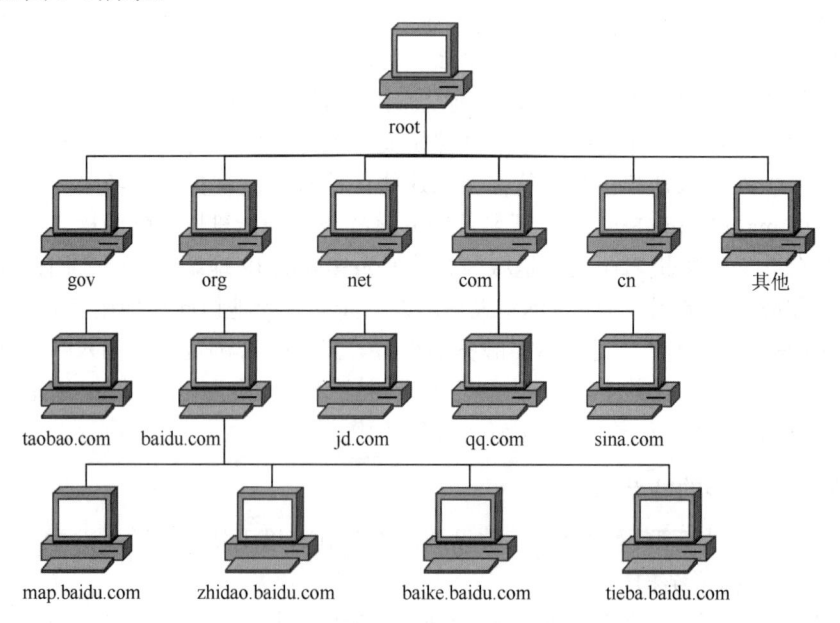

图 9-1　DNS 服务器的树形结构

其中，最上方是 root，这个 DNS 服务器被称为根域名服务器；根域名服务器下面管理的是顶级域名服务器或国家域名服务器；顶级域名服务器下面管理的是一级域名服务器，以此类推，分层管理。

根域名服务器最早主要管理 6 个领域的顶级域名服务器。6 个领域的顶级域名如表 9-1 所示。

表9-1　6个领域的顶级域名

| 域名 | 含义 |
| --- | --- |
| com | 公司企业 |
| org | 组织机构 |
| net | 网络通信领域 |
| gov | 政府部门 |
| edu | 教育单位，如高校 |
| mil | 军事单位 |

后来，为了让不同的国家和地区也有自己的顶级域名，DNS 服务器扩充了以地区代号命名的顶级域名，如 cn（中国）、jp（日本）、uk（英国）和 fr（法国）等。

分层管理体现在每级的 DNS 服务器只记录下一级的域名与 IP 地址的对应关系，即上层的 DNS 服务器只记录下一级的域名信息，至于再下一级的域名信息，则交给其下一级的 DNS 服务器来管理。这样设计的好处是权责分明，既便于分担访问压力，又便于维护域名信息的变更。

**4．域名解析过程**

域名解析可以分为正向域名解析与反向域名解析。正向域名解析简称正向解析，反向域名解析简称反向解析。

正向解析是指把域名转换成 IP 地址，就是人们通常所说的从域名到 IP 地址的解析，用于在网络中定位计算机。例如，将域名 www.hxedu.com.cn 解析为 IP 地址 111.45.3.34，这种从域名到 IP 地址的解析就是正向解析。

反向解析是指把 IP 地址转换成域名，是从 IP 地址到域名的解析，用于确认 IP 地址对应的域名信息。例如，将 IP 地址 111.45.3.34 解析为域名 www.hxedu.com.cn，这种从 IP 地址到域名的解析就是反向解析。

在一般情况下，人们更需要的是正向解析。下面通过一个示例深入介绍正向解析。

（1）在客户端浏览器中输入"www.hxedu.com.cn"，系统会根据设置找到 DNS 服务器地址，并向 DNS 服务器发出查询请求。

（2）DNS 服务器收到客户端的查询请求后，会先检查自己的内存中有没有对应的 IP 地址，如果有那么直接返回，如果没有那么向根域名服务器发出查询请求。

（3）根域名服务器根据域名"com"将查询请求发送给对应的顶级域名服务器，返回对应的 IP 地址，DNS 服务器继续向顶级域名服务器发出查询请求。

（4）顶级域名服务器根据域名"baidu.com"将查询请求发送给对应的一级域名服务器，返回对应的地址，DNS 服务器继续向一级域名服务器发出查询请求。

（5）一级域名服务器最终找到域名 www.hxedu.com.cn 对应的 IP 地址 111.45.3.34，返回对应的 IP 地址，DNS 服务器把最终得到的 IP 地址返回给客户端，同时把该记录缓存下来一段时间，以便下次可以快速返回。

（6）浏览器最终得到完整域名对应的 IP 地址，根据 IP 地址发出访问请求，加载对应的网页。至此，一个完整的正向解析过程执行完成。正向解析如图 9-2 所示。

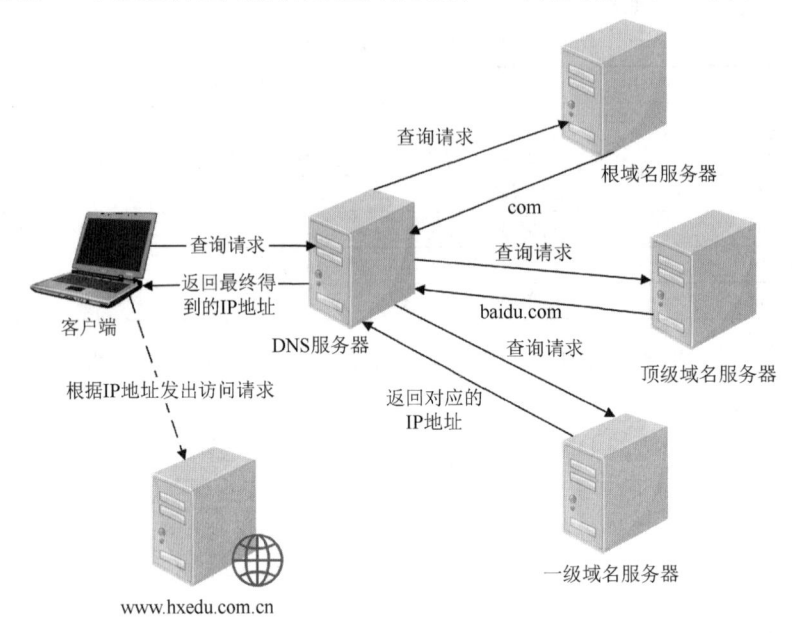

图 9-2　正向解析

## 9.1.2　DNS 服务器的安装与正向解析配置过程

在企业局域网的管理中常常需要架设自己的 DNS 服务器，用于企业内部的文件服务器、Web 服务器、邮件服务器的域名解析。

Linux 软件源中提供了 BIND（Berkeley Internet Name Domain，伯克利因特网名称域），可以很方便地实现 DNS 服务功能。

假设有一个域名为 titi.com 的公司打算在内网中架设一台 DNS 服务器，并通过该 DNS 服务器实现文件服务器、Web 服务器和邮件服务器的域名解析，具体的 DNS 域名解析需求如表 9-2 所示。

表 9-2　具体的 DNS 域名解析需求

| 应用程序服务器 | IP 地址 | 域名 |
|---|---|---|
| DNS 服务器 | 192.168.202.128 |  |
| 文件服务器 | 192.168.202.110 | ftp.titi.com |
| Web 服务器 | 192.168.202.120 | www.titi.com |
| 邮件服务器 | 192.168.202.130 | mail.titi.com |

下面在 VMware Workstation 中，通过安装和配置 BIND，实现这个局域网内部的 DNS 服务功能。

## 1．BIND 的安装

BIND 是 DNS 服务软件，是由伯克利大学开发的。该软件可以通过 CentOS 安装盘安装，也可以直接使用 CentOS 提供的软件源在线安装。

下面准备一台名为 centos7server 的虚拟机作为 DNS 服务器，该虚拟机的 IP 地址为 192.168.202.128。

登录该虚拟机，安装 BIND。

```
[root@centos7server ~]# yum install bind
```
安装 DNS 服务的安全保护软件。
```
[root@centos7server ~]# yum install bind-chroot
```
安装 DNS 服务的相关工具软件。
```
[root@centos7server ~]# yum install bind-utils
```
在安装完成后，查看已安装的 BIND。
```
[root@centos7server ~]# rpm -qa | grep '^bind'
```
上述命令的输出结果如图 9-3 所示。

图 9-3　输出结果

## 2．DNS 服务器的配置

DNS 服务器主要有 5 个配置文件，分别是主配置文件、根域名服务器配置文件、额外区域配置文件、正向解析配置文件和反向解析配置文件，如表 9-3 所示。

表 9-3　DNS 服务器的 5 个配置文件

| 文件类型 | 文件名 | 作用 |
| --- | --- | --- |
| 主配置文件 | /etc/named/named.conf | 设置 DNS 服务器的全局参数，并指定区域文件名 |
| 根域名服务器配置文件 | /var/named/named.ca | 配置根域名服务器的信息，通常不需要更改 |
| 额外区域配置文件 | /etc/named.rfc1912.zones | 从属于主配置文件，是一种额外区域声明文件 |
| 正向解析配置文件 | /var/named/named.localhost | 模板文件，用于实现从域名到 IP 地址的解析 |
| 反向解析配置文件 | /var/named/named.loopback | 模板文件，用于实现从 IP 地址到域名的解析 |

要实现上述 DNS 服务功能，需要配置主配置文件、正向解析配置文件和反向解析配置文件。

## 3．修改主配置文件（/etc/named/named.conf）

通过 vim 打开主配置文件。
```
[root@centos7server ~]# vim /etc/named/named.conf
```
默认的主配置文件中的"options"部分包含了重要的全局参数，如图 9-4 所示

```
options {
        listen-on port 53 { 127.0.0.1; };
        listen-on-v6 port 53 { ::1; };
        directory       "/var/named";
        dump-file       "/var/named/data/cache_dump.db";
        statistics-file "/var/named/data/named_stats.txt";
        memstatistics-file "/var/named/data/named_mem_stats.txt";
        recursing-file  "/var/named/data/named.recursing";
        secroots-file   "/var/named/data/named.secroots";
        allow-query     { localhost; };
```

图 9-4 默认的主配置文件中的 "options" 部分

"options" 部分的配置项较多，目前需要关注以下几个配置项。

（1）listen-on：指定 DNS 服务器监听的 IP 地址，默认监听的是本机的端口 53。

（2）directory：指定正向解析配置文件和反向解析配置文件的存储目录，默认为 /var/named，后续需要在该目录中创建正向解析配置文件和反向解析配置文件，用于配置域名与 IP 地址的对应关系。

（3）dump-file：指定内存数据库快照文件的存储目录。DNS 服务器会将内存中的域数据定期备份到快照文件中。

（4）allow-query：指定允许进行 DNS 查询的 IP 地址段，默认仅限本地查询。

修改配置项 listen-on 和 allow-query 的参数为"any;"，以允许任意网内 IP 地址进行 DNS 查询。

```
options {
        listen-on port 53 { any; };
        …
        allow-query     { any; };
        …
}
```

修改后的 "options" 部分如图 9-5 所示。

```
options {
        listen-on port 53 { any; };
        listen-on-v6 port 53 { ::1; };
        directory       "/var/named";
        dump-file       "/var/named/data/cache_dump.db";
        statistics-file "/var/named/data/named_stats.txt";
        memstatistics-file "/var/named/data/named_mem_stats.txt";
        recursing-file  "/var/named/data/named.recursing";
        secroots-file   "/var/named/data/named.secroots";
        allow-query     { any; };
```

图 9-5 修改后的 "options" 部分

在完成 "options" 部分的修改后，还需要为域名 titi.com 指定正向解析配置文件。

移动到当前主配置文件末尾，添加对应的区域配置信息"zone"。

```
zone "titi.com" IN {
        type master;
        file "titi.com.zone";
};
```

主配置文件末尾的内容如图 9-6 所示。

图 9-6　主配置文件末尾的内容

上面指定了域名 titi.com 的正向解析配置文件为 titi.com.zone 文件。

保存主配置文件后，检查主配置文件的格式是否正确。

```
[root@centos7server ~]# named-checkconf /etc/named/named.conf
```

若执行上述命令后没有报错，则表示主配置文件的格式正确。

### 4．创建正向解析配置文件，实现正向解析

正向解析配置文件的格式有一定的要求，容易配置错误，建议基于官方提供的/var/named/named.localhost 文件进行修改。

复制/var/named/named.localhost 文件，将其作为所需的配置文件。

```
[root@centos7server ~]# cd /var/named/
[root@centos7server ~]# cp -a named.localhost titi.com.zone
```

打开配置文件，修改域名配置。

```
[root@centos7server ~]# vim titi.com.zone
```

当前配置文件中的内容如图 9-7 所示。

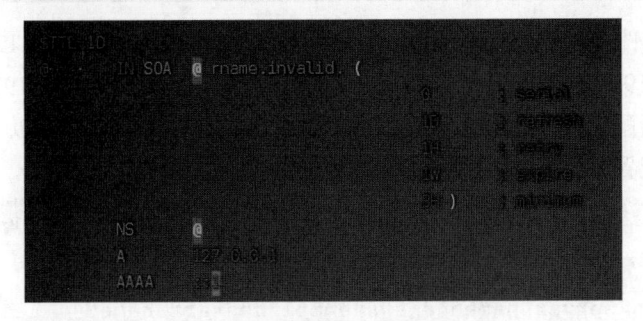

图 9-7　当前配置文件中的内容

根据企业需求，对上述配置文件进行修改。

```
$TTL    1D
@       IN      SOA     titi.com. root.titi.com. (
                                0       ; serial
                                1D      ; refresh
                                1H      ; retry
                                1W      ; expire
                                3H )    ; minimum
@       NS      www.titi.com.
ftp     A       192.168.202.110
www     A       192.168.202.120
web     CNAME   www.titi.cn.
mail    A       192.168.202.130
```

下面介绍各参数的含义。

（1）TTL：配置域名缓存周期，指定信息存放在 DNS 服务器中的时间，当前值为 1D，表示缓存 1 天。

（2）@：表示本域，SOA 描述了一个授权区域。第 2 行声明了 titi.com 域的 SOA 记录，指定了它的主 DNS 服务器域名是 titi.com、管理邮箱是 root.titi.com。

（3）serial：表示该区域文件的版本号；refresh、retry、expire 和 minimum 分别表示刷新时间间隔、重试时间间隔、过期时间和缓存最小时间。

（4）最后几行：每行表示一条域名与 IP 地址对应的记录，配置格式如下。

```
[domain]        [RR type]               [RR data]
[待查域名]      [资源类型]              [资源内容]
```

常用的资源类型及其含义如表 9-4 所示。

表 9-4 常用的资源类型及其含义

| 资源类型 | 含义 |
| --- | --- |
| NS | 查询管理域名服务器的主机名，这里将 www.titi.com 定义为域名服务器的主机名 |
| A 或 AAAA | 将域名解析为 IP 地址，文件中有多个 A 记录，分别用于将 ftp、www、mail 等域名解析为对应的 IP 地址。A 表示 IPv4，AAAA 表示 IPv6 |
| CNAME | 定义域名的别名，这里将 web 定义为域名 www.titi.cn 的别名 |
| MX | 把域名解析到邮件服务器中，用于邮件服务 |
| PTR | 指针记录 |

在上述配置文件中，域名 www.titi.com 被解析为 IP 地址 192.168.202.120，域名 ftp.titi.com 被解析为 IP 地址 192.168.202.110，域名 mail.titi.com 被解析为 IP 地址 192.168.202.130。

保存正向解析配置文件后，检查该配置文件的格式是否正确。若以下命令执行后没有报错，则表示该配置文件的格式正确。

```
[root@centos7server named]# named-checkzone titi.com.zone titi.com.zone
```

在配置完成后，重启 DNS 服务器。

```
[root@centos7server named]# systemctl restart named
```

由于 DNS 服务器监听的是端口 53，因此使用时还需要在防火墙中开放相应的端口。这里为了方便测试暂时关闭防火墙，并把安全策略设置为宽容模式。

```
[root@centos7server named]# systemctl stop firewalld
[root@centos7server named]# setenforce 0
```

#### 5．在客户端中测试正向解析

保持上述 DNS 服务器运行的同时，在 VMware Workstation 中打开一台名为 centos7client 的虚拟机作为客户端，测试 DNS 服务是否生效。

在 Linux 中，客户端是通过/etc/resolv.conf 文件来获取 DNS 服务器的 IP 地址，并向 DNS 服务器发出查询请求的。因此，需要修改/etc/resolv.conf 文件，把刚才搭建的 DNS 服务器的 IP 地址配置进去。

使用 vim 打开/etc/resolv.conf 文件。

```
[root@centos7client]# vim /etc/resolv.conf
```

修改 DNS 服务器的 IP 地址并保存/etc/resolv.conf 文件。

```
nameserver 192.168.202.128
```

在此之后，客户端在需要时就会向刚才配置的 DNS 服务器发出查询请求。

在客户端中使用 host 命令测试正向解析是否配置成功。

```
[root@centos7client ~]# host ftp.titi.com
[root@centos7client ~]# host www.titi.com
[root@centos7client ~]# host mail.titi.com
[root@centos7client ~]# host web.titi.com
```

测试结果如图 9-8 所示，表示正向解析配置成功。

```
[root@centos7client ~]# host ftp.titi.com
ftp.titi.com has address 192.168.202.110
[root@centos7client ~]# host www.titi.com
www.titi.com has address 192.168.202.120
[root@centos7client ~]# host mail.titi.com
mail.titi.com has address 192.168.202.130
[root@centos7client ~]# host web.titi.com
web.titi.com is an alias for www.titi.com.
www.titi.com has address 192.168.202.120
```

图 9-8　测试结果

### 9.1.3　反向解析配置过程

前文提到，反向解析是从 IP 地址到域名的解析，其配置方式与正向解析的配置方式类似。先在主配置文件中声明反向解析区域，然后创建反向解析配置文件，指定域名与 IP 地址的对应关系。

#### 1．在主配置文件中声明反向解析区域

进入 DNS 服务器，使用 vim 修改/etc/named/named.conf 文件。

```
[root@centos7server ~]# vim /etc/named/named.conf
```
在该文件末尾添加相应的配置信息并保存。

```
zone "202.168.192.in-addr.arpa" IN {
    type master;
    file "202.168.192.zone";
};
```

（1）zone：定义名为 202.168.192.in-addr.arpa 的区域，这是反向解析网段的表示方式。

（2）type master：表示这是一个主区域。

（3）file：指定区域数据文件为 202.168.192.zone。

上述配置实现了对 192.168.202 网段的反向解析，可以通过 IP 地址查询来获取域名。

### 2. 创建反向解析配置文件，指定域名与 IP 地址的对应关系。

通过复制反向解析配置文件模板（named.loopback）来创建反向解析配置文件。

```
[root@centos7server ~]# cd /var/named/
[root@centos7server named]# cp -a named.loopback 202.168.192.zone
```

使用 vim 修改反向解析配置文件。

```
[root@centos7server named]# vim 202.168.192.zone
```

按照如下内容修改并保存反向解析配置文件。

```
$TTL 1D
@       IN SOA  titi.com. root.titi.com. (
                                    0       ; serial
                                    1D      ; refresh
                                    1H      ; retry
                                    1W      ; expire
                                    3H )    ; minimum
        NS      titi.com.
        A       192.168.202.218
110     PTR     ftp.titi.com.
120     PTR     www.titi.com.
120     PTR     web.titi.com.
130     PTR     mail.titi.com.
```

完成上述配置后，重启 DNS 服务器。

```
systemctl restart named
```

### 3. 测试反向解析

打开 centos7client，使用 nslookup 命令测试反向解析是否配置成功。

```
[root@centos7client ~]# nslookup 192.168.202.110
[root@centos7client ~]# nslookup 192.168.202.120
[root@centos7client ~]# nslookup 192.168.202.130
```

测试结果如图 9-9 所示。

```
[root@centos7client ~]# nslookup 192.168.202.110
110.202.168.192.in-addr.arpa    name = ftp.titi.com.

[root@centos7client ~]# nslookup 192.168.202.120
120.202.168.192.in-addr.arpa    name = www.titi.com.
120.202.168.192.in-addr.arpa    name = web.titi.com.

[root@centos7client ~]# nslookup 192.168.202.130
130.202.168.192.in-addr.arpa    name = mail.titi.com.
```

图 9-9　测试结果

## 9.2　DHCP 服务器安装与配置

### 9.2.1　DHCP 概述

DHCP（Dynamic Host Configuration Protocol，动态主机配置协议）用于动态分配 IP 地址给网络设备，以便这些设备可以自动完成网络配置。在网络中提供 DHCP 服务的主机被称为 DHCP 服务器。

**1．DHCP 服务器的作用**

需要接入网络的每台设备都要配置一些网络参数，包括 IP 地址、子网掩码、广播地址和网关等。配置这些网络参数的方法有静态网络配置和动态网络配置。

在 Linux 中，可以通过/etc/sysconfig/network-scripts/ifcfg-eth[0-n]文件来手动配置这些网络参数，只要网络参数配置正确，设备就可以顺利联网，这就是静态网络配置。

但如果网络中需要配置的设备有很多，静态配置的工作量就很大了，且手动配置容易出错。为了简化网络配置过程，需要引入动态网络配置，DHCP 就是一种被广泛采用的动态网络配置协议。

DHCP 服务器作为在网络中提供 DHCP 服务的主机，主要有以下作用。

1）自动分配 IP 地址

DHCP 服务器管理着一个 IP 地址池，可以从该 IP 地址池中自动分配 IP 地址给局域网中的其他设备。

2）动态分配网络配置

DHCP 服务器不仅可以自动分配 IP 地址，还可以动态分配网关、子网掩码、广播地址等给客户端。

3）统一管理

网络配置在 DHCP 服务器中被集中管理，需要调整时可以统一进行，避免了逐一修改客户端的烦琐。

4）简化客户端配置

客户端只需支持 DHCP 服务，不再需要手动配置网络参数，大大简化了设备配置量和网络维护的工作量。

DHCP 服务器实现了网络配置的自动化、动态化和集中化，简化了网络管理，提高了灵活性，是构建现代网络的基础服务器之一。

### 2．DHCP 服务的运行原理

在安装和配置 DHCP 服务器之前，下面先介绍一下 DHCP 服务的运行原理。

假设局域网中有两台 DHCP 服务器和多个客户端（等待获取动态 IP 地址的设备），DHCP 服务的运行原理如图 9-10 所示。

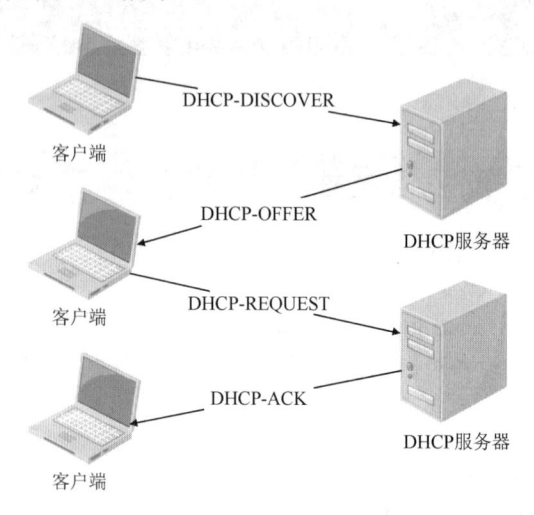

图 9-10 DHCP 服务的运行原理

客户端动态获取 IP 地址等网络参数的过程大致如下。

1）客户端发送 DHCP-DISCOVER 消息

在客户端设定使用 DHCP 服务器获取 IP 地址。当客户端系统启动或重置网络时，客户端主机就会通过网络广播向局域网内的所有主机发送搜索 DHCP 服务器的 DHCP-DISCOVER 消息。一般设备收到该消息后会直接忽略，但局域网内的 DHCP 服务器会对该消息进行响应。

2）DHCP 服务器发送 DHCP-OFFER 消息

DHCP 服务器收到 DHCP-DISCOVER 消息后，会先从该消息中提取设备的 MAC 地址，并根据该 MAC 地址执行不同的操作。DHCP 服务器中存有一份记录 IP 地址租用情况的登录文件，在对比 MAC 地址后，若发现客户端之前曾租用过某个 IP 地址，而该 IP 地址目前无人使用，则将该 IP 地址续租给客户端；若 DHCP 服务器中针对该 MAC 地址设置了固定的 IP 地址，则提供固定的 IP 地址给客户端。如果上述两种情况都不存在，那么 DHCP 服务器在管理的 IP 地址池中随机选择未被使用的 IP 地址发送给客户端。DHCP 服务器通过网络向客户端发送的包含 IP 地址和网络参数的消息被称为 DHCP-OFFER 消息。

3）客户端发送 DHCP-REQUEST 消息

在局域网中，DHCP 服务器可能不止一台。如果有多台 DHCP 服务器同时向客户端发送了 DHCP-OFFER 消息，而客户端仅能收到一台 DHCP 服务器的 IP 地址，那么当客户端决定采用某台 DHCP 服务器提供的 IP 地址时，需要通过网络广播向全网发送 DHCP-REQUEST 消息，表示客户端接收了来自 DHCP 服务器的 IP 地址租约记录。

4）DHCP 服务器发送 DHCP-ACK 消息

当 DHCP 服务器收到来自客户端的 DHCP-REQUEST 消息后，会正式将 IP 地址分配给客户端，在登录文件中保存客户端的 MAC 地址和 IP 地址的租约记录，并向客户端发送 DHCP-ACK 消息，告知客户端这些网络参数的租约期限。

这些分配出去的 IP 地址会在客户端脱机时（关机、关闭网络时）或在客户端租约到期时由 DHCP 服务器收回。

## 9.2.2 DHCP 服务器的安装与配置过程

下面将在 VMware Workstation 中，将 centos7server 和 centos7client 两台虚拟机分别作为 DHCP 服务器和客户端，演示 DHCP 服务器的安装与配置过程。

### 1. 安装 DHCP 软件包

登录名为 centos7server 的虚拟机，将该虚拟机作为 DHCP 服务器。在 Linux 中，可以通过安装 DHCP 软件包来提供 DHCP 服务。

使用 rpm -qa 命令检查当前系统中是否安装了 DHCP 软件包。

```
[root@centos7server ~]# rpm -qa | grep dhcp
```

若输出结果如图 9-11 所示，则表示已安装 DHCP 软件包。

```
[root@centos7server ~]# rpm -qa | grep dhcp
dhcp-4.2.5-83.el7.centos.1.x86_64
dhcp-libs-4.2.5-83.el7.centos.1.x86_64
dhcp-common-4.2.5-83.el7.centos.1.x86_64
```

图 9-11　输出结果

若尚未安装 DHCP 软件包，则可以通过 CentOS 安装光盘或在线软件源进行安装。这里使用较为简单的 yum 命令通过在线软件源进行安装。

```
[root@centos7server ~]# yum install -y dhcp
```

在安装完成后，使用 rpm -ql 命令查询 DHCP 软件包的安装位置。

```
[root@centos7server ~]# rpm -ql dhcp
```

如图 9-12 所示，DHCP 服务的主配置文件为/etc/dhcp/dhcpd.conf，通过修改该文件可以实现 DHCP 服务器的配置。

```
[root@centos7server ~]# rpm -ql  dhcp
/etc/NetworkManager
/etc/NetworkManager/dispatcher.d
/etc/NetworkManager/dispatcher.d/12-dhcpd
/etc/dhcp/dhcpd.conf
/etc/dhcp/dhcpd6.conf
/etc/dhcp/scripts
/etc/dhcp/scripts/README.scripts
```

图 9-12　DHCP 服务的主配置文件

## 2. 修改虚拟机的网络配置，准备 DHCP 服务测试环境

因为使用的 VMware Workstation 本身已经提供了 DHCP 服务，所以为了避免 VMware Workstation 本身的影响，要先调整虚拟机的网络配置，关闭 VMware Workstation 自带的 DHCP 服务。

（1）把网络适配器设置为仅主机模式。

关闭虚拟机，右击 VMware Workstation 中的虚拟机图标，在弹出的快捷菜单中选择"设置"命令，如图 9-13 所示。

图 9-13 选择"设置"命令

在如图 9-14 所示的"虚拟机设置"对话框左侧的"硬件"选项卡中，选择"网络适配器"选项，并选中右侧的"仅主机模式（H）：与主机共享的专用网络"单选按钮。

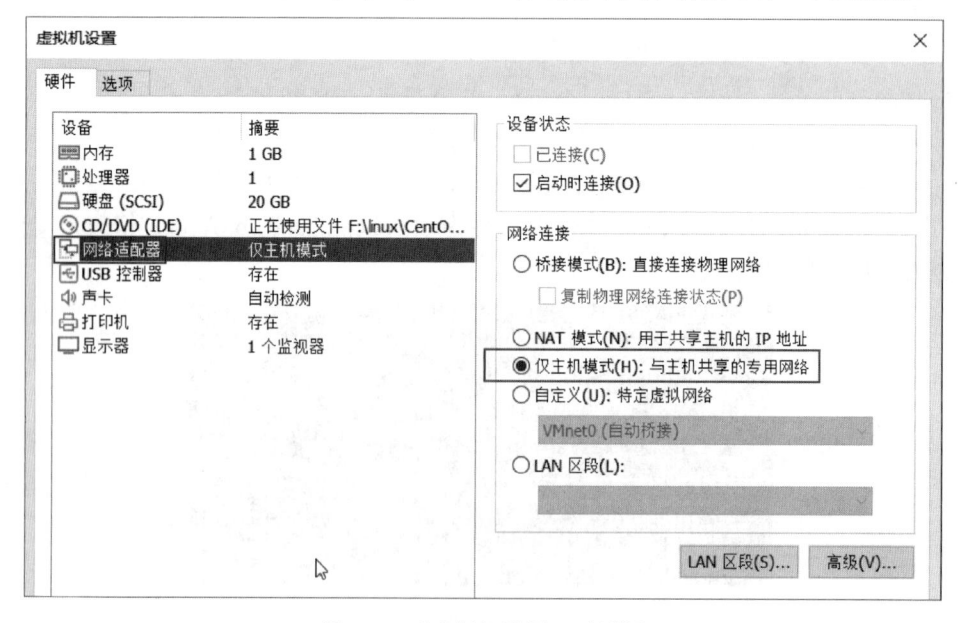

图 9-14 "虚拟机设置"对话框

（2）关闭 VMware Workstation 自带的 DHCP 服务。

选择菜单栏中的"编辑"→"虚拟网络编辑器"命令，如图 9-15 所示。

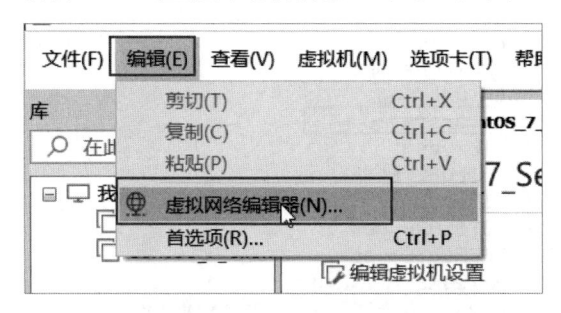

图 9-15 选择"编辑"→"虚拟网络编辑器"命令

在如图 9-16 所示的"虚拟网络编辑器"对话框中，选择上方列表框中的"VMnet1"选项，取消勾选"使用本地 DHCP 服务将 IP 地址分配给虚拟机"复选框，单击"应用"按钮。

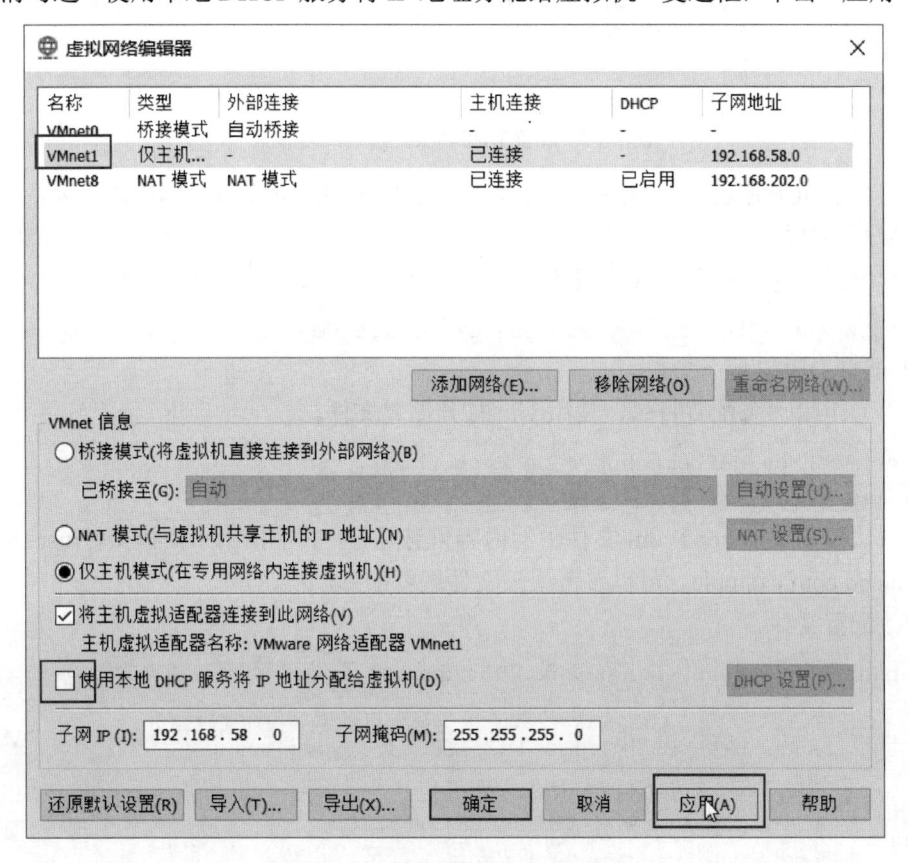

图 9-16 "虚拟网络编辑器"对话框

### 3．配置 DHCP 服务器

启动刚才安装好的 centos7server，配置 DHCP 服务器。

1）配置网络参数

对于 DHCP 服务器本身，直接使用静态网络配置。使用 vim 打开网卡配置文件。

```
[root@centos7server ~]# vim /etc/sysconfig/network-scripts/ifcfg-ens33
```
配置 DHCP 服务器的网络参数，如图 9-17 所示。

```
TYPE=Ethernet
PROXY_METHOD=none
BROWSER_ONLY=no
BOOTPROTO=static
DEFROUTE=yes
IPV4_FAILURE_FATAL=no
IPV6INIT=yes
IPV6_AUTOCONF=yes
IPV6_DEFROUTE=yes
IPV6_FAILURE_FATAL=no
IPV6_ADDR_GEN_MODE=stable-privacy
NAME=ens33
UUID=fdf01b74-276b-4813-af3b-99e4ab1219eb
DEVICE=ens33
IPADDR=192.168.101.2
NETMASK=255.255.255.0
GATEWAY=192.168.101.1
ONBOOT=yes
~
```

图 9-17 配置 DHCP 服务器的网络参数

这里将 DHCP 服务器的网络参数配置成静态 IP 地址，并设置子网掩码、网关地址和启动时开启网络功能。

保存配置文件，重启 DHCP 服务。

```
[root@centos7server ~]# systemctl restart network
```

2）配置 DHCP 服务

进入 DHCP 服务配置目录，使用 vim 打开配置文件。

```
[root@centos7server dhcp]# cd /etc/dhcp/
[root@centos7server dhcp]# vim dhcpd.conf
```

在默认情况下，dhcpd.conf 文件中的内容只有几行，其中指出了模板文件/usr/share/doc/dhcp*/dhcpd.conf.example，可以参考模板文件进行配置。

修改配置文件。

```
subnet 192.168.101.0 netmask 255.255.255.0
{
    range 192.168.101.101 192.168.137.150;
    option routers 192.168.101.1;
    option broadcast-address 192.168.101.255;
    default-lease-time 600;
    max-lease-time 7200;
}
```

上述配置项的说明如下。

（1）subnet：指定 192.168.101.0/24 子网的范围。

（2）range：指定该子网内 IP 地址池的范围为从 192.168.101.101 到 192.168.137.150。

（3）option routers：指定子网的默认网关为 192.168.101.1。

（4）option broadcast-address：指定广播地址为 192.168.101.255。

（5）default-lease-time：指定默认的 IP 地址租约期限为 600 秒。

（6）max-lease-time：指定租约期限的上限为 7200 秒。

3）重启 DHCP 服务

在配置完成后，重启 DHCP 服务，使上述配置生效。

```
[root@centos7server dhcp]# systemctl restart dhcpd
```

**4．配置客户端的网络参数，测试 DHCP 服务**

启动 centos7client。在命令行中，使用 ifconfig 命令查看尚未获取 IP 地址的客户端的网络状态。

```
[root@centos7client ~]# ifconfig
```

这时，尚未获取 IP 地址的客户端的网络状态如图 9-18 所示。

```
[root@centos7client ~]# ifconfig
ens33: flags=4163<UP,BROADCAST,RUNNING,MULTICAST>  mtu 1500
        ether 00:0c:29:43:f0:5f  txqueuelen 1000  (Ethernet)
        RX packets 22  bytes 3633 (3.5 KiB)
        RX errors 0  dropped 0  overruns 0  frame 0
        TX packets 0  bytes 0 (0.0 B)
        TX errors 0  dropped 0 overruns 0  carrier 0  collisions 0
```

图 9-18　尚未获取 IP 地址的客户端的网络状态

编辑客户端的网卡信息。

```
[root@centos7client ~]# vim /etc/sysconfig/network-scripts/ifcfg-ens33
```

配置客户端的网络参数，如图 9-19 所示。

```
TYPE=Ethernet
PROXY_METHOD=none
BROWSER_ONLY=no
BOOTPROTO=dhcp
DEFROUTE=yes
IPV4_FAILURE_FATAL=no
IPV6INIT=yes
IPV6_AUTOCONF=yes
IPV6_DEFROUTE=yes
IPV6_FAILURE_FATAL=no
IPV6_ADDR_GEN_MODE=stable-privacy
NAME=ens33
UUID=fdf01b74-276b-4813-af3b-99e4ab1219eb
DEVICE=ens33
ONBOOT=yes
```

图 9-19　配置客户端的网络参数

重启客户端的 DHCP 服务。

```
[root@centos7client ~]# systemctl restart network
```

使用 ifconfig 命令再次查看客户端的网络状态。

```
[root@centos7client ~]# ifconfig
```

如果 DHCP 服务配置成功，那么可以看到客户端被动态分配的 IP 地址等网络参数，如图 9-20 所示。

```
[root@centos7client ~]# ifconfig
ens33: flags=4163<UP,BROADCAST,RUNNING,MULTICAST>  mtu 1500
        inet 192.168.101.101  netmask 255.255.255.0  broadcast 192.168.101.255
        inet6 fe80::d261:dbc4:b3cf:aca  prefixlen 64  scopeid 0x20<link>
        ether 00:0c:29:43:f0:5f  txqueuelen 1000  (Ethernet)
        RX packets 142  bytes 19297 (18.8 KiB)
        RX errors 0  dropped 0  overruns 0  frame 0
        TX packets 107  bytes 16978 (16.5 KiB)
        TX errors 0  dropped 0 overruns 0  carrier 0  collisions 0
```

图 9-20　客户端被动态分配的 IP 地址等网络参数

至此，显示 DHCP 服务正常发挥作用，完成 DHCP 服务器的安装与配置。

## 9.3　FTP 服务器安装与配置

### 9.3.1　FTP 概述

#### 1．什么是 FTP

FTP（File Transfer Protocol，文件传输协议）是一种用于在网络中进行文件传输的标准网络协议。

FTP 基于客户端-服务器模式工作，FTP 服务器中的文件按照目录结构进行组织。FTP 服务器向客户端提供上传、下载、列举目录和创建目录等文件操作功能。FTP 支持 ASCII 码和二进制文件传输两种传输模式，且支持匿名访问和验证用户访问两种认证机制。FTP 是互联网早期确立的一种传输协议。使用 FTP，用户可以通过网络远程访问文件。FTP 至今还是一种使用极为广泛的文件共享协议。

#### 2．Linux 与 vsftpd

由于 FTP 以明码形式进行数据传输，因此安全是核心问题。在 Linux 中，通常使用 vsftpd 来搭建 FTP 服务器功能。

vsftpd 具有以下特点。

（1）支持 FTP，可以与标准 FTP 客户端互操作。
（2）速度快，安全性高，稳定可靠。
（3）支持 IP 地址和域名访问控制。
（4）可以限制用户访问和操作权限。
（5）支持通过 SSL/TLS 连接加密。

vsftpd 是高性能、安全、稳定的开源 FTP 服务器软件，在 Linux 中被广泛使用，适合搭建对安全性要求较高的 FTP 服务器。

#### 3．FTP 服务器的账户类型

FTP 服务器根据不同的登录类型将账户分为实体账户、访客账户和匿名账户。它们的主要区别如下。

（1）实体账户：需要注册的正式账户，拥有唯一的用户名和密码，可以访问 FTP 服务器中的个人文件空间，具有完整的文件访问和操作权限。

（2）访客账户：FTP 服务器提供的临时游客访问账户，可以访问公共文件区域。其权限可以根据每个访客的需要定制，通常为只读账户。

（3）匿名账户：使用匿名和任意密码登录，仅能访问公共匿名目录，不能上传和修改文件。

综上所述，实体账户的权限最大，匿名账户的权限最小，访客账户的权限在二者之间。FTP 服务器通过不同账户提供了访问控制和权限管理功能。

## 9.3.2 vsftpd 的安装与配置过程

### 1. 在 FTP 服务器中安装 vsfptd

启动作为 FTP 服务器的 centos7server，使用 rpm -qa 命令查看当前系统中是否已安装 vsftpd。

```
[root@centos7server ~]# rpm -qa vsftpd
```

若输出结果如图 9-21 所示，则表示已安装 vsftpd。

```
[root@centos7server ~]# rpm -qa vsftpd
vsftpd-3.0.2-29.el7_9.x86_64
```

图 9-21  输出结果 1

若尚未安装 vsftpd，则可以通过 CentOS 安装光盘或在线软件源进行安装。这里使用较为简单的 yum 命令通过在线软件源进行安装。

```
[root@centos7server ~]# yum install -y vsftpd
```

在安装完成后，可以启动 FTP 服务。使用 systemctl start vsftpd 命令启动 FTP 服务，并使用 systemctl status vsftpd 命令查看 FTP 服务的状态。

```
[root@centos7server ~]# systemctl start vsftpd
[root@centos7server ~]# systemctl status vsftpd
```

此时，FTP 服务的状态如图 9-22 所示。

```
[root@centos7server ~]# systemctl start vsftpd
[root@centos7server ~]# systemctl status vsftpd
● vsftpd.service - Vsftpd ftp daemon
   Loaded: loaded (/usr/lib/systemd/system/vsftpd.service; disabled; vendor preset: disabled)
   Active: active (running) since 日 2024-02-18 05:12:27 CST; 7s ago
  Process: 15961 ExecStart=/usr/sbin/vsftpd /etc/vsftpd/vsftpd.conf (code=exited, status=0/SUCCESS)
 Main PID: 15962 (vsftpd)
    Tasks: 1
   CGroup: /system.slice/vsftpd.service
           └─15962 /usr/sbin/vsftpd /etc/vsftpd/vsftpd.conf
```

图 9-22  FTP 服务的状态

因为 FTP 服务器需要监听端口 20、21 等，所以为了便于测试，这里关闭防火墙，并把安全策略设置为宽容模式，具体命令如下。

```
[root@centos7server ~]# systemctl stop firewalld
[root@centos7server ~]# setenforce 0
```

### 2. 使用匿名账户访问 vsftpd

在默认情况下，客户端可以通过匿名账户登录 vsftpd，访问并下载 vsftpd 的公共目录中的文件。

进入公共目录，添加一个测试文件 test.txt，可以随意添加内容。

```
[root@centos7server ~]# cd /var/ftp/pub/
[root@centos7server pub]# vim test.txt
```

在 VMware Workstation 中启动 centos7client 充当客户端，登录 FTP 服务器。作为客户端，在 centos7client 上可以安装基于命令行的 FTP 软件包，也可以安装可视化的 FileZilla 软件包。这里先使用命令行进行测试。

进入 centos7client 的命令行，安装 FTP 软件包。

```
[root@centos7client ~]# yum install -y ftp
```

在安装完 FTP 软件包后，通过相应的命令登录 FTP 服务器（假设 FTP 服务器的 IP 地址为 192.168.137.128），这里使用的匿名账户为 anonymous、密码为空。

```
[root@centos7client ~]# ftp 192.168.137.128
```

若输出结果如图 9-23 所示，则表示登录成功。

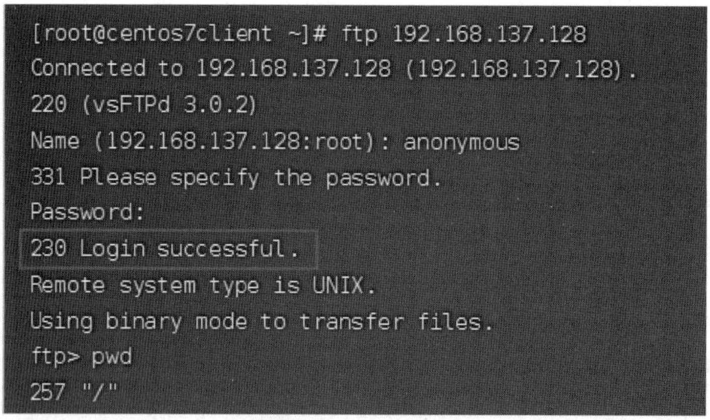

图 9-23 输出结果 2

在 "ftp>" 命令提示符位置，可以使用 FTP 软件包中提供的命令访问 FTP 服务器。FTP 软件包中的常用命令及其描述如表 9-5 所示。

表 9-5 FTP 软件包中的常用命令及其描述

| 命令 | 描述 |
| --- | --- |
| pwd | 显示当前目录 |
| cd | 改变当前目录 |

续表

| 命令 | 描述 |
|---|---|
| ls | 列出目录中的内容 |
| get | 下载文件 |
| put | 上传文件 |
| exit | 退出程序 |

执行以下命令，以匿名账户测试 FTP 服务器的操作。

```
ftp> pwd
ftp> ls
ftp> cd pub
ftp> ls
```

测试结果如图 9-24 所示。

```
ftp> pwd
257 "/"
ftp> ls
227 Entering Passive Mode (192,168,137,128,210,57).
150 Here comes the directory listing.
drwxr-xr-x    2 0         0              22 Feb 18 18:16 pub
226 Directory send OK.
ftp> cd pub
250 Directory successfully changed.
ftp> ls
227 Entering Passive Mode (192,168,137,128,198,121).
150 Here comes the directory listing.
-rw-r--r--    1 0         0              11 Feb 17 21:23 test.txt
226 Directory send OK.
ftp> ?
Commands may be abbreviated.  Commands are:

!              debug          mdir           sendport       site
$              dir            mget           put            size
account        disconnect     mkdir          pwd            status
append         exit           mls            quit           struct
ascii          form           mode           quote          system
```

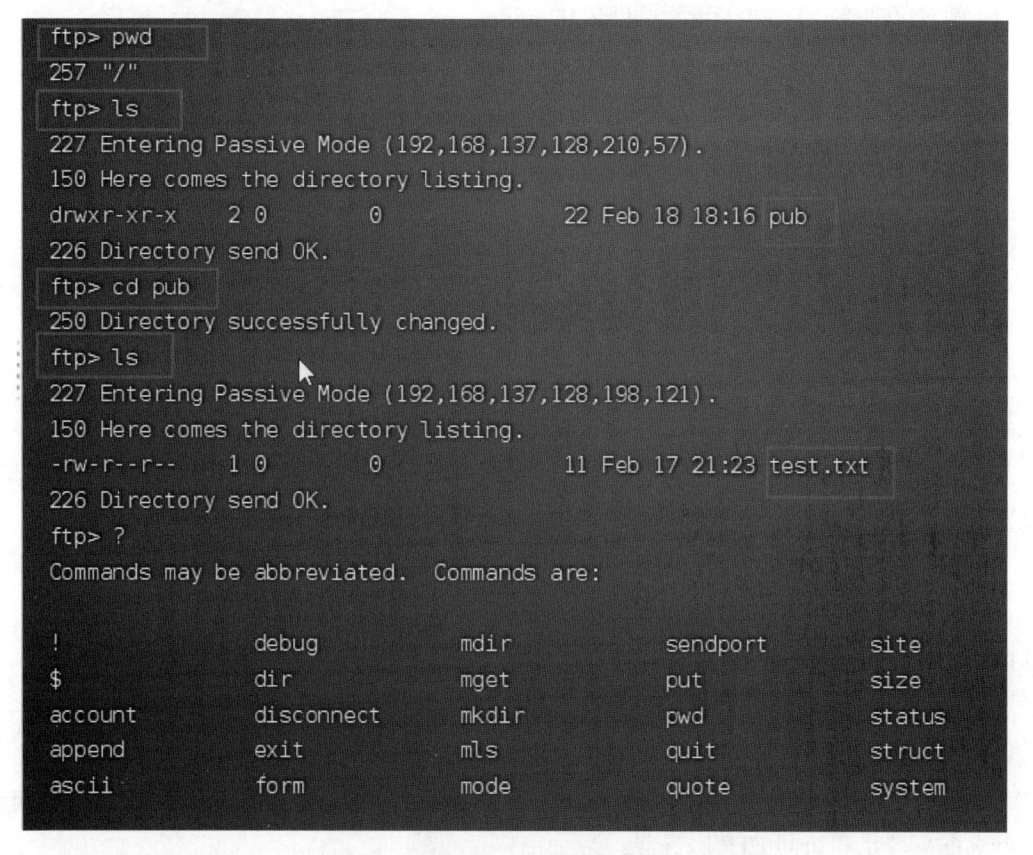

图 9-24　测试结果

进入公共目录，可以看到刚才在公共目录中添加的 test.txt 文件。

对于匿名账户，可以通过 get 命令来实现服务器中文件的下载。

```
ftp> get test.txt
```

这时，FTP 服务器中的 test.txt 文件就会被下载到客户端中。

同理，可以使用可视化的 FileZilla 访问 FTP 服务器，如图 9-25 所示。FilZilla 是一款免费的软件，可以通过官网获取。

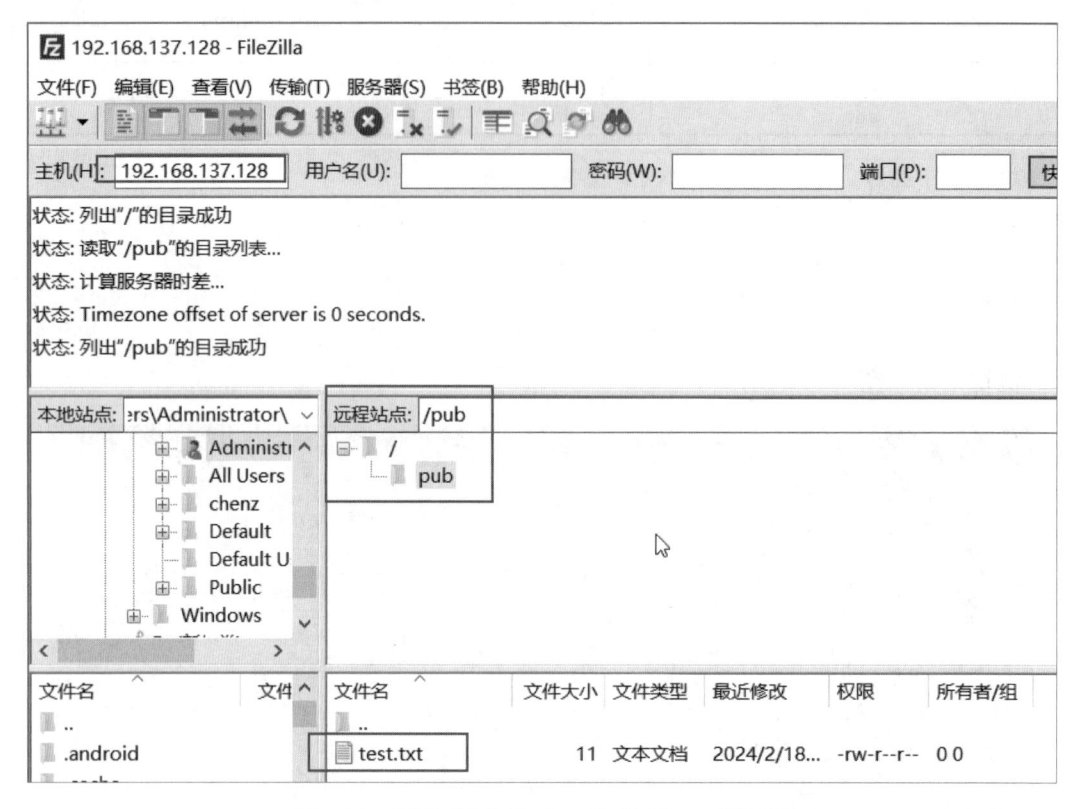

图 9-25　使用可视化的 FileZilla 访问 FTP 服务器

匿名账户默认没有权限上传或修改 FTP 服务器中的内容，虽然可以通过匿名配置开放这些功能，但这样做会产生安全问题。因此，应该为 FTP 服务器提供实体账户配置。

### 3．实体账户配置

vsftpd 的主配置文件为/etc/vsftpd/vsftpd.conf。通过修改该文件，可以实现 FTP 服务器的配置功能。例如，若不希望匿名账户登录，则修改该配置文件。

在 FTP 服务器中，使用 vim 打开/etc/vsftpd/vsftpd.conf 文件。

```
[root@centos7server ~]# vim /etc/vsftpd/vsftpd.conf
```

将其中的配置参数"anonymous_enable=YES"改为"anonymous_enable=NO"，即可禁止匿名账户登录和访问 FTP 服务器。

在禁用匿名账户后，需要通过实体账户访问 FTP 服务器。下面介绍如何创建账户、限制账户可以访问的目录，以及授予账户修改目录的权限。

1）创建账户

在 centos7server 的命令行中，执行创建账户命令，并为账户设置密码。这里创建一个名为 sam 的用户账户，密码自行设定。

```
[root@centos7server ~]# adduser sam
[root@centos7server ~]# passwd sam
```

在 centos7client 的命令行中，使用新创建的账户的用户名和密码进行登录，并查看 FTP 的当前目录。

```
[root@centos7client ~]# ftp 192.168.137.128
ftp> pwd
ftp> cd ..
ftp> pwd
ftp> cd ..
ftp> pwd
257 "/"
ftp> ls
```

输出结果如图 9-26 所示。

```
ftp> pwd
257 "/home/sam"
ftp> cd ..
250 Directory successfully changed.
ftp> pwd
257 "/home"
ftp> cd ..
250 Directory successfully changed.
ftp> pwd
257 "/"
ftp> ls
227 Entering Passive Mode (192,168,137,128,210,205).
150 Here comes the directory listing.
lrwxrwxrwx    1 0        0               7 Jan 30 09:58 bin -> usr/bin
dr-xr-xr-x    5 0        0            4096 Jan 30 10:05 boot
drwxr-xr-x   20 0        0            3320 Feb 19 09:54 dev
drwxr-xr-x  141 0        0            8192 Feb 19 09:55 etc
drwxr-xr-x    4 0        0              27 Feb 19 09:55 home
lrwxrwxrwx    1 0        0               7 Jan 30 09:58 lib -> usr/lib
```

图 9-26　输出结果 3

可以发现，刚刚登录 FTP 服务器时所在的目录就是用户个人目录，可以通过 cd 命令随意改变目录并操作服务器中的文件，这显然是不安全的。为了确保安全，应该限制账户可以访问的目录。

2）限制账户可以访问的目录

要限制账户可以访问的目录，就要进一步配置 vsftpd。前文提到，vsftpd 的主配置文件为/etc/vsftpd/vsftpd.conf，常用的配置参数及其描述如表 9-6 所示。

表 9-6  常用的配置参数及其描述

| 配置参数 | 描述 |
| --- | --- |
| anonymous_enable | 是否允许匿名登录（设置为 YES 或 NO） |
| anon_upload_enable | 是否允许匿名上传文件（设置为 YES 或 NO） |
| anon_mkdir_write_enable | 是否允许匿名创建目录（设置为 YES 或 NO） |
| chroot_local_user | 是否将本地用户隔离在用户的主目录中（设置为 YES 或 NO） |
| allow_writeable_chroot | 使用 chroot 隔离的本地用户是否可以上传和修改文件（设置为 YES/NO） |
| user_config_dir | 指定存放 vsftpd 特定用户配置文件的目录（设置目录） |
| local_root | 指定本地系统用户的主目录（设置目录） |

使用 vim 打开 vsftpd 的主配置文件。

```
[root@centos7server ~]# vim /etc/vsftpd/vsftpd.conf
```

修改 vsftpd 的主配置文件，添加 3 个配置参数。

```
chroot_local_user=YES
allow_writeable_chroot=YES
user_config_dir=/etc/vsftpd/user_config
```

在 Linux 中创建/etc/vsftpd/user_config 目录，并在其中添加账户 sam 的配置文件。

```
[root@centos7server ~]# mkdir /etc/vsftpd/user_config
[root@centos7server ~]# vim /etc/vsftpd/user_config/sam
```

在/etc/vsftpd/user_config/sam 文件中设置参数。

```
local_root=/var/sam
```

上述参数指定了主目录为/var/sam，若不设置，则主目录为默认的/home/sam。

创建主目录/var/sam，并在其中添加一个用于下载的测试文件 test2.txt，该文件内容随意。

```
[root@centos7server ~]# mkdir /var/sam
[root@centos7server ~]# vim /var/sam/test2.txt
```

重启 FTP 服务，就可以打开 centos7client 进行测试了。

```
[root@centos7server ~]# systemctl restart vsftpd
```

在客户端使用账户 sam 登录 FTP 服务器。

```
[root@centos7client ~]# ftp 192.168.137.128
ftp> pwd
ftp> cd
ftp> pwd
ftp> ls
ftp> get test2.txt
```

输出结果如图 9-27 所示。

可以发现，能访问到的 FTP 服务器中的根目录实际上就是/var/sam 目录，无法回到上一级。这就限制了账户可以访问的目录。使用 get 命令，可以把 FTP 服务器中的 test2.txt 文件下载到客户端中。

```
[root@centos7client ~]# ftp 192.168.137.128
Connected to 192.168.137.128 (192.168.137.128).
220 (vsFTPd 3.0.2)
Name (192.168.137.128:root): sam
331 Please specify the password.
Password:
230 Login successful.
Remote system type is UNIX.
Using binary mode to transfer files.
ftp> pwd
257 "/"
ftp> cd ..
250 Directory successfully changed.
ftp> pwd
257 "/"
ftp> ls
227 Entering Passive Mode (192,168,137,128,89,47).
150 Here comes the directory listing.
-rw-r--r--    1 0        0              17 Feb 19 10:13 test2.txt
226 Directory send OK.
ftp> get test2.txt
local: test2.txt remote: test2.txt
227 Entering Passive Mode (192,168,137,128,96,167).
150 Opening BINARY mode data connection for test2.txt (17 bytes).
226 Transfer complete.
17 bytes received in 0.000177 secs (96.05 Kbytes/sec)
```

图 9-27　输出结果 4

3）授予账户修改目录的权限

在完成上述配置后，账户 sam 在使用 put 命令进行文件上传操作时，依然会报错。

```
ftp> put upload-test.txt
```

输出结果如图 9-28 所示。

```
ftp> put upload-test.txt
local: upload-test.txt remote: upload-test.txt
227 Entering Passive Mode (192,168,137,128,194,57).
553 Could not create file.
```

图 9-28　输出结果 5

在服务器中查询 /var/sam 目录的权限，会发现该目录的权限为 drwxr-xr-x. 2 root root，没有授予账户 sam 修改目录的权限，如图 9-29 所示。

```
[root@centos7server ~]# ls -al /var/sam
总用量 12
drwxr-xr-x.  2 root root    46 2月  19 18:31 .
drwxr-xr-x. 22 root root  4096 2月  19 18:12 ..
-rw-r--r--.  1 root root    17 2月  19 18:13 test2.txt
```

图 9-29　没有授予账户 sam 修改目录的权限

此时，需要授予账户 sam 修改目录的权限，只有这样才能实现客户端对该目录的文件上传功能。在 centos7server 中执行如下命令。

```
[root@centos7server ~]# chmod o+w /var/sam
```

这时，回到 centos7client 中，重新登录 FTP 服务器，再次上传文件。

```
[root@centos7client ~]# ftp 192.168.137.128
ftp> put upload-test.txt
```

输出结果如图 9-30 所示，表示文件上传成功。

```
[root@centos7client ~]# ftp 192.168.137.128
Connected to 192.168.137.128 (192.168.137.128).
220 (vsFTPd 3.0.2)
Name (192.168.137.128:root): sam
331 Please specify the password.
Password:
230 Login successful.
Remote system type is UNIX.
Using binary mode to transfer files.
ftp> put upload-test.txt
local: upload-test.txt remote: upload-test.txt
227 Entering Passive Mode (192,168,137,128,205,214).
150 Ok to send data.
226 Transfer complete.
13 bytes sent in 0.000589 secs (22.07 Kbytes/sec)
ftp> ls
227 Entering Passive Mode (192,168,137,128,107,87).
150 Here comes the directory listing.
-rw-r--r--    1 0        0              17 Feb 19 10:13 test2.txt
-rw-r--r--    1 1001     1001           13 Feb 19 10:31 upload-test.txt
226 Directory send OK.
```

图 9-30　输出结果 6

通过上述方式即可使用 FTP 搭建文件服务器，授予账户修改目录的权限了。

## 9.4　项目拓展

除了使用 FTP 外，在 Linux 中还常常使用 Samba 服务器实现文件共享。Samba 服务器是一款可以在 Linux 和 Windows 之间共享文件和打印机的软件。它使用 SMB/CIFS 协议，使用户能够直接在文件管理器中访问共享文件夹，类似于访问本地文件系统。请读者自行学习 Samba 服务器并在 CentOS 中使用它。

（1）在 CentOS 中安装和配置 Samba 服务器。

（2）创建共享目录，并设置访问权限。

（3）使用 Samba 服务器实现文件共享。

## 9.5 本章练习

一、选择题

1. DNS 服务的主要功能是（　　）。
   A．将域名转换为 IP 地址
   B．将 IP 地址转换为域名
   C．管理邮件服务器
   D．提供网页缓存服务

2. 以下不是 DNS 协议的工作方式的是（　　）。
   A．递归查询　　　　　　　　　B．迭代查询
   C．广播查询　　　　　　　　　D．缓存查询结果

3. 在域名解析过程中，（　　）用于将域名解析为 IPv6 地址。
   A．A　　　　　　　　　　　　B．AAAA
   C．MX　　　　　　　　　　　 D．CNAME

4. DHCP 服务器的主要功能是（　　）。
   A．为网络设备分配静态 IP 地址
   B．为网络设备分配动态 IP 地址
   C．管理网络设备的域名解析
   D．管理网络设备的路由选择

5. 以下网络参数中不属于 DHCP 服务器分配给客户端的是（　　）。
   A．IP 地址　　　　　　　　　　B．子网掩码
   C．默认网关　　　　　　　　　D．网页缓存

6. 以下命令中用于查看 Linux 中 DHCP 服务器配置文件的是（　　）。
   A．cat /etc/dhcp/dhcpd.conf
   B．cat /etc/dhcp/dhcp.conf
   C．cat /etc/dhcpd/dhcpd.conf
   D．cat /etc/dhcpd.conf

7. 以下命令中用于在 DHCP 服务器配置文件中定义一个 IP 地址池的是（　　）。
   A．subnet　　　　　　　　　　B．range
   C．host　　　　　　　　　　　D．option

8. FTP 主要使用端口（　　）进行数据传输。
   A．21　　　　　　　　　　　B．80
   C．443　　　　　　　　　　 D．25
9. 以下命令中用于启动 FTP 服务的是（　　）。
   A．systemctl start apache2
   B．systemctl start nginx
   C．systemctl start vsftpd
   D．systemctl start ftpd
10. 以下命令中用于在文件传输中列出远程服务器的文件和目录的是（　　）。
    A．put　　　　　　　　　　B．get
    C．ls　　　　　　　　　　　D．mkdir

二、填空题

1. 用户在尝试访问一个网站时，计算机首先会查询_____获取该网站的_____。
2. 在常用的资源类型中，_____用于定义域名的别名。
3. _____用于动态分配_____给网络设备。
4. FTP 是一种用于在网络中进行_____的标准网络协议。
5. _____命令用于显示当前目录，而_____命令用于改变当前目录。

三、简答题

1. 简述什么是 DNS。
2. 简述 DNS 服务器的递归查询过程。
3. 简述 DHCP 服务器的作用。
4. 简述 DHCP 服务器的主要消息类型及其在交互过程中的作用。

# 第 10 章

# 分布式集群搭建与应用

在 CentOS 中,为了实现数据的分布式存储与计算,提高数据处理的效率与安全性,可以搭建分布式集群。首先,安装 JDK 并配置相应的环境变量,以确保 Hadoop 能够正常运行。其次,下载并解压缩 JDK 软件包到指定目录中,根据分布式集群的需求修改其配置文件。此外,为了确保分布式集群的高可用性,还需要配置 ZooKeeper,涉及下载并解压缩 ZooKeeper 软件包,以及修改其配置文件。在完成这些步骤后,接下来是配置分布式集群本身,这包括将 Hadoop 和 ZooKeeper 的配置文件复制到所有集群节点上,并根据各集群节点的角色进行相应配置的调整。通过这一系列的步骤,即可完成分布式集群的搭建。在实际应用中,分布式集群能够处理大规模数据集,适用于日志分析、机器学习等多种场景。通过搭建分布式集群,可以综合运用 Linux 的实战技能和编程技术,实现数据的分布式存储与计算。在搭建分布式集群之前,进行详尽的规划设计是至关重要的,这涉及对集群规模、节点配置、网络架构等方面的考量,以确保分布式集群能够满足特定的业务需求和性能目标。Hadoop 分布式存储与计算框架规划如表 10-1 所示。

表 10-1 Hadoop 分布式存储与计算框架规划

| IP 地址与组件 | 主节点配置 | 从节点配置 1 | 从节点配置 2 |
| --- | --- | --- | --- |
| IP 地址 | 192.168.137.100 | 192.168.137.101 | 192.168.137.102 |
| hostname | Cmaster | Cslave1 | Cslave2 |
| JDK1.8 | JAVA_HOME=/opt/jdk1.8.0 | JAVA_HOME=/opt/jdk1.8.0 | JAVA_HOME=/opt/jdk1.8.0 |
| ZooKeeper 3.4 | ZOOKEEPER_HOME=/opt/zookeeper(myid 1) | ZOOKEEPER_HOME=/opt/zookeeper(myid 2) | ZOOKEEPER_HOME=/opt/zookeeper(myid 3) |
| Hadoop 3.0 | Hadoop 的 NameNode<br>HADOOP_HOME=/opt/hadoop | Hadoop 的 DataNode<br>HADOOP_HOME=/opt/hadoop | Hadoop 的 DataNode<br>HADOOP_HOME=/opt/hadoop |
| MySQL 5.7 | | MYSQL_HOME=/opt/mysql | MYSQL_HOME=/opt/mysql |
| SSH | openssh-server(互认) | openssh-server(互认) | openssh-server(互认) |

## 10.1 Java 环境与 SSH 免密认证

### 10.1.1 Java 环境安装与配置

在 CentOS 中安装 JDK 的步骤涵盖了操作系统特性、软件包管理、环境变量配置，以及安装验证等多个关键方面。

首先，CentOS 是基于 RHEL 的社区支持系统。它为部署企业级应用提供了一个稳定且可预测的环境。该系统采用 yum 作为软件包管理器，这使得用户能够很方便地安装、更新、配置软件包。

在安装 JDK 之前，为了避免版本冲突，通常需要先卸载系统自带的 OpenJDK 版本。yum 提供了查询、安装、更新和删除软件包的功能，这使得卸载操作变得简单且快捷。

其次，下载 JDK 软件包。JDK 是由 Java 开发和运行环境的核心组件。从 Oracle 官网或其他可信源中下载 JDK 软件包是安装 JDK 的关键环节。下载的 JDK 软件包通常是 tar.gz 格式的压缩包，需要在服务器中进行解压缩。

最后是解压缩 JDK 软件包并安装 JDK。在 Linux 中，tar 命令是用于处理归档文件的工具。使用该命令可以解压缩 JDK 软件包，并将解压缩后的文件放到服务器的指定目录中。在完成解压缩后，还需要配置环境变量，以确保系统能够正确地识别和使用新安装的 JDK。在将 JDK 安装完成后，通过执行特定的命令可以验证 JDK 是否已安装成功，从而确保开发环境的完整性。

```
[root@Cmaster ~]#cd /opt
[root@Cmaster opt]#rz #将 jdk-8u351-linux-x64.tar.gz 上传到/opt 目录中；也可
#以在官网中下载到/opt 目录中
[root@Cmaster ~]#tar -xvf jdk-8u351-linux-x64.tar.gz
[root@Cmaster ~]#ln -s jdk1.8.0_351 jdk18
```

环境变量是操作系统中用于存储有关运行环境信息的变量。对于开发和运行 Java，需要设置几个关键的环境变量，通常在/etc/profile 文件中设置这几个环境变量，以确保所有用户都能访问。

（1）打开/etc/profile 文件。

（2）在文件末尾输入内容。

（3）按 Esc 键，输入":wq"，保存并退出。/etc/profile 文件配置如图 10-1 所示。

```
export JAVA_HOME=/opt/jdk18
export HADOOP_HOME=/opt/hadoop
#export HBASE_HOME=/opt/hbase
export ZK_HOME=/opt/zookeeper
#export SPARK_HOME=/opt/spark
#export SCALA_HOME=/opt/scala
#export MYSQL_HOME=/opt/mysql
#export HIVE_HOME=/opt/hive
#export FLUME_HOME=/opt/flume
#export KAFKA_HOME=/opt/kafka
export PATH=.:${JAVA_HOME}/bin:${HADOOP_HOME}/bin:${HADOOP_HOME}/sbin:${ZK_HOME}/bin:$PATH
#export PATH=.:${JAVA_HOME}/bin:${HADOOP_HOME}/bin:${HADOOP_HOME}/sbin:${SCALA_HOME}/bin:${SPARK_HOME}/bin:${ZOOKEEPER_HOME}/bin:${HBASE_HOME}/bin:${SPARK_HOME}/bin:${MYSQL_HOME}:${HIVE_HOME}:${FLUME_HOME}/bin:${KAFKA_HOME}/bin:$PATH
#export PATH=.:${JAVA_HOME}/bin:${HADOOP_HOME}/bin:${SCALA_HOME}/bin:${SPARK_HOME}/bin:${ZOOKEEPER_HOME}/bin:${HBASE_HOME}/bin:$PATH
```

图 10-1  /etc/profile 文件配置

（4）执行 source/etc/profile 命令使环境变量生效，允许在当前 Shell 会话中读取并执行指定的文件，而无须注销并重新登录，具体操作及命令输出结果如下。

```
[root@Cmaster ~]# vim /etc/profile # 在文件末尾输入如下内容
export JAVA_HOME=/opt/jdk18
export PATH=$JAVA_HOME/bin:$PATH
export CLASSPATH=.:$JAVA_HOME/lib/dt.jar:$JAVA_HOME/lib/tools.jar
# 按 Esc 键，输入":wq"
[root@Cmaster ~]# source /etc/profile
#输入"java -version"验证安装，如果显示的是 JDK 1.8 的版本信息，那么表示安装成功
[root@Cmaster ~]# java -version
# 注意，没有配置 SSH 免密认证，需要输入密码
[root@Cmaster ~]# scp -r /etc/profile root@192.168.137.101:/etc/
[root@Cmaster ~]# scp -r /etc/profile root@192.168.137.102:/etc/
```

### 10.1.2 SSH 免密认证配置

CentOS 的 SSH 免密认证是一种基于密钥的安全认证方式，用户无须输入密钥即可登录远程服务器。SSH 免密认证提供了一种安全、便捷的远程登录方式，通过公钥和私钥配对，确保了只有持有正确私钥的用户才能访问远程服务器，从而降低了密钥管理的复杂性和潜在的安全风险。

在进行 SSH 免密认证前，需要对远程服务器进行设置，修改相关文件，其中主要涉及两个文件，分别是/etc/hosts 文件与/etc/hostname 文件。根据表 10-1 修改/etc/hosts 文件与/etc/hostname 文件，以 Cmaster 节点为例，其他两个节点参考以上描述进行设置。/etc/hosts 文件配置如图 10-2 所示。

```
127.0.0.1    localhost localhost.localdomain localhost4 localhost4.localdomain4
::1          localhost localhost.localdomain localhost6 localhost6.localdomain6

192.168.137.100 Cmaster
192.168.137.101 Cslave1
192.168.137.102 Csalve2
```

图 10-2　/etc/hosts 文件配置

其具体操作及命令输出结果如下。

```
[root@Cmaster ~]# vim /etc/hosts # 在文件末尾输入如下内容
192.168.137.101 Cmaster
192.168.137.102 Cslave1
192.168.137.103 Cslave2
# 按 Esc 键，输入":wq"
```

```
[root@Cmaster ~]# vim /etc/hostname      # 将文件中的内容清空,输入如下内容
Cmaster
# 按 Esc 键,输入":wq"
[root@Cmaster ~]#reboot                  #重启生效,也可以使用 init 6 命令
# 注意,没有配置 SSH 免密认证,需要输入密码
[root@Cmaster ~]#scp -r /etc/hosts root@192.168.137.101:/etc/
[root@Cmaster ~]#scp -r /etc/hosts root@192.168.137.102:/etc/
```

以下是 SSH 免密认证的相关理论阐述和配置步骤。

（1）密钥生成：在本地计算机上使用 ssh-keygen 命令生成一对密钥，包括一个私钥（默认存储为"~/.ssh/id_rsa"）和一个公钥（默认存储为"~/.ssh/id_rsa.pub"）。

（2）公钥传输：将公钥复制到远程服务器的 authorized_keys 文件中。这可以使用 ssh-copy-id 命令自动完成，也可以通过手动复制实现。

（3）认证过程：当尝试将 SSH 连接到远程服务器中时，客户端会发送私钥对应的公钥给远程服务器。远程服务器会检查 authorized_keys 文件中是否有匹配的公钥。如果有，那么远程服务器会使用公钥加密一个随机数并将其发送给客户端。客户端使用私钥解密这个随机数并将其返回给远程服务器。远程服务器验证解密后的随机数是否正确，如果正确，那么允许登录。

（4）安全性：只有拥有私钥的用户才能通过公钥验证，这样就确保了只有授权用户才能免密登录到远程服务器中。

（5）单向性：需要注意的是，SSH 免密登录是单向的。假设 A 服务器可以免密登录 B 服务器，这并不意味着 B 服务器也可以免密登录 A 服务器。每对服务器之间的免密登录都需要单独配置。

（6）应用范围：SSH 免密登录不仅被用于 Linux 系统管理方面，还被广泛用于版本控制系统的 SSH 连接，以及 Hadoop 等分布式系统的集群环境搭建方面。

在终端中输入"yum list installed | grep openssh-server"即可显示已安装 openssh-server。如果没有任何显示，那么表示没有安装 openssh-server，此时通过输入"yum install openssh-server -y"进行安装。

```
[root@Cmaster ~]yum list install | grep openssh-server
[root@Cmaster ~]yum install openssh-server -y  #进行安装
```

生成密钥的具体代码如下。

```
#生成密钥
[root@Cmaster ~]# ssh-keygen -t rsa -P '' -f ~/.ssh/id_rsa
#下面的操作需要按两次 Enter 键
[root@Cmaster ~]# ssh-copy-id -i ~/.ssh/id_rsa.pub root@192.168.137.101
# 第一次需要输入 IP 地址为 192.168.137.101 的服务器密钥,之后操作就不需要输入密钥了
[root@Cmaster ~]# ssh 192.168.137.101
[root@Cmaster ~]# ssh-copy-id -i ~/.ssh/id_rsa.pub root@192.168.137.102
[root@Cmaster ~]# ssh 192.168.137.102
```

执行 ssh-keygen -t rsa -P '' -f ~/.ssh/id_rsa 命令，输出结果如图 10-3 所示。

```
[centos7@Cmaster ~]$ ssh-keygen -t rsa -P '' -f ~/.ssh/id_rsa
Generating public/private rsa key pair.
Created directory '/home/centos7/.ssh'.
Your identification has been saved in /home/centos7/.ssh/id_rsa.
Your public key has been saved in /home/centos7/.ssh/id_rsa.pub.
The key fingerprint is:
SHA256:9k7EMJZwcjp4HjrxBwfeqghaoiUO9Wz7xBzvTLYOz50 centos7@Cmaster
The key's randomart image is:
+---[RSA 2048]----+
|       + o       |
|      o O .      |
|     . o B B     |
|    . o * B +    |
|   |= o * = S o  |
|   |=* o * = o   |
|   |o.. o = + o  |
|       o O = .   |
|        ..B E    |
+----[SHA256]-----+
```

图 10-3　输出结果

传输密钥，如图 10-4 所示。

```
[centos7@Cmaster ~]$ ssh-copy-id -i ~/.ssh/id_rsa.pub root@192.168.137.101
/usr/bin/ssh-copy-id: INFO: Source of key(s) to be installed: "/home/centos7/.ssh/id_rsa.pub"
The authenticity of host '192.168.137.101 (192.168.137.101)' can't be established.
ECDSA key fingerprint is SHA256:CcAi6dJryqahWBYzWNqN14VQx1eBlffXWkvpau1D6Uw.
ECDSA key fingerprint is MD5:92:fc:62:72:ea:62:00:ac:58:72:32:75:72:dc:03:b7.
Are you sure you want to continue connecting (yes/no)? yes
/usr/bin/ssh-copy-id: INFO: attempting to log in with the new key(s), to filter out any that ar
e already installed
/usr/bin/ssh-copy-id: INFO: 1 key(s) remain to be installed -- if you are prompted now it is to
 install the new keys
root@192.168.137.101's password:

Number of key(s) added: 1

Now try logging into the machine, with:   "ssh 'root@192.168.137.101'"
and check to make sure that only the key(s) you wanted were added.
```

图 10-4　传输密钥

下面验证免密远程复制文件。

```
# 注意，配置了 SSH 免密认证，不需要输入密钥
[root@Cmaster ~]# scp -r /opt/jdk18 root@192.168.137.101:/opt/jdk18
# 或使用如下命令
[root@Cmaster ~]# scp -r /opt/jdk18 root@192.168.137.101:'pwd'

[root@Cmaster ~]# scp -r /opt/jdk18 root@192.168.137.102:/opt/jdk18
# 或使用如下命令
[root@Cmaster ~]# scp -r /opt/jdk18 root@192.168.137.102:'pwd'
```

温馨提示，要确保 3 台服务器显示的时间一致，应配置时间服务器。以下为安装与校正时间服务器的代码。

```
[root@Cmaster ~]# yum install ntp -y
```

```
[root@Cmaster ~]# ntpdate cn.ntp.org.cn
[root@Cmaster ~]# systemctl start ntpd
```
也可以配置本地 NTP 服务器。
```
[root@Cmaster ~]# vim /etc/ntp.conf
[root@Cmaster ~]# ntpdate 192.168.137.100
```

## 10.2 Hadoop 分布式集群搭建

Hadoop 是一个由 Apache 基金会开发的开源的分布式系统基础架构。它允许用户在不了解分布式底层细节的情况下，开发分布式程序，从而充分利用集群的计算能力进行高速存储与计算。Hadoop 的核心设计组件有 HDFS（Hadoop Distributed File System，分布式文件系统）和 MapReduce。

HDFS 通常运行在普通硬件上，具有高容错性，能够提供高吞吐量的数据访问。MapReduce 是一个编程模型，用于大规模数据集的并行计算。它提供了一个庞大且设计精良的并行计算软件框架，能自动完成计算任务的并行化处理，自动划分计算数据和计算任务。

在搭建 Hadoop 分布式集群时支持如下模式。

（1）本地模式：默认模式，运行在单一的 Java 进程中。

（2）伪分布模式：运行在一个节点上，但是在不同的 Java 进程中。

（3）完全分布模式：运行在不同设备的标准集群模式下，使用多台主机部署 Hadoop。

在搭建 Hadoop 分布式集群时，首先进行资源管理、资源配置、规划资源服务；其次进行集群管理组件的安装与配置，这里主要指的是 ZooKeeper 安装与配置；最后进行 Hadoop 分布式集群安装与配置。在实际操作中，可能还需要考虑安全性、高可用性和性能优化等因素。

### 10.2.1 ZooKeeper 安装与配置

下面是关于在 3 台服务器中安装与配置 ZooKeeper 的详细步骤和注意事项。

#### 1．安装前的准备

确保有 3 台服务器，主机名分别为 Cmaster、Cslave1、Cslave2，且已经进行了 SSH 免密认证。

关闭所有服务器的防火墙，确保端口互通。
```
[root@Cmaster ~]#system stop firewalld
```

#### 2．下载 ZooKeeper 的二进制软件包

从官网中下载 ZooKeeper 的二进制软件包，例如：
```
[root@Cmaster ~]# cd /opt
[root@Cmaster opt]# wget https://archive.apache.org/dist/zookeeper/zookeeper-3.4.6/zookeeper-3.4.6.tar.gz
```

## 3. 安装 ZooKeeper

在各服务器中解压缩 ZooKeeper 的二进制软件包。

```
[root@Cmaster opt]# tar -zxvf zookeeper-3.4.6.tar.gz
[root@Cmaster opt]# ln -s zookeeper-3.4.6 zookeeper
[root@Cmaster opt]# cd /opt/zookeeper
```

在 ZooKeeper 安装目录中新建 data 文件夹，用于存放 ZooKeeper 的相关数据。

```
[root@Cmaster zookeeper]# mkdir data
[root@Cmaster zookeeper]# cd conf
```

复制并重命名配置文件。

```
[root@Cmaster conf]# cp zoo_sample.cfg zoo.cfg
[root@Cmaster conf]# vim zoo.cfg
```

修改配置文件，添加集群节点配置。

```
# 示例配置
dataDir=/opt/zookeeper/data
server.1=Cmaster:2888:3888
server.2=Cslave1:2888:3888
server.3=Cslave2:2888:3888
```

其中，dataDir 用于指定数据存放目录，server.x（server.1、server.2、server.3）用于配置各节点信息，x（1、2、3）表示序号。

在 data 文件夹中为各节点创建 myid 文件，该文件中的内容为 server.x 中的序号，如 Cmaster 节点的 myid 文件中的内容为 1。

```
[root@Cmaster conf]#cd ..
[root@Cmaster zookeeper]#cd data
[root@Cmaster data]#echo "1" > myid
```

## 4. 配置环境变量

跳转到/etc/profile 目录中，配置 ZooKeeper 的环境变量。

```
export ZK_HOME=/opt/zookeeper
export PATH=.:$ZK_HOME/bin:$PATH
```

之后，使配置生效。

```
[root@Cmaster ~]# source /etc/profile
```

## 5. 分发 ZooKeeper 到其他节点上

使用 scp 命令将 ZooKeeper 分发到其他节点上。

```
[root@Cmaster ~]# scp -r /opt/zookeeper root@Cslave1:/opt/zookeeper/
[root@Cmaster ~]# scp -r /opt/zookeeper root@Cslave2:/opt/zookeeper/
```

温馨提示，请修改各服务器在 data 文件夹中创建的 myid 文件，该文件中的内容为 server.x 中的序号。例如，Cslave1 节点的 myid 文件中的内容为 2，Cslave2 节点的 myid 文件中的内容为 3。

```
[root@Cslave1 ~]#cd /opt/zookeeper
[root@Cslave1 zookeeper]#cd data
[root@Cslave1 data]#echo "2" > myid
[root@Cslave2 c~]#/opt/zookeeper
[root@Cslave2 zookeeper]#cd data
[root@Cslave2 data]#echo "3" > myid
```

修改配置文件,添加集群节点配置。

```
dataDir=/opt/zookeeper/data
server.1=Cmaster:2888:3888
server.2=Cslave1:2888:3888
server.3=Cslave2:2888:3888
```

### 6. 启动和停止 ZooKeeper 服务

在各服务器中执行启动命令。

```
[root@Cmaster ~]#cd /opt/zookeeper/bin
[root@Cmaster bin]# zkServer.sh start
```

为避免服务器之间切换,可以在某台服务器中使用脚本启动服务。

```bash
#!/bin/bash
hosts=(node1 node2 node3)
for host in ${hosts[*]}
do
 ssh $host "source /etc/profile;/opt/zookeeper/bin/zkServer.sh start"
done
```

输出结果如图 10-5 所示。

```
[root@Cmaster conf]# zkServer.sh start
JMX enabled by default
Using config: /opt/zookeeper/bin/../conf/zoo.cfg
Starting zookeeper ... STARTED
[root@Cmaster conf]# zkServer.sh status
JMX enabled by default
Using config: /opt/zookeeper/bin/../conf/zoo.cfg
Mode: follower
```

图 10-5 输出结果

启动 ZooKeeper 服务后,使用 zkServer.sh status 命令查看集群节点的状态。

```
[root@Cmaster bin]# zkServer.sh status
ZooKeeper JMX enabled by default
Using config: /opt/zookeeper/bin/../conf/zoo.cfg
Mode: follower

[root@Cslave1 bin]# zkServer.sh status
ZooKeeper JMX enabled by default
```

```
Using config: /opt/zookeeper/bin/../conf/zoo.cfg
Mode: leader
```

停止 ZooKeeper 服务，在各服务器中执行停止命令。

```
[root@Cmaster ~]#cd /opt/zookeeper/bin
[root@Cmaster bin]# zkServer.sh stop
```

为避免服务器之间切换，可以在某台服务器中使用脚本停止服务。

```
#!/bin/bash
hosts=(node1 node2 node3)
for host in ${hosts[*]}
do
 ssh $host "/opt/zookeeper/bin/zkServer.sh stop"
done
```

**7．常见问题**

如果启动失败，那么检查是否下载了正确的文件。

确保 dataDir 指定的数据存放目录已被创建，且在该目录中创建了与配置 server.x 一致的 myid 文件。

如果遇到问题，那么查看 zookeeper.out 文件，该文件位于 dataDir 指定的数据存放目录中。

## 10.2.2 Hadoop 分布式集群安装与配置

Hadoop 分布式集群安装与配置的过程涉及多个步骤，需要对该集群中的各服务器进行配置。以下介绍一个通用配置，其涵盖了安装与配置 Hadoop 分布式集群的主要步骤。

**1．下载 Hadoop 的二进制软件包**

从官网中下载 Hadoop 的二进制软件包。

```
[root@Cmaster ~]# wget https://archive.apache.org/dist/hadoop/common/hadoop-3.3.0/hadoop-3.3.0.tar.gz
```

**2．安装 Hadoop**

将 Hadoop 的二进制软件包上传到 NameNode 中。

```
[root@Cmaster ~]# tar -xzf hadoop-3.3.0.tar.gz
[root@Cmaster ~]# ln -s hadoop-3.3.0 hadoop
[root@Cmaster ~]# vim /etc/profile # 在文件末尾输入如下内容
export HADOOP_HOME=/opt/hadoop
export PATH=.:$JAVA_HOME/bin:$HADOOP_HOME/bin:HADOOP_HOME/sbin:$PATH
[root@Cmaster ~]#  source /etc/profile

[root@Cmaster ~]# mkdir /opt/hadoop/tmp
[root@Cmaster ~]# mkdir /opt/hadoop/var
[root@Cmaster ~]# mkdir /opt/hadoop/dfs
```

```
[root@Cmaster ~]# mkdir /opt/hadoop/dfs/name
[root@Cmaster ~]# mkdir /opt/hadoop/dfs/data
[root@Cmaster ~]# mkdir /opt/hadoop/logs
```

### 3. 配置 Hadoop 分布式集群

编辑/etc/hosts 文件，添加所有节点的域名与 IP 地址的对应关系。

配置 hadoop-env.sh 文件，设置 Java 的环境变量和 Hadoop 的日志目录。

配置 core-site.xml 文件，设置默认的文件系统和 NameNode 的 URI。

配置 hdfs-site.xml 文件，设置副本数量、存储目录等。

配置 workers 文件，列出所有 DataNode 和 NodeManager 的主机名。

配置 mapred-site.xml 文件，设置 MapReduce 的 ResourceManager。

配置 yarn-site.xml 文件，设置 YARN 的 ResourceManager 和 NodeManager。

配置 Hadoop 分布式集群涉及的 6 个文件如图 10-6 所示。

```
[root@Cmaster hadoop]# vim hadoop-env.sh
[root@Cmaster hadoop]# vim core-site.xml
[root@Cmaster hadoop]# vim hdfs-site.xml
[root@Cmaster hadoop]# vim workers
[root@Cmaster hadoop]# vim mapred-site.xml
[root@Cmaster hadoop]# vim yarn-site.xml
[root@Cmaster hadoop]#
```

图 10-6　配置 Hadoop 分布式集群涉及的 6 个文件

以下是一些基本的配置示例，这些配置通常会被放在/opt/hadoop/etc/hadoop 目录中，该目录为分布式集群的绝对路径。注意，这些配置可能需要根据具体环境和需求进行调整。

```
[root@Cmaster ~]#cd /opt/hadoop/etc/hadoop
```

1）配置 hadoop-env.sh 文件

设置 Java 的环境变量和 Hadoop 的日志目录。

```
[root@Cmaster hadoop]# vim hadoop-env.sh
export JAVA_HOME=/opt/jdk18
export HADOOP_HOME=/opt/hadoop
export HADOOP_LOG_DIR=/opt/hadoop/logs
export HDFS_NAMENODE_USER=root
export HDFS_DATANODE_USER=root
export HDFS_SECONDARYNAMENODE_USER=root
export YARN_RESOURCEMANAGER_USER=root
export YARN_NODEMANAGER_USER=root
```

2）配置 core-site.xml 文件

设置默认的文件系统和 NameNode 的 URI。

```
<configuration>
    <property>
        <name>fs.defaultFS</name>
```

```xml
        <value>hdfs://192.168.137.100:9000</value>
    </property>
    <property>
            <name>hadoop.tmp.dir</name>
            <value>/opt/hadoop/tmp</value>
    </property>
    <property>
            <name>hadoop.tmp.dir</name>
            <value>/export/data/hadoop</value>
    </property>
    <!-- 设置 HDFS Web UI 用户身份 -->
    <property>
            <name>hadoop.http.staticuser.user</name>
            <value>root</value>
    </property>
    <!-- 整合 Hive -->
    <property>
            <name>hadoop.proxyuser.root.hosts</name>
            <value>*</value>
    </property>
    <property>
            <name>hadoop.proxyuser.root.groups</name>
            <value>*</value>
    </property>
</configuration>
```

3）配置 hdfs-site.xml 文件

设置副本数量、存储目录等。

```xml
<configuration>
    <property>
        <name>dfs.replication</name>
        <value>3</value>
    </property>
    <property>
        <name>dfs.namenode.name.dir</name>
        <value>/opt/hadoop/dfs/name</value>
    </property>
    <property>
        <name>dfs.datanode.data.dir</name>
        <value>/opt/hadoop/dfs/data</value>
    </property>
    <property>
        <name>dfs.namenode.secondary.http-address</name>
        <value>192.168.137.101:50090</value>
```

```
        </property>
</configuration>
```

4）配置 workers 文件

在 /opt/hadoop/etc/hadoop 目录中创建一个 workers 文件，列出所有 DataNode 和 NodeManager 的主机名。

```
Cslave1
Cslave2
```

5）配置 mapred-site.xml 文件

设置 MapReduce 的 ResourceManager。

```
<configuration>
    <property>
        <name>mapreduce.framework.name</name>
        <value>yarn</value>
    </property>
    <property>
            <name>yarn.app.mapreduce.am.env</name>
            <value>HADOOP_MAPRED_HOME=${HADOOP_HOME}</value>
    </property>
    <property>
            <name>mapreduce.map.env</name>
            <value>HADOOP_MAPRED_HOME=${HADOOP_HOME}</value>
    </property>

    <property>
            <name>mapreduce.reduce.env</name>
            <value>HADOOP_MAPRED_HOME=${HADOOP_HOME}</value>
    </property>

    <property>
            <name>mapreduce.jobhistory.address</name>
            <value>Cmaster:10020</value>
    </property>
    <property>
            ame>mapreduce.jobhistory.webapp.address</name>
            <value>Cmaster:19888</value>
    </property>
    <!-- 其他高级配置 -->
</configuration>
```

6）配置 yarn-site.xml 文件

设置 YARN 的 ResourceManager 和 NodeManager。

```
<configuration>
    <!-- 指定 YARN 的主角色（ResourceManager）的地址 -->
```

```xml
<property>
        <name>yarn.resourcemanager.hostname</name>
        <value>Cmaster</value>
</property>
<!-- NodeManager 上运行的附属服务。需配置成 mapreduce_shuffle, 才可以运行
MapReduce 程序的默认值: "" -->
<property>
        <name>yarn.nodemanager.aux-services</name>
        <value>mapreduce_shuffle</value>
</property>
<!-- 设置 YARN 集群的内存分配方案 -->
<property>
    <name>yarn.nodemanager.resource.memory-mb</name>
    <value>20480</value>
</property>
<property>
    <name>yarn.scheduler.minimum-allocation-mb</name>
    <value>2048</value>
</property>
<property>
    <name>yarn.nodemanager.vmem-pmem-ratio</name>
    <value>2.1</value>
</property>
<!-- 设置是否对容器实施物理内存限制 -->
<property>
        <name>yarn.nodemanager.pmem-check-enabled</name>
        <value>false</value>
</property>
<!-- 设置是否对容器实施虚拟内存限制 -->
<property>
    <name>yarn.nodemanager.vmem-check-enabled</name>
    <value>false</value>
</property>
<!-- 开启日志聚集 -->
<property>
        <name>yarn.log-aggregation-enable</name>
        <value>true</value>
</property>
<!-- 设置 YARN 历史服务器地址 -->
<property>
        <name>yarn.log.server.url</name>
        <value>http://Cmaster:19888/jobhistory/logs</value>
</property>
<!-- 设置保存时间为 7 天 -->
```

```
        <property>
                <name>yarn.log-aggregation.retain-seconds</name>
                <value>604800</value>
        </property>
        <!-- 其他高级配置 -->
</configuration>
```

将 Hadoop 安装目录复制到所有节点上。

```
[root@Cmaster ~]# scp -r /opt/hadoop  root@Cslave1:$PWD(或'pwd')
[root@Cmaster ~]# scp -r /opt/hadoop  root@Cslave2:$PWD(或'pwd')
```

确保替换上述配置中的目录和主机名为实际环境中的值。由于上述配置是 Hadoop 分布式集群正常运行的基础，因此在应用上述配置时需要格外小心。在进行任何更改后，都应该重启 Hadoop 服务以确保新的配置生效。如果在配置过程中遇到问题，那么应该检查日志文件，并参考 Hadoop 的官方文档以获取更多帮助。

### 4. 格式化 HDFS

在第一次启动 Hadoop 分布式集群之前，需要格式化 HDFS，这样在以后启动 Hadoop 分布式集群时就不需要格式化了。

```
[root@Cmaster ~]# hdfs namenode -format
```

### 5. 启动 Hadoop 分布式集群

启动 Hadoop 分布式集群的代码如下。

```
[root@Cmaster ~]# start-dfs.sh
[root@Cmaster ~]# start-yarn.sh
```

使用 jps 命令检查 Hadoop 分布式集群的状态，确保 NameNode、DataNode、ResourceManager 和 NodeManager 等进程已经启动。启动结果如图 10-7 所示。

```
[root@Cmaster sbin]# start-yarn.sh
Starting resourcemanager
上一次登录：四 8月 29 08:06:52 CST 2024pts/0 上
Starting nodemanagers
上一次登录：四 8月 29 08:12:25 CST 2024pts/0 上
[root@Cmaster sbin]# start-dfs.sh
Starting namenodes on [Cmaster]
上一次登录：四 8月 29 08:12:27 CST 2024pts/0 上
Starting datanodes
上一次登录：四 8月 29 08:12:39 CST 2024pts/0 上
Starting secondary namenodes [Cslave1]
上一次登录：四 8月 29 08:12:42 CST 2024pts/0 上
[root@Cmaster sbin]# jps
33968 DataNode
34928 Jps
33617 NameNode
32260 ResourceManager
17480 QuorumPeerMain
32783 NodeManager
```

图 10-7　启动结果

## 6. 验证 Hadoop 分布式集群的状态

使用 Hadoop 的 Web 界面查看 Hadoop 分布式集群的状态，如图 10-8 所示。

```
NameNode: http://IP 地址:9870
```

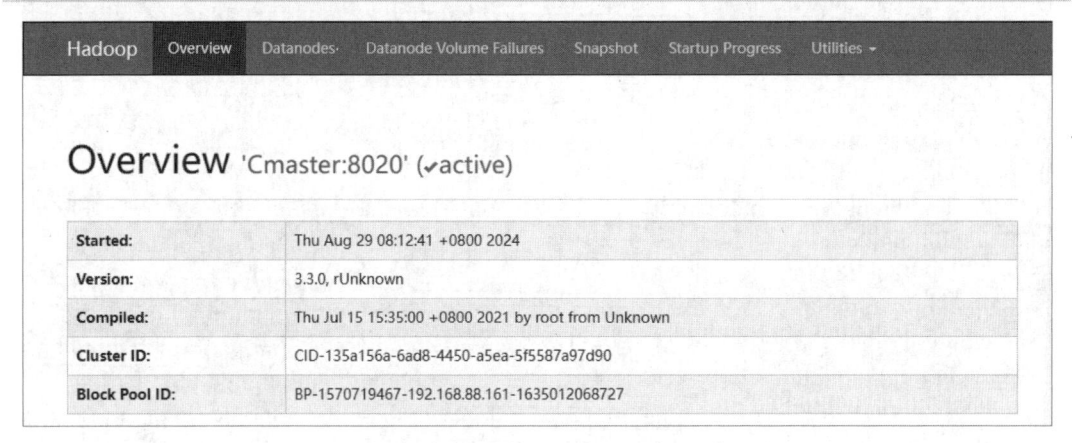

图 10-8　查看 Hadoop 分布式集群的状态

Hadoop 分布式集群资源管理的 Web 界面，如图 10-9 所示。

```
ResourceManager: http://IP 地址:8088
```

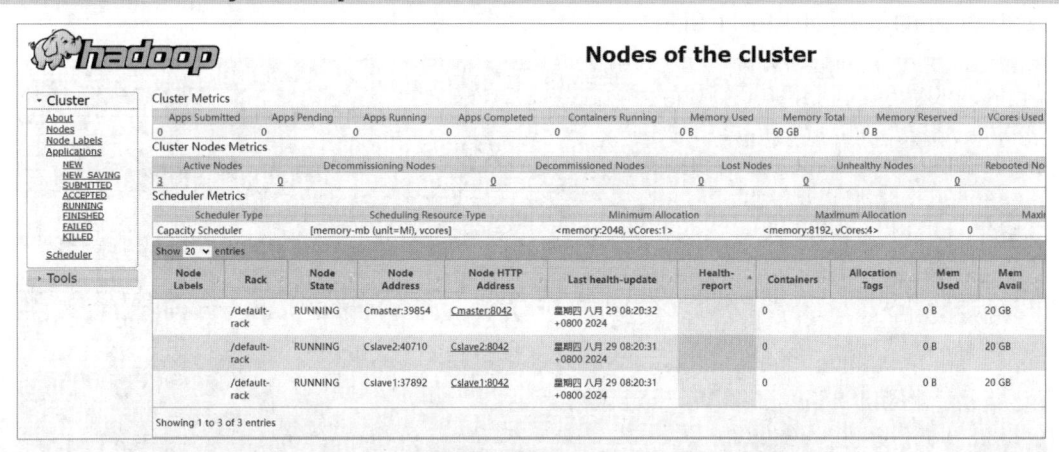

图 10-9　Hadoop 分布式集群资源管理的 Web 界面

### 10.2.3　分布式存储与计算运行实例

在搭建完成 Hadoop 分布式集群后，需要对其进行整体测试与应用。以下是分布式存储与计算运行实例。

（1）运行 Hadoop 自带的 MapReduce 程序计算 PI，以验证分布式集群是否搭建成功。

```
[root@Cmaster ~]# hadoop jar $HADOOP_HOME//share/hadoop/mapreduce/hadoop-mapreduce-examples-2.7.5.jar pi 1 1
[root@Cmaster ~]# hadoop jar $HADOOP_HOME/share/hadoop/mapreduce/hadoop-mapreduce-examples-3.3.0.jar pi 1 1
```

计算 PI 的过程如图 10-10 所示。

```
[root@Cmaster sbin]# hadoop jar $HADOOP_HOME/share/hadoop/mapreduce/hadoop-mapreduce-examples-3.3.0.jar pi 1 10
Number of Maps  = 1
Samples per Map = 10
Wrote input for Map #0
Starting Job
2024-08-29 08:28:37,304 INFO client.DefaultNoHARMFailoverProxyProvider: Connecting to ResourceManager at Cmaste
r/192.168.137.103:8032
2024-08-29 08:28:37,760 INFO mapreduce.JobResourceUploader: Disabling Erasure Coding for path: /tmp/hadoop-yarn
/staging/root/.staging/job_1724890348083_0002
2024-08-29 08:28:37,980 INFO input.FileInputFormat: Total input files to process : 1
2024-08-29 08:28:38,134 INFO mapreduce.JobSubmitter: number of splits:1
2024-08-29 08:28:38,683 INFO mapreduce.JobSubmitter: Submitting tokens for job: job_1724890348083_0002
2024-08-29 08:28:38,683 INFO mapreduce.JobSubmitter: Executing with tokens: []
2024-08-29 08:28:38,769 INFO conf.Configuration: resource-types.xml not found
2024-08-29 08:28:38,770 INFO resource.ResourceUtils: Unable to find 'resource-types.xml'.
2024-08-29 08:28:38,801 INFO impl.YarnClientImpl: Submitted application application_1724890348083_0002
2024-08-29 08:28:38,822 INFO mapreduce.Job: The url to track the job: http://Cmaster:8088/proxy/application_172
4890348083_0002/
2024-08-29 08:28:38,822 INFO mapreduce.Job: Running job: job_1724890348083_0002
2024-08-29 08:28:48,041 INFO mapreduce.Job: Job job_1724890348083_0002 running in uber mode : false
2024-08-29 08:28:48,042 INFO mapreduce.Job:  map 0% reduce 0%
2024-08-29 08:28:51,092 INFO mapreduce.Job:  map 100% reduce 0%
2024-08-29 08:28:56,150 INFO mapreduce.Job:  map 100% reduce 100%
2024-08-29 08:28:56,156 INFO mapreduce.Job: Job job_1724890348083_0002 completed successfully
2024-08-29 08:28:56,216 INFO mapreduce.Job: Counters: 54
        File System Counters
                FILE: Number of bytes read=28
                FILE: Number of bytes written=530001
                FILE: Number of read operations=0
```

图 10-10 计算 PI 的过程

计算 PI 的结果如图 10-11 所示。

```
        Shuffle Errors
                BAD_ID=0
                CONNECTION=0
                IO_ERROR=0
                WRONG_LENGTH=0
                WRONG_MAP=0
                WRONG_REDUCE=0
        File Input Format Counters
                Bytes Read=118
        File Output Format Counters
                Bytes Written=97
Job Finished in 18.957 seconds
Estimated value of Pi is 3.60000000000000000000
```

图 10-11 计算 PI 的结果

（2）运行 Hadoop 自带的 WordCount 程序（在任意节点上运行），请读者自行完成。

```
[root@Cmaster ~]#mkdir  /home/apache/data/test,
[root@Cmaster ~]# vim wctest.txt #在这个目录中创建 wctest.txt 文件并输入如下内容

hello linux centos7
hello centos7 system
hello world linux
hello linux shell
```

```
[root@Cmaster ~]# hdfs dfs -put wctest.txt /hdfstest
[root@Cmaster ~]# hadoop jar /root/soft/hadoop/share/hadoop/mapreduce/hadoop-
mapreduce-examples-2.7.5.jar wordcount /hdfstest/wctest.txt /hdfstest/output
```

（3）将主服务器宕机，使用 Hadoop 分布式集群资源管理的 Web 界面进行测试，使用 jps 命令查看相关进程，可以发现 Hadoop 分布式集群正常运行。

## 10.3 项目拓展

对于计算速度要求较高的业务场景，需要使用 Spark 来完成。请深入研究如何在 3 台服务器中搭建与应用 Spark 集群。

## 10.4 本章练习

**一、选择题**

1. Hadoop 的核心设计组件有（　　）。
   A．HDFS                     B．MapReduce
   C．YARN                     D．所有以上选项
2. 在 Hadoop 中，负责大数据集并行处理的组件是（　　）。
   A．HDFS                     B．MapReduce
   C．YARN                     D．HBase
3. Hadoop 的默认文件系统是（　　）。
   A．NFS                      B．GFS
   C．HDFS                     D．FAT32
4. 以下不是 Hadoop 的组件的是（　　）。
   A．HBase                    B．Spark
   C．MongoDB                  D．Hive
5. 在 Hadoop 中，用于设置副本数量和存储目录的文件是（　　）。
   A．core-site.xml            B．hdfs-site.xml
   C．mapred-site.xml          D．yarn-site.xml
6. ZooKeeper 主要用于解决分布式系统中的（　　）问题。
   A．数据存储                 B．负载均衡
   C．一致性服务               D．访问控制
7. 在 ZooKeeper 集群中，所有节点的配置文件必须保持一致，这个配置文件是（　　）。
   A．zoo.cfg                  B．log4j.properties
   C．myid                     D．environment.sh
8. 在 ZooKeeper 中，端口（　　）是客户端连接服务器的默认端口。
   A．2181                     B．2888
   C．3888                     D．8080

9．ZooKeeper 中负责接收并处理所有写请求的节点是（　　）。
　　A．Leader　　　　　　　　　　B．Follower
　　C．Observer　　　　　　　　　D．Client
10．在 ZooKeeper 集群中，用于标识每个服务器唯一编号的文件是（　　）。
　　A．server.cfg　　　　　　　　B．myid
　　C．node.properties　　　　　D．config.sh

二、填空题

1．在 Hadoop 中，负责资源管理和作业调度的组件是_____。
2．Hadoop 的一个核心概念是将大型数据集分割成多个小块进行并行处理，这些小块被称为_____。
3．在 Hadoop 中，存储实际数据的节点被称为_____。
4．在 Hadoop 的 MapReduce 中，中间输出的数据被称为_____。
5．ZooKeeper 用于维护和监控分布式系统中的配置信息、状态信息和_____。
6．在 ZooKeeper 中，某个节点可以有子节点，这种结构被称为_____。
7．在 ZooKeeper 配置文件中，用于指定数据存储位置的配置项是_____。

三、判断题

1．Hadoop 是一个开源的分布式存储和计算平台，用于处理大数据集。　　　　（　　）
2．Hadoop 的 MapReduce 仅用于批处理数据，不支持实时处理数据。　　　　（　　）
3．HDFS 支持文件的随机写入操作。　　　　　　　　　　　　　　　　　　（　　）
4．YARN 是 Hadoop 2.x 中引入的 ResourceManager，用于管理集群资源和调度作业。
　　　　　　　　　　　　　　　　　　　　　　　　　　　　　　　　　　（　　）
5．Hadoop 的 NameNode 和 DataNode 之间通过心跳与块报告来保持通信。　（　　）
6．ZooKeeper 是一个分布式协调服务，用于维护配置信息、命名、提供分布式同步和组服务。
　　　　　　　　　　　　　　　　　　　　　　　　　　　　　　　　　　（　　）
7．在 ZooKeeper 中，除了根节点，所有节点都可以有子节点。　　　　　　（　　）
8．ZooKeeper 集群中的每个节点都需要有一个唯一标识符，这个标识符被保存在 myid 文件中。　　　　　　　　　　　　　　　　　　　　　　　　　　　　　　　　（　　）
9．ZooKeeper 集群中的 Leader 节点负责处理所有写请求，以及协调选举新的 Leader。
　　　　　　　　　　　　　　　　　　　　　　　　　　　　　　　　　　（　　）
10．ZooKeeper 的数据模型为多层次的树形结构。　　　　　　　　　　　　（　　）

四、简答题

1．简述安装与配置 Hadoop 的步骤。
2．简述安装与配置 ZooKeeper 的步骤。
3．简述安装与配置 JDK 的注意事项。
4．简述安装与配置 SSH 的注意事项。

# 反侵权盗版声明

电子工业出版社依法对本作品享有专有出版权。任何未经权利人书面许可，复制、销售或通过信息网络传播本作品的行为；歪曲、篡改、剽窃本作品的行为，均违反《中华人民共和国著作权法》，其行为人应承担相应的民事责任和行政责任，构成犯罪的，将被依法追究刑事责任。

为了维护市场秩序，保护权利人的合法权益，我社将依法查处和打击侵权盗版的单位和个人。欢迎社会各界人士积极举报侵权盗版行为，本社将奖励举报有功人员，并保证举报人的信息不被泄露。

举报电话：（010）88254396；（010）88258888
传　　真：（010）88254397
E-mail：dbqq@phei.com.cn
通信地址：北京市万寿路173信箱
　　　　　电子工业出版社总编办公室
邮　　编：100036